Grundlagen der allgemeinen Mineralogie und Kristallchemie

Von

Dr. F. Machatschki

o. Professor an der Universität Wien

Mit 151 Textabbildungen

Springer-Verlag Wien GmbH

ISBN 978-3-7091-3495-5   ISBN 978-3-7091-3494-8 (eBook)
DOI 10.1007/978-3-7091-3494-8

Vorwort.

Die Mineralien waren von C. v. Linné in seiner Systematik als
drittes Naturreich den beiden anderen Reichen, Pflanzen und
Tieren, angegliedert worden. Da jedoch die Mineralien leblose
Naturobjekte sind, mußte sich die Erforschung der Mineralwelt
von Anfang an völlig anderer Methoden bedienen als die Erforschung der Pflanzen- und Tierwelt; sie nahm schon frühzeitig
Anschluß an die physikalische und chemische Forschung mit ihren
exakten Methoden.

Da die Mineralien uns fast ausschließlich im kristallinen Zustand entgegentreten, ist die Lehre von ihnen auf das engste mit
der Kristallkunde oder Kristallographie im weiteren Sinne verbunden. Ja die Entwicklung der letzteren nahm selbst ihren
Ausgang von den Beobachtungen an den natürlichen Kristallen,
den Mineralkristallen, und ist bis in die letzten Phasen weitgehend
an Mineralkristalle geknüpft, damit auch ihr modernster Zweig,
die Kristallstrukturlehre oder Lehre vom gesetzmäßigen Aufbau
der festen Materie.

Mit Rücksicht auf die große praktische und theoretische Bedeutung der Mineralien und Kristalle erscheint es ganz unver-
ständlich, daß im Laufe der letzten Jahre die Befassung mit ihnen
fast völlig aus dem Lehrplan der deutschen (und später auch
österreichischen) höheren Schulen verschwand; ihrer Erwähnung
blieb nur im Rahmen des Chemieunterrichtes ein bescheidenstes
Plätzchen gewahrt. Einen Anlaß dazu mochte die nicht wegzu-
leugnende Tatsache gegeben haben, daß die Kristallformenkunde
auf den Schulen teilweise außerordentlich schematisch an der
Hand von Modellen, vielfach ohne Bezug auf die diesen zugrunde
liegenden Naturkörper betrieben wurde. Eine solche Feststellung,
wenn sie überhaupt gemacht wurde, hätte aber allein Anlaß zur

Beseitigung dieses Übelstandes geben sollen und nicht zur praktisch vollständigen Ausmerzung einer ganzen naturwissenschaftlichen Disziplin aus dem Unterricht zugunsten der Neuschaffung und Ausweitung anderer, aus politisch-propagandistischen Gründen genehmer erscheinender Fächer. Damit wurde auch die Möglichkeit verloren, das räumliche Vorstellungsvermögen der Schüler an der Hand der Betrachtung der exakten Kristallformen zu schulen.

Im Gefolge dieser Maßnahmen wurde die Mineralogie auch auf den Hochschulen von Seiten der Studierenden, die ohnehin stark durch verschiedene abseits gelegene Dinge in Anspruch genommen wurden, beiseite liegen gelassen, soweit nicht von Seiten der Chemie und Physik auf den Besuch mineralogischer Vorlesungen gedrungen wurde.

Eine erste Abhilfe in dem so entstandenen Zustand soll die vorliegende Einführung schaffen. Den Studierenden soll eine Reihe von Grundtatsachen aus dem Bereiche der allgemeinen Mineralogie unter besonderer Berücksichtigung der verschiedenen Zweige der Kristallkunde vermittelt werden; einerseits, um dadurch das aufzuholen, was die Ausbildung an den höheren Schulen unter dem Zwange der veränderten Lehrpläne versäumt hat, anderseits, um ihnen als Naturkundler, Chemiker oder Physiker ein Grundrüstzeug für eine eingehendere Beschäftigung mit der Fachwissenschaft und für deren Anwendung auf andere Zweige der Naturwissenschaften zu geben.

Angesichts des großen Umfanges des Fachgebietes mit seinen an alle exakten naturwissenschaftlichen Disziplinen sich anschließenden Arbeitsmethoden konnte im vorgegebenen engen Rahmen nur versucht werden, vorläufig unter Verzicht auf weitläufige Erläuterungen und Ableitungen einen ersten Einblick zu geben, um so den Boden für ein tieferes Eindringen an der Hand von Vorlesungen und der heute schwer zu beschaffenden, ausführlichen Fachliteratur vorzubereiten. In diesem Sinne möge das Büchlein aufgenommen werden, das vor allem dem aus dem Soldatendienst zurückkehrenden Studierenden gewidmet ist.

Soweit die Abbildungen nicht neu gezeichnet wurden, sind sie verschiedenen, auf Seite 3 genannten Werken entnommen, besonders dem Lehrbuch der Mineralogie von P. NIGGLI und der Geometrischen Kristallographie und Kristalloptik von F. RAAZ und H. TERTSCH. Herrn Hofrat Prof. Dr. H. TERTSCH bin ich darüber hinaus für die Herstellung einer Reihe von Originalzeichnungen sehr zu Dank verpflichtet. Für die Hilfe bei der Durchsicht der Korrekturen habe ich besonders Frl. stud. phil. A. HEDLIK zu danken.

Der Verlag hat in höchst dankenswerter Weise alles getan, um das Erscheinen des Büchleins unter den gegenwärtigen, äußerst schwierigen Verhältnissen in bester Ausstattung zu ermöglichen.

Wien, im Juli 1946.

F. Machatschki, Wien.

Inhaltsverzeichnis.

                                               Seite

I. Einleitung 1

II. Kristallographie 3

    A. Kristall und Raumgitter 3
    B. Gesetz der Konstanz der Flächenwinkel 7
    C. Gesetz der Rationalität der Indizes 10
    D. Die Symmetrie der Kristalle 15
        1. Symmetrieachsen, Drehachsen oder Deckachsen 16
        2. Spiegel- oder Symmetrieebenen 17
        3. Drehspiegelungsachsen 18
    E. Zonenverband und Zonengesetz 20
    F. Kristallsysteme und Kristallklassen 22
    G. Kristallographische Formenlehre 30
    H. Kristallverwachsungen 44
    I. Ausbildung der Kristalle 50

III. Kristallphysik 53

    A. Festigkeitseigenschaften der Kristalle 54
        1. Härte 54
        2. Spaltbarkeit 56
        3. Bruchfreie Deformationen der Kristalle 57
            a) Homogene Deformationen 57
            b) Inhomogene Deformationen 59
            Elastische Deformationen 59. — Plastische Deformationen 59.
                α) Translationen 59. — β) Schiebungen 60.
    B. Pyro- und Piezoelektrizität, elektrisches und Wärmeleitvermögen 62
    C. Kristalloptik 64
        1. Durchsichtigkeit, Farbe, Glanz und Strich 64
        2. Lumineszenz 66
        3. Pleochroismus 68
        4. Lichtbrechung 69
        5. Polarisation und Doppelbrechung 73
        6. Optisch einachsige Kristalle 76
        7. Polarisatoren und Erkennung der Doppelbrechung 81

8. Interferenz- oder Polarisationsfarben 89
9. Auslöschung 93
10. Das Interferenz- oder Achsenbild 95
11. Bestimmung des Charakters der Doppelbrechung.. 100
12. Zirkularpolarisation 103
13. Optisch zweiachsige Kristalle 106
14. Optische und kristallographische Orientierung bei optisch zweiachsigen Kristallen.................. 113

IV. Kristallchemie 117

A. Aus der Kristallstrukturtheorie; Beschreibung der Raumgitter 117
B. Die Röntgeninterferenzen an den Kristallgittern...... 122
C. Haupttypen der Kristallgitter 128
   1. Einteilung der Kristallgitter 129
      a) Molekülgitter 129
      b) Koordinationsgitter 131
         α) Dreidimensionale Koordinationsgitter 132. — β) Schichtgitter 132. — γ) Kettengitter 133.
   2. Die Bindungsarten in den Koordinationsgittern.... 134
      a) Ionenkoordinationsgitter (Ionengitter) 134
      b) Atomkoordinationsgitter (Atomgitter) 137
      c) Koordinationsgitter mit metallischer Bindung... 139
D. Einige einfache Kristallgittertypen 143
   1. Elementgitter.................................... 143
   2. Verbindungen 146
      α) Formeltypus AB 146. — β) Formeltypus AB_2 150. — γ) Komplizierter zusammengesetzte Verbindungen 153.
E. Ionen- und Atomabstände, Ionen- und Atomgrößen .. 155
F. Polymorphie, Isomorphie und Mischkristallbildung.... 161
   1. Polymorphie..................................... 161
   2. Isomorphie 167
   3. Mischkristallbildung 170
G. Der Aufbau der gesteinsbildenden Silikate 177
   1. Silikate mit selbständigen SiO_4-Tetraedern 179
   2. Silikate mit größeren selbständigen Tetraedergruppen 181
   3. Kettensilikate 182
   4. Schichtsilikate 184
   5. Gerüstsilikate.................................. 185

V. Das Werden und Vergehen der Kristalle 190

1. Entstehung der Kristalle 190
2. Zerstörung der Kristalle 196

Namen- und Sachverzeichnis........................ 201

I. Einleitung.

Wenn man ein Stück der festen Erdkruste — ein Gesteins-
stück — betrachtet, erkennt man in den meisten Fällen leicht,
daß es aus verschiedenartigen Bestandteilen zusammengesetzt
ist, die dicht aneinandergefügt sind. Die einzelnen, oft mit freiem
Auge oder mit der Lupe unterscheidbaren Bestandteile werden
durch *Mineralien* verschiedener Art dargestellt. Letztere sind
homogene Naturkörper, während das *Gestein heterogen* ist. In
mannigfaltiger Zusammensetzung bauen die Mineralien die Gesteine und damit die Erdkruste auf, und zwar nicht nur in fester
Form, sondern sie treten uns auch gelegentlich in flüssiger oder
gasförmiger Form entgegen. Denn wir zählen auch das in der
Natur vorkommende, bei gewöhnlicher Temperatur flüssige, reine
Quecksilber zu den Mineralien, ebenso auch das Wasser und die
Bestandteile der Atmosphäre. Zum größeren Teil sind die Mineralien anorganischer Entstehung; jedoch gibt es auch solche Mineralien, die ihre Herkunft aus den Lebensvorgängen der Organismen
herleiten oder die mehr oder weniger veränderte Überreste lebender
Substanz darstellen; als Beispiele für solche Mineralien und Gesteine sind Phosphatgesteine, Kalksteine. die fossilen Harze und
die Kohlen zu nennen. Nicht zu den Mineralien gehören die
homogenen Kunstprodukte, die durch das Eingreifen des Menschen entstanden sind, selbst dann nicht, wenn sie, wie z. B. die
synthetischen Edelsteine, in ihren Eigenschaften bestimmten
Mineralien in jeder Beziehung gleichen.

Da die Mineralien homogene Naturkörper sind, muß einem
bestimmten Mineral eine bestimmte chemische Verbindung
zugrunde liegen, die allerdings sehr komplizierter Natur sein
kann und in ihrem Wesen oft erst vom Standpunkt des Kristallbaues aus richtig verstanden und erklärt werden kann.

Ein Mineral ist aber nicht nur chemisch, sondern auch physikalisch homogen. Wir verstehen darunter die Eigentümlichkeit, daß man bei einem Einzelmineral bei Fortschreiten in einer bestimmten Richtung immer dasselbe physikalische Verhalten feststellen kann (Abb. 2a).

Ganz anders ist es bei einem *Gestein* oder einer *Gebirgsart.* Ein Gestein setzt sich aus einer großen Zahl von Mineralkörnern zusammen, die meist auch verschiedenen chemischen Verbindungen angehören; das Gestein ist weder im physikalischen noch im chemischen Sinne homogen.

Abb. 1. Bergkristall, kleine Gruppe.

Die Befassung mit den Mineralien und Gesteinen ist von sehr großem theoretischem Interesse, weil diese die Baueinheiten der Erdkruste darstellen, in welcher sich die für uns unmittelbar beobachtbaren geologischen Vorgänge abspielen; zudem treten die Mineralien und Gesteine in den Böden in innige Wechselbeziehung zu den an der Erdoberfläche sich abwickelnden Lebensprozessen. Aber auch vom praktischen Gesichtspunkt aus wurde den Mineralien und Gesteinen von Anfang an vom Menschen immer stärkere Beachtung geschenkt. Sie stellten für den Menschen stets unentbehrliche Rohstoffe dar. Die Gewinnungsziffer an Mineralien und Gesteinen der verschiedensten Art allein für die Zwecke der Metallindustrie und der chemischen Industrie, also ganz abgesehen von den ungeheuren Mengen der für Bauzwecke aller Art verwendeten Gesteine, beträgt heute jährlich mehrere Milliarden Tonnen. Darunter spielen jene Mineralien und Gesteine, die zur Gewinnung der Schwer- und Leichtmetalle Verwendung finden und die man üblicherweise als *Erze* bezeichnet, neben den Kohlen, Salzen usw. eine hervorragende Rolle.

Wenn wir von den flüssigen und gasförmigen Mineralien absehen, treten sie uns fast ausschließlich in einem Zustand entgegen, den man als den *kristallinen* bezeichnet. Dies ist der Normalzustand der festen Materie überhaupt, und es kommt ihm daher auch für die Behandlung der Eigenschaften der Mineralien die größte Bedeutung zu. Die äußere Erscheinungsform des kristallinen Zustandes ist der *Kristall* (Abb. 1), ein gesetzmäßig von ebenen

Flächen begrenzter Körper, der seine Gestalt nicht irgendwelchen äußerlichen Eingriffen, sondern dem gesetzmäßigen inneren Aufbau verdankt. Die überragende Rolle, welche der kristalline Zustand im Aufbau der festen Materie und damit der meisten Mineralien spielt, bringt es mit sich, daß sich die allgemeine Lehre von den Mineralien in erster Linie mit diesem Zustand befassen muß, und zwar nach drei Richtungen hin:

1. Die Lehre von der Gestalt der Kristalle: *Kristallographie;*

2. die Lehre vom physikalischen Verhalten der Kristalle: *Kristallphysik;*

3. die Lehre vom Aufbau der Kristalle in seiner Abhängigkeit von der stofflichen Zusammensetzung: *Kristallstrukturlehre* und *Kristallchemie.*

Zum Ausbau des in dieser einführenden Schrift Gebrachten sei auf folgende Werke verwiesen:

P. Niggli, Lehrbuch der Mineralogie. 2. Aufl. Bd. 1. Berlin: Verlag Bornträger. 1924. — P. Eskola, Kristalle und Gesteine. Wien: Springer-Verlag. 1946. — Fr. Raaz und H. Tertsch, Geometrische Kristallographie und Kristalloptik und deren Arbeitsmethoden. Wien: Springer-Verlag. 1939. — P. Niggli, Lehrbuch der Mineralogie und Kristallchemie. 3. Aufl. Teil 2. Berlin: Verlag Bornträger. 1942. — E. Buchwald, Einführung in die Kristalloptik. Berlin: Verlag Walter de Gruyter. 1937. — J. M. Bijvoet, N. H. Kolkmejer und C. H. MacGillavry, Röntgenanalyse von Kristallen. Berlin: Springer-Verlag. 1940.

II. Kristallographie.

A. Kristall und Raumgitter.

Nach den Lehren der Physik und der Chemie sind alle Körper Anhäufungen von elektrisch neutralen Atomen oder von elektrisch positiv und negativ aufgeladenen Ionen (Kationen und Anionen) oder von neutralen Gruppen solcher Teilchen (Molekülen). Bei der Betrachtung mit den gewöhnlichen Hilfsmitteln (z. B. Auge, Mikroskop) erscheint der Raum eines Körpers vollständig (kontinuierlich) von Materie erfüllt zu sein; er stellt ein *Scheinkontinuum* dar. In Wirklichkeit sind aber die kleinsten Teilchen der Materie durch im Vergleich zu ihrer Größe sehr bedeutende Abstände voneinander getrennt; es liegt keineswegs vollständige Raumerfüllung vor; die Materie ist in Wirklichkeit *diskontinuierlich* aufgebaut. Die Abstände der einzelnen kleinsten Teilchen der Materie sind in zehnmillionsten Teilen eines Millimeters zu messen. Man benützt diese Größe als Maßeinheit für diese Abstände, indem man 1×10^{-8} cm gleich 1 Å (Ångströmeinheit) setzt.

Die Materie bezeichnen wir als *homogen* dann, wenn beim Fortschreiten in einer bestimmten Richtung immer wieder dieselben physikalischen, chemischen und stofflichen Verhältnisse angetroffen werden und wenn sich die gleichen Verhältnisse auch in allen parallelen Richtungen wiederholen (Abb. 2a). Die

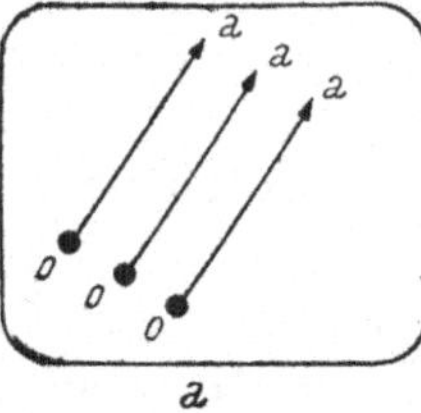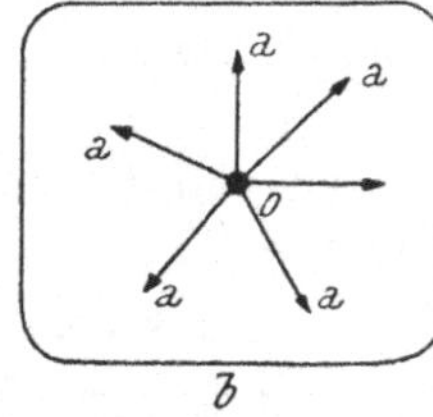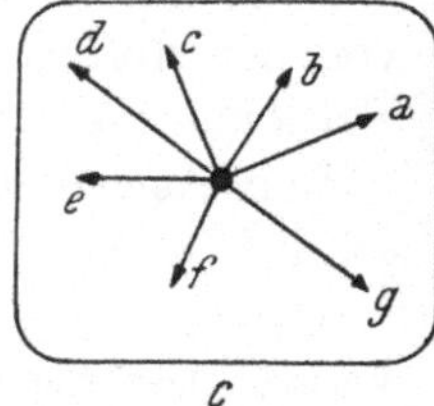

Abb. 2. a homogen, alle parallelen Richtungen sind gleichwertig; b homogen-isotrop, alle Richtungen, nicht nur die parallelen, sind physikalisch und chemisch gleichwertig; c homogen-anisotrop (Kristall); die nicht parallelen Richtungen sind ungleichwertig, soweit nicht die Symmetrie (S. 15) Gleichwertigkeit einzelner Richtungen erfordert.

kleinsten Einheiten können in der Materie ungeordnet oder geordnet verteilt sein. Eine ungeordnete Anhäufung von kleinsten Massenteilchen ist dadurch gekennzeichnet, daß alle Richtungen in einer solchen Anhäufung gleichwertig sind (Abb. 2b). Von welchem Punkt des Körpers man ausgehen mag und nach welcher Richtung hin man die aus zahllosen Teilchen bestehende Anhäufung betrachtet, immer stößt man auf die gleiche durchschnittliche Teilchendichte; denn die in kleinsten Bereichen bestehenden Verschiedenheiten gleichen sich angesichts der großen Anzahl der regellos angeordneten Teilchen im ganzen nach allen Richtungen hin völlig aus. Solche Körper nennen wir *richtungsgleichwertig* oder *isotrop*. Isotrop im idealen Sinne sind die Gase und bei roher Betrachtung auch noch die meisten Flüssigkeiten; isotrope Körper haben keine für sie charakteristische Form, sie erfüllen den zur Verfügung stehenden Raum (Gase) oder sie breiten sich unter dem Einfluß der Schwerkraft aus oder sie formen sich unter dem Einfluß der Oberflächenspannung (Flüssigkeiten). Nicht nur hinsichtlich der Anordnung der kleinsten Teilchen sind solche

Körper isotrop, sondern auch in bezug auf ihr physikalisches Verhalten: Lichtbrechung, Farbe, Härte und die anderen Eigenschaften sind völlig richtungsunabhängig. Man bezeichnet solche Körper als *gestaltlos* oder *amorph*. Unter den festen Mineralien ist dieser ungeordnete Zustand von recht geringer Bedeutung. Es gehört zu den amorphen Körpern z. B. das *Glas* oder die in der Natur vorkommende wasserhaltige Kieselsäure, die unter dem Namen *Opal* bekannt ist. Der Opal tritt in klaren oder trüben, farblosen oder gefärbten, glasähnlichen Massen auf und er zeigt, wie das vulkanische Glas und andere amorphe Mineralien, keine charakteristische Oberflächenform; häufig tritt er uns in tropfenartig-kugeligen, traubigen oder nierenförmigen Bildungen entgegen.

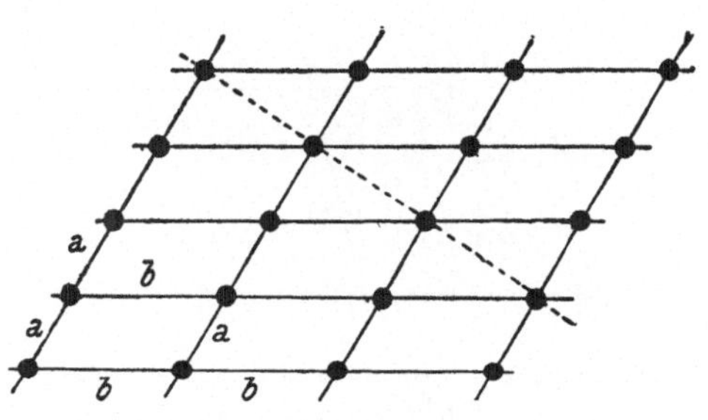

Abb. 3.
Punktreihe.

Abb. 4. Netzebene.

Eine regelmäßige Anordnung von kleinsten Materieteilchen ist dadurch gekennzeichnet, daß diese in den gleichen Richtungen immer wieder in gleichen Abständen auftreten. Solche Körper kann man sich in eine unendliche Anzahl von parallelen und kongruenten Teilchenreihen zerlegt denken, die selbst wieder in gleichen Abständen gesetzmäßig nebeneinandergestellt sind. Eine derartige Teilchenanordnung nennt man ein *Raumgitter*.

Eine von einer beliebigen Anzahl von Punkten in gleichen Abständen besetzte Gerade nennen wir eine *Punktreihe* (Abb. 3). Wenn man eine beliebige Anzahl derartiger kongruenter Punktreihen in einer Ebene parallel und in gleichen Abständen nebeneinander legt, entsteht eine *Netzebene*. Es ist aber dazu erforderlich, daß die Aneinanderlagerung der kongruenten Punktreihen so erfolgt, daß man, von einem Punkte der ersten Reihe zu einem

Punkte der zweiten Reihe schreitend, in derselben Richtung auch
auf einen Punkt der dritten, vierten, fünften usw. Punktreihe
stößt (Abb. 4). Wenn eine beliebige Anzahl derartiger kongruenter
Netzebenen in gleichen Abständen parallel aneinandergelegt wird,
und zwar wieder so, daß man, von einem Punkt der ersten Netzebene zu einem Punkt auf der zweiten Netzebene vorrückend, in
der gleichen Richtung auf einen Punkt der dritten, vierten,
fünften usw. Netzebene stößt, so hat man ein *Raumgitter* vor

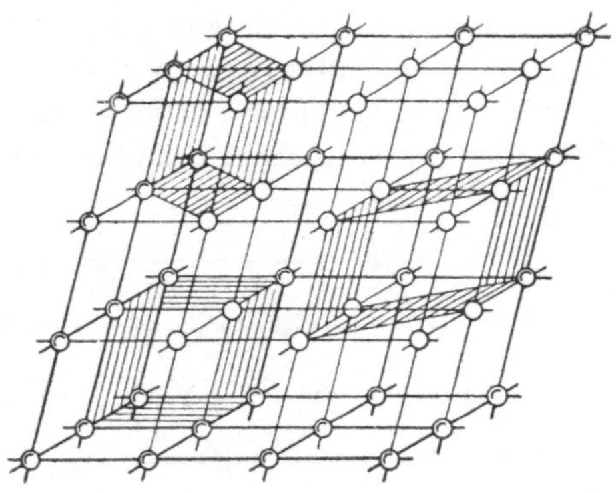

Abb. 5. Ausschnitt aus einem Raumgitter mit Andeutung von drei Zerlegungs-
möglichkeiten in Elementarzellen.

sich (Abb. 5). In einem solchen Raumgitter sind alle parallelen
Richtungen untereinander gleichwertig, es ist im physikalischen
und chemischen Sinne *homogen*. Verschiedene, sich schneidende
Richtungen sind dagegen im allgemeinen ungleichwertig, nicht
nur im geometrischen, sondern auch im physikalischen Sinne
(Abb. 2c). Solche nach dem Prinzip der Raumgitter aufgebaute
Körper nennt man *anisotrope* Körper. In den Rahmen dieser
Anisotropie oder Richtungsabhängigkeit fallen z. B. die Wachs-
tumsvorgänge solcher Körper. Die Ungleichwertigkeit der
Richtungen bedingt verschiedene Wachstumsgeschwindigkeiten
für die einzelnen Richtungen, und diese Verschiedenheiten der
Wachstumsgeschwindigkeiten bringen es mit sich, daß sich solche
Körper während des Wachsens gesetzmäßig mit ebenen Flächen
umgeben, solange dies die äußeren Umstände (Raumverhältnisse)
gestatten. Die Erscheinungsform der anisotropen Körper ist

somit die der Kristalle: *Ein Kristall ist ein homogener, anisotroper Körper.*

Der Begriff des Raumgitters wurde allmählich im Laufe des 19. Jahrhunderts aus den Beobachtungen über die Gesetzmäßigkeiten der Flächenverteilung an den Kristallen und aus ihrem physikalischen Verhalten abgeleitet. Wie in Abb. 5 angedeutet ist, läßt sich jedes Raumgitter auf mannigfaltige Art in kongruente parallele Zellen zerlegen, die von drei Paaren paralleler Flächen abgegrenzt sind. Durch die Beschreibung dieser sich immer wieder im Bereiche desselben Raumgitters wiederholenden Zellen wird gleichzeitig das gesamte aus einer unbeschränkten Anzahl von Massenteilchen bestehende Raumgitter beschrieben. In Abb. 5 sind drei derartige Zellenlagen angedeutet. Im allgemeinen wählt man zur Beschreibung des Raumgitters, wenn nicht die Symmetrieverhältnisse des Kristalles eine andere Auswahl günstiger erscheinen lassen, die *Grundzelle (Elementarzelle, Elementarkörper, Elementarparallelepiped)* des Raumgitters so aus, daß ihre Kanten den Punktreihen mit kürzesten Punktabständen *(Identitätsabständen)* entsprechen. Die Kanten des Elementarkörpers werden nach Abb. 6 mit a (von vorn nach rückwärts), b (von rechts nach links) und c (von oben nach unten) bezeichnet, die Winkel zwischen den Kanten im Sinne der Abb. 6 mit α, β, γ.

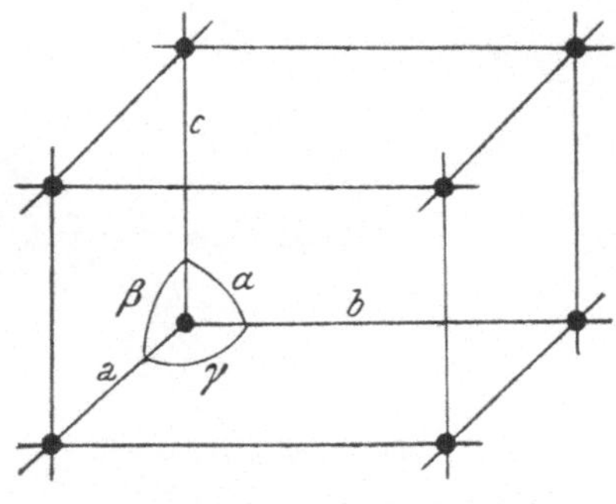

Abb. 6. Bezeichnung der Kantenrichtungen und Winkel im Elementarkörper.

B. Das Gesetz der Konstanz der Flächenwinkel.

Im Jahre 1669 stellte der dänische Forscher Nils Stensen (Nik. Steno) an Bergkristallen (Mineralart Quarz SiO_2) erstmalig fest, daß an den Kristallen eines bestimmten Stoffes die Flächen nicht willkürlich angelegt sind, sondern daß zwischen gleichgelagerten Flächen von Kristallen derselben Art immer wieder dieselben Neigungswinkel *(Flächenwinkel)* auftreten. Dieses Gesetz wurde in späterer Zeit an vielen Kristallarten bestätigt und durch Verfeinerung der Winkelmeßmethoden geprüft. Genau betrachtet gilt dieses Gesetz nur für bestimmte Temperaturen, denn die Flächenwinkel ändern sich im allgemeinen um ein Geringes mit der Temperatur. Das ist eine Folge der Richtungsverschiedenheiten an den Kristallen; denn auch die Wärmeausdehnung, der die Kristalle wie alle anderen Körper unterworfen sind, ist bei ihnen richtungsabhängig (S. 8). Wegen der Verschiedenheit der Wärmeausdehnung je nach der Richtung im Kristall ändern sich die nicht symmetriegebundenen Flächenwinkel bei Temperatur-

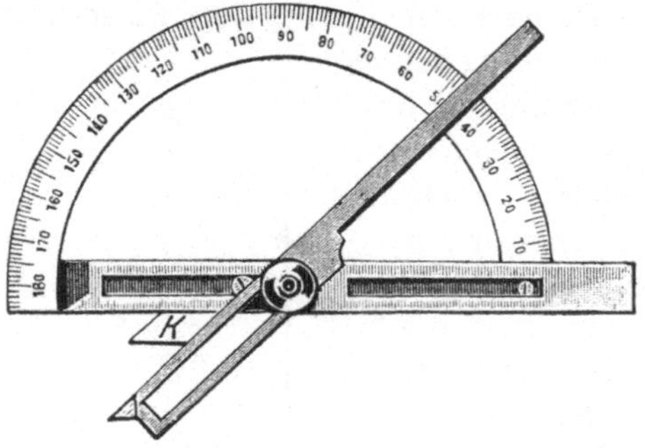

Abb. 7. Anlegegoniometer. K = Kristall (nach RAAZ-TERTSCH).

wechsel um ein Geringes; es handelt sich dabei um Winkeländerungen von Bruchteilen von Minuten pro Grad Temperaturänderung. Auch der Druck nimmt Einfluß auf die Flächenwinkel.

Die Winkelmessungen erfolgten anfänglich mit einfachen Meßeinrichtungen, die schließlich die Form des in Abb. 7 dargestellten *Anlegegoniometers* annahmen. Am Halbkreis mit Winkeleinteilung ist ein drehbarer Schenkel angebracht. Man stellt die beiden Flächen, deren Winkel man messen will, und damit auch ihre Trennungskante, senkrecht zum Meßkreis und drückt den festen und den drehbaren Schenkel des Goniometers an die Kristallflächen an. Dann kann man den Winkel, den die beiden Flächen miteinander einschließen, am Meßkreis ablesen. Bei größeren Kristallen kann mit diesem Instrument eine Meßgenauigkeit von $^1/_2°$ erzielt werden.

Heute verwendet man für genaue Winkelmessungen, vor allem an kleineren Kristallen, die *Reflexgoniometer*, die nach folgendem Prinzip arbeiten (Abb. 8):

Der auf einem drehbaren Teilkreis (T) befestigte Kristall wird so justiert, daß die Flächen, deren Winkel man messen will, senkrecht auf dem Meßkreis stehen. Dann wird der Teilkreis mit dem Kristall so lange gedreht, bis der vom Beleuchtungsfernrohr (*Bel*) gelieferte Strahl von einer Fläche A ins Beobachtungsfernrohr (*Beob*) reflektiert wird.[1] Der Einstellungswinkel wird mit Hilfe einer fest angebrachten Noniusablesung (N) abgelesen; dann wird der Kristall mit dem Meßkreis solange

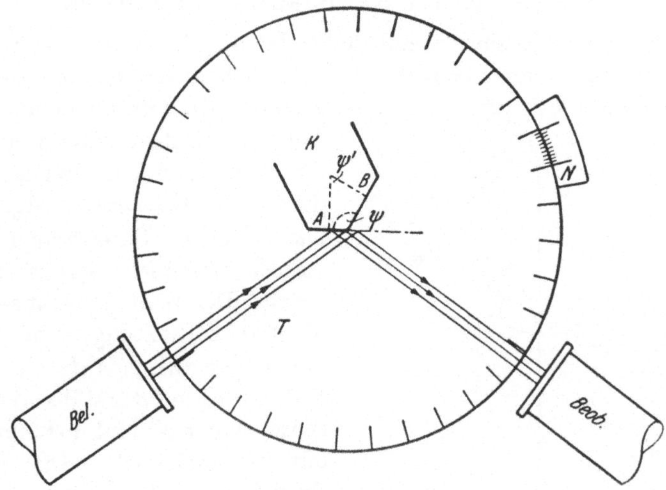

Abb. 8. Prinzip des Reflexgoniometers.

gedreht, bis z. B. die Fläche B den einfallenden Strahl in das Beobachtungsfernrohr reflektiert; dazu ist offenbar eine Drehung um den Winkel ψ' nötig. Auch diese Einstellung kann durch Winkelablesung am Meßkreis festgehalten werden. Die Differenz der beiden Winkelablesungen ergibt den Winkel ψ'. Es ist dies der Flächennormalenwinkel, welcher den Winkel ψ, den die beiden Flächen A und B miteinander einschließen, auf 180° ergänzt. Erstmalig wurde ein solches Instrument von W. H. WOLLASTON im Jahre 1809 konstruiert. Mit guten Instrumenten

---

[1] Beleuchtungs- und Beobachtungsfernrohr sind am Instrument festgestellt; die Ebene des einfallenden und reflektierten Strahles liegt parallel zur Ebene des Meßkreises.

dieser Art können die Flächenwinkel, bzw. die Flächennormalen-winkel auf Bruchteile von Minuten genau bestimmt werden.

Unter Berücksichtigung der Winkelmessungen können die Kristallflächen in ebene Projektionen eingetragen werden; diese lassen auch bei völlig verzerrten Kristallen sofort die Symmetrie-verhältnisse des Kristalles erkennen und liefern den für die Kristall-berechnungen notwendigen Überblick.

C. Gesetz der Rationalität der Indizes.

Die Kristalle sind räumliche Gebilde; wie in der Geometrie bezieht man dementsprechend ihre Flächen und Kanten auf ein räumliches, aus drei Achsen bestehendes Koordinatenkreuz. Die Lage der Flächen wird durch ihre Abschnitte auf den drei Achsen dieses *Achsenkreuzes* festgelegt. Die übliche Bezeichnung der Achsenrichtungen geht aus Abb. 9 hervor. Der Winkel zwischen der *Y*- und *Z*-Richtung wird stets mit α, der zwischen der *X*- und *Z*-Richtung mit β und der Winkel zwischen der *X*- und *Y*-Richtung mit γ bezeichnet. Die beim Schnitt einer Kristallfläche mit dem Achsenkreuz auf diesem vom Ursprung 0 aus gemesse-nen Abschnitte nennt man die *Achsenabschnitte* der Fläche.

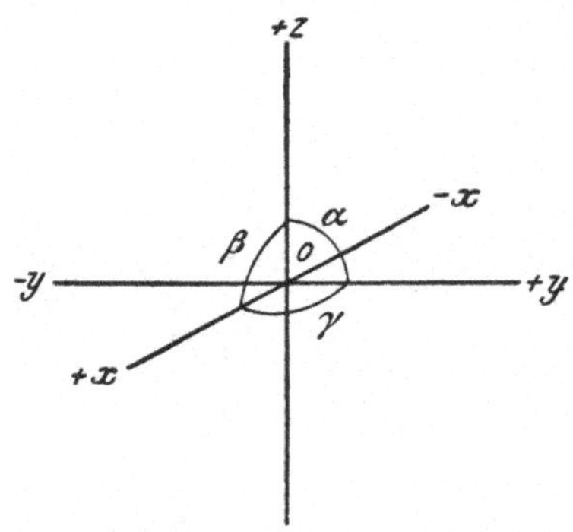

Abb. 9. Achsenkreuz mit den üblichen Bezeichnungen für Richtungen und Winkel.

Diese stellen naturgemäß keine Absolutwerte dar, da die Fläche im Schnitt mit dem Achsenkreuz groß oder klein angenommen werden kann; aber das Verhältnis der drei Abschnitte bleibt für eine bestimmte Fläche auf ein bestimmtes Achsenkreuz bezogen immer dasselbe. Üblicherweise werden die Abschnitte einer Kristallfläche auf der *X*-Achse mit *a*, auf der *Y*-Achse mit *b* und auf der *Z*-Achse mit *c* bezeichnet. Dabei ist auch das Vor-zeichen des geschnittenen Achsenteiles zu berücksichtigen. Das Achsenabschnittsverhältnis lautet somit: $a:b:c$.[1] Bringt man

---

[1] Die Glieder des Achsenverhältnisses selbst sind, soweit sie von 1 abweichen, irrationale Zahlen!

nun verschiedene Flächen von Kristallen derselben Art mit dem festgewählten Achsenkreuz zum Schnitt, so ergibt sich, *daß aus dem Verhältnis der Achsenabschnitte einer Kristallfläche sich die Abschnittsverhältnisse aller übrigen Flächen derselben Kristallart durch Multiplikation der einzelnen Glieder des Achsenabschnittsverhältnisses der ersten Fläche mit kleinen ganzen Zahlen oder mit kleinen Brüchen oder mit ∞ ableiten lassen.* Das ist der Inhalt des *Rationalitätsgesetzes,* auch *Parametergesetz* genannt.

Als Koordinatenachsen *(Kristallachsen)* wählt man für die Beschreibung eines Kristalles drei ausgezeichnete Kantenrichtungen aus, wobei man die Symmetrie der Flächenverteilung (S. 15ff.) mitberücksichtigt. Die gewählten Kanten denkt man sich so lange verschoben, bis sie sich im Mittelpunkt des Kristalles schneiden; damit werden sie zu den Kristallachsen, auf die die Flächenlagen und auch die Lagen der übrigen Kanten bezogen werden können. Alle Kantenrichtungen am Kristall entsprechen solchen Punktreihen seines Raumgitters, die verhältnismäßig dicht mit Punkten besetzt sind. Die Kristallachsen sollen der Richtung nach mit jenen Punktreihen des Kristallgitters zusammenfallen, die im Raumgitter als Kantenrichtungen der zu seiner Beschreibung gewählten Elementarzelle auftreten.

Nach der Wahl der Kristallachsen sucht man eine morphologisch und womöglich auch physikalisch ausgezeichnete Kristallfläche aus, die sämtliche drei Kristallachsen schneidet. Diese wird als *Grund-* oder *Einheitsfläche* für den betreffenden Kristall angenommen. Ihr *Achsenverhältnis* $a:b:c$ wird bestimmt; es stellt das für die betreffende Kristallart charakteristische Achsenverhältnis dar. Für alle übrigen Flächen derselben Kristallart nimmt das Achsenabschnittsverhältnis die Form $ma:b:pc$ an, da man die Parallelverschiebung einer Fläche immer so vornehmen kann, daß der Abschnitt auf der Y-Achse gleich dem betreffenden Achsenabschnitt der Grundfläche wird; damit wird $n=1$. Auch wird das Achsenverhältnis der Grundfläche stets so dargestellt, daß $b=1$ wird; für die übrigen Flächen sind m und p kleine ganze Zahlen oder kleine Brüche oder ∞. Das *Achsenabschnittsverhältnis* $a:1:c$ der gewählten Einheitsfläche und die drei *Achsenwinkel* α, β, γ bilden die für jede Kristallart charakteristischen *kristallographischen Konstanten.* Alle Formen der Kristalle derselben Art werden auf die gleichen Konstanten zurückgeführt.

An einem Kristall werden z. B. Flächen mit folgenden Achsen-
abschnittsverhältnissen beobachtet:

1. $0,5285 : 1 : 0,4770$
2. $1,0570 : 1 : 0,4770$
3. $0,2642 : 1 : 0,9540$
4. $0,3523 : 1 : 0,2385$
5. $\infty \quad : 1 : 0,9540$
6. $\infty \quad : 1 : \quad \infty$ usw.

Die erste Fläche sei eine bevorzugte Kristallfläche; sie wird
zur Grundfläche gewählt. Dann folgt:

$$
\begin{array}{l}
\qquad\qquad m \qquad\qquad\qquad\qquad p \\
\text{1.} \quad 1 \times 0{,}5285 : 1 : 1 \times 0{,}4770 \\
\text{2.} \quad 2 \times 0{,}5285 : 1 : 1 \times 0{,}4770 \\
\text{3.} \quad {}^{1}/_{2} \times 0{,}5285 : 1 : 2 \times 0{,}4770 \\
\text{4.} \quad {}^{2}/_{3} \times 0{,}5285 : 1 : {}^{1}/_{2} \times 0{,}4770 \\
\text{5.} \quad \infty \times 0{,}5285 : 1 : 2 \times 0{,}4770 \\
\text{6.} \quad \infty \times 0{,}5285 : 1 : \infty \times 0{,}4770
\end{array}
$$

Das Auftreten der Faktoren ∞ bei den Flächen 5. und 6. zeigt
an, daß diese Flächen zu einer bzw. zweien von den Kristallachsen parallel liegen und sie dementsprechend erst in der Unend-
lichkeit schneiden.

Es hat sich als zweckmäßig erwiesen, zur Beschreibung der
gegenseitigen Flächenlagen an den Kristallen an Stelle der Faktoren m, n und p deren reziproke Werte zu verwenden und diese
bruchfrei zu machen. Diese reziproken Werte werden als die
Millerschen Indizes oder *Kennziffern* (*hkl*) bezeichnet; sie dienen
heute fast ausschließlich zur Kennzeichnung der Flächenlagen
an den Kristallen. h ist somit $\dfrac{1}{m}$, $l = \dfrac{1}{p}$. Für eine bestimmte
Fläche werden deren Millersche Indizes immer ohne weitere Be-
zeichnung in ( ) gesetzt. Stets bezieht sich der erste Index auf
die X-Achse, der zweite auf die Y-Achse und der dritte auf die
Z-Achse. Durch Multiplikation mit dem kleinstmöglichen Faktor
werden die Millerschen Indizes bruchfrei gemacht und stellen
kleine ganze Zahlen dar. Das Parametergesetz wird deshalb auch
Gesetz der Rationalität des Indizes genannt. Die Wahrscheinlich-
keit, daß eine Fläche an einem Kristall auftritt, ist bei zweckmäßiger Achsen- und Grundflächenauswahl um so größer, je
kleiner ihre Millerschen Indizes sind. Für das oben angeführte
Beispiel ergeben sich die Millerschen Indizes wie folgt:

1. $h = 1,\ \ k = 1,\ \ l = 1$: Die Grundfläche hat stets
                                   die Millerschen Indizes (111)

2. $h' = {}^1/_2,\ \ k' = 1,\ \ l' = 1$
  oder $\times\ 2 : h = 1,\ \ k = 2,\ l = 2 : (122)$

3. $h' = 2,\ \ \ \ k' = 1,\ \ l' = {}^1/_2$
  oder $\times\ 2 : h = 4,\ \ k = 2,\ l = 1 : (421)$

4. $h' = 3/2,\ \ k' = 1,\ \ l' = 2$
  oder $\times\ 2 : h = 3,\ \ k = 2,\ l = 4 : (324)$

5. $h' = \dfrac{1}{\infty} = 0,\ k' = 1,\ l' = {}^1/_2$
  oder $\times\ 2 : h \doteq 0,\ \ k = 2,\ l = 1 : (021)$

6. $h = \dfrac{1}{\infty} = 0,\ k = 1,\ l = \dfrac{1}{\infty} = 0 : (010)$

In den Millerschen Indizes zeigt somit das Auftreten von ein oder zwei Nullen an, daß die betreffende Fläche einer oder zwei der gewählten Kristallachsen par-
allel liegt. Kristallflächen, die zweien von den Achsen parallel liegen, haben neben der Grund-fläche besondere Bedeutung. Sie werden als *Endflächen*[1] bezeichnet und entsprechen den Abgrenzungs-flächen der Elementarzelle des zu-gehörigen Raumgitters (Abb. 6). Schneidet eine Kristallfläche eine, zwei oder drei Achsen in deren nega-tiven Abschnitten, so wird über den betreffenden Index ein Minuszeichen gesetzt; eine Fläche $(3\bar{2}\bar{4})$ schneidet z. B. die X-Achse im positiven, die Y- und Z-Achse in den negativen Abschnitten. — Die beiden Abb. 10 und 17 liefern Beispiele für die In-dizierung der Kristallflächen und vor allem auch für die verschiedenen Vorzeichen der Indizes je nach der Flächenlage zu den positiven oder negativen Kristallachsenteilen.

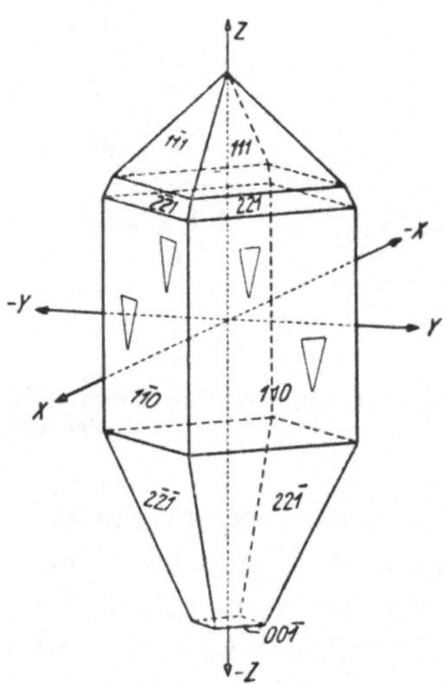

Abb. 10. Tetragonaler Kristall mit polarer Hauptachse (S. 33). Die In-dizes für die nach vorne liegenden Flächen sind eingetragen, dazu einige (dreieckige) Ätzfiguren, welche das Fehlen einer durch die Achsen X und Y gehenden Hauptsymmetrieebene erkennen lassen.

---

[1] Jene Endflächen, welche nur die X-Achse schneiden, also (100) und (100), bezeichnet man als *vordere* und *rückwärtige* Endflächen;

Will man das Rationalitätsgesetz verstehen, so muß man auf das Raumgitter zurückgreifen und sich vergegenwärtigen, daß Kantenrichtungen an den Kristallen irgendwelchen Punktreihen des Raumgitters und Kristallflächen irgendwelchen Netzebenen des Raumgitters entsprechen, d. h. zu diesen parallel liegen.[1] Nun ist aber durch je zwei beliebige Punkte des Raumgitters ein paralleles Punktreihensystem bestimmt, das sämtliche Punkte des Raumgitters umfaßt; durch drei beliebige, nicht auf einer

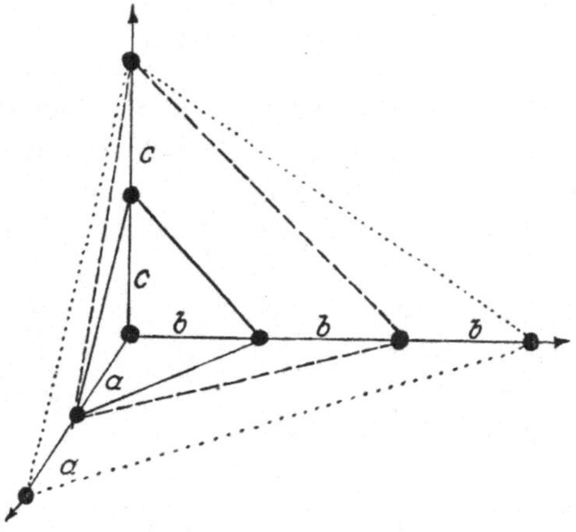

Abb. 11. Lagen von drei Kristallflächen zum Achsenkreuz, bzw. von drei Netzebenen zu den Elementarkörperkanten.

Geraden liegende Punkte ist jeweils eine Netzebenenschar bestimmt. Punktreihen und Netzebenen sind je nach der Lage verschieden dicht mit Punkten besetzt. *Als Kristallkanten oder Kristallflächen treten jedoch nur solche Punktreihen bzw. Netzebenen auf, die relativ dicht mit Punkten besetzt sind und dementsprechend relativ weit voneinander abstehen.* Auch sie lassen sich in bezug auf die Kantenrichtungen des Elementarkörpers durch die Miller-

jene, welche nur die Y-Achse schneiden, also (010) und ($0\bar{1}0$) als seitliche (rechte und linke) Endflächen und schließlich jene Endflächen, welche nur die Z-Achse schneiden, also (001) und ($00\bar{1}$), als basische (obere und untere basische) Endflächen.

[1] Netzebenen und Punktreihen des Raumgitters erhalten demgemäß die den entsprechenden Flächen (S. 12) und Kanten (S. 48, Fußnote) zukommenden Indizes.

schen Indizes kennzeichnen. Punktreihen und Netzebenen sind
nun um so dichter mit Punkten besetzt, je kleiner ihre Millerschen
Indizes sind. In Abb. 11 sind die den Kanten des Elementarkörpers des Raumgitters entsprechenden Punktreihen angedeutet.
Eine Netzebene ist durch die einfachen Punktabstände a, b, c
auf den drei Kantenrichtungen festgelegt. Sie entspricht der
Grundfläche mit den Millerschen Indizes (111). Eine zweite,
durch gestrichelte Linien angedeutete Netzebene schneidet aber
die b- und c-Achse in den doppelten Abschnitten; sie entspricht
also einer Kristallfläche mit den Millerschen Indizes $(1\,^1/_2\,^1/_2)$
bzw. (211). Eine dritte, durch Punktierung angedeutete Netzebene hat offenbar die Indizes $(^1/_2\,^1/_3\,^1/_2)$ bzw. (323). Da nun
die Punktabstände in bestimmten Richtungen des Raumgitters
immer gleich bleiben, ergibt sich ohne weiteres, daß die Abschnitte
der den Netzebenen entsprechenden Kristallflächen, bezogen auf
die Einheitsfläche, und damit auch die Millerschen Indizes einfache
rationale Zahlen sein müssen.

D. Die Symmetrie der Kristalle.

Wenn man einen einigermaßen regelmäßig gewachsenen Kristall
betrachtet, so fällt häufig auf, daß gewisse Flächen an ihm
wenigstens annähernd die Gestalt von regelmäßigen Formen
(z. B. gleichseitige Dreiecke, Quadrate, regelmäßige Sechsecke)
besitzen oder daß in bestimmten Ecken eine Anzahl von gleich-
artigen Flächen unter gleichen Winkeln zusammenstoßen. Dies
erweckt auch dem unerfahrenen Beschauer gegenüber den Eindruck
einer mehr oder weniger scharf hervortretenden *Symmetrie* in
der Flächenausbildung bzw. Flächenverteilung. Diese oberfläch-
liche Betrachtung kann durch Winkelmessungen gesichert werden.
Man bemerkt dabei, daß auch an anscheinend unsymmetrisch
ausgebildeten Kristallen sich gewisse Flächengruppen mit charakteristischen Winkeln wiederholen oder daß zu bestimmten
Richtungen mehrere unter gleichem Winkel geneigte Flächen
in gesetzmäßiger Verteilung auftreten. Wir schließen daraus,
daß die Flächenverteilung durch eine bestimmte Symmetrie
beherrscht wird und daß die symmetrisch zueinander gelagerten
Richtungen gleichwertig sind. Nur in den Kristallen des triklinen
Systems gibt es keine gleichwertigen Richtungen, ja in seiner pedialen

Klasse sind sogar Richtung und Gegenrichtung verschieden (Tabelle 1; 1, 2).

Es gibt verschiedene Arten von *Symmetrieelementen* an den Kristallen:

1. Symmetrieachsen, Drehachsen oder Deckachsen.

Man beobachtet z. B. an einem ideal gewachsenen Bergkristall (Abb. 1), daß dieser bei einer Drehung um die Längsachse um einen Winkel von 120° (oder auch schon von 60°) in eine Stellung

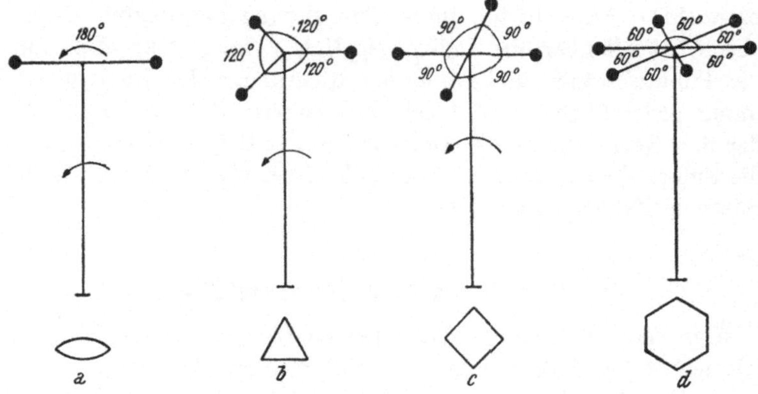

Abb. 12. Die vier Arten von Symmetrieachsen und ihre Symbole (unten).

kommt, die mit der Ausgangsstellung identisch ist. Die Richtung der Längserstreckung ist damit eine sogenannte *Symmetrie-*, *Dreh-* oder *Deckachse*. Wir verstehen allgemein darunter eine Richtung von der Art, daß der Kristall nach einer Drehung um einen bestimmten Winkel $\dfrac{360°}{n}$ um sie mit der Ausgangsstellung zur Deckung kommt; bei einer Fortsetzung dieser Drehung bis 360° wiederholt sich diese Deckstellung so oft, als der erstgenannte Drehwinkel in 360° enthalten ist; wenn sich die Deckung z. B. nach einer Drehung um 60° einstellt, so wiederholt sie sich bei einer Drehung um 360° insgesamt sechsmal. Die betreffende Drehungsrichtung ist eine sogenannte *sechszählige* Deckachse (A[6]). Stellt sich die Deckung erst nach einer Drehung um 90° ein, so wiederholt sie sich bei einer Drehung um 360° insgesamt viermal; es liegt eine *vierzählige* Deckachse vor (A[4]). Daneben gibt es noch *dreizählige* (A³; zur Deckung nötige Drehung 120°) und *zweizählige* (A²; zur Deckung nötige Drehung 180°) Deckachsen. Allgemein heißt die Achse n-zählig, wenn eine Drehung um $\dfrac{360°}{n}$ zur Deckung führt. Mit dem Begriff des Raumgitters und dem Gesetz der Rationalität der Achsenabschnitte sind nur die vier genannten Arten von Deckachsen verträglich.

Eine vierzählige Deckachse ist z. B. die Achse einer regelmäßigen vierseitigen Pyramide oder die eines Prismas mit quadratischer Grundfläche. Schematisch sind die vier Arten von Drehachsen in Abb. 12 dargestellt. Die durch Punkte in der Abbildung ersetzten Flächen oder Kanten können dabei zur Deckachse parallel oder unter irgendeinem gleichen Winkel geneigt liegen.

2. Spiegel- oder Symmetrieebenen.

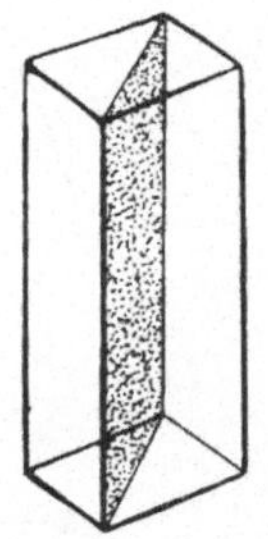

Abb. 13.
Prisma mit Symmetrieebene.

An vielen Kristallen kann man besonders unter Berücksichtigung der Winkelverhältnisse feststellen, daß sie sich durch eine oder mehrere durch ihr Zentrum gelegt gedachte Ebenen in zwei spiegelbildlich gleiche Hälften zerlegen lassen (Abb. 13). Derartige Ebenen nennt man *Spiegel- oder Symmetrieebenen* (S. E.). Sie können an den Kristallen der verschiedenen Kristallarten in verschiedener Anzahl auftreten; an bestimmten Kristallen fehlen sie vollständig, ebenso wie auch Deckachsen fehlen können. Es gibt Kristalle mit 0, 1, 2, 3, 4, 5, 6 und 9 Symmetrieebenen. Die Symmetrieebenen sind die am leichtesten erkennbaren Symmetrieelemente.

In vielen Kristallklassen stehen Deckachsen auf Symmetrieebenen senkrecht (Tabelle 1, Kol. 3); sind in diesen Fällen die Deckachsen geradzählig, so ist zwangsläufig auch ein Symmetriezentrum (S. 20) vorhanden; wenn dabei die Deckachsen höherzählig sind *(Hauptachsen)*, so nennt man die auf ihnen senkrecht stehenden Symmetrieebenen *Hauptsymmetrieebenen* (HS.), andere an solchen Kristallen allenfalls vorhandene Symmetrieebenen *Nebensymmetrieebenen* (NE.). Haupt- und Nebensymmetrieebenen können deshalb nur in Kristallsystemen mit höherzähligen Symmetrieachsen unterschieden werden, also im tetragonalen, hexagonalen (i. w. S.) und kubischen System.

3. Drehspiegelungsachsen.

Deckachsen und Spiegelebenen werden *einfache* Symmetrieelemente genannt. Die Drehspiegelungsachsen dagegen sind *zusammengesetzte* Symmetrieelemente. Zur Herbeiführung der Deckung genügt hier nicht eine Drehung um eine bestimmte

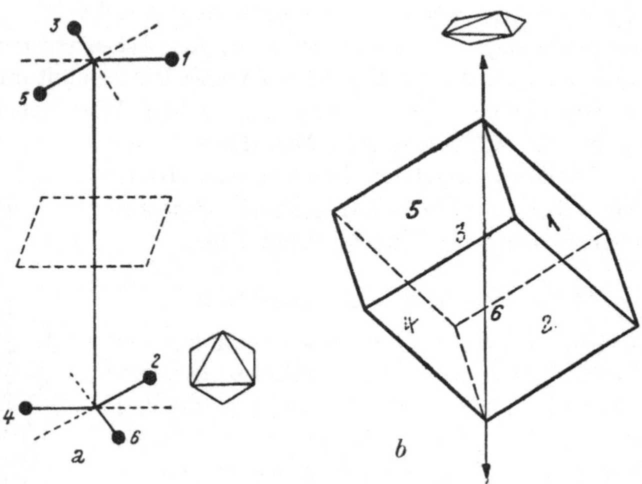

Abb. 14. a Schema einer sechszähligen Drehspiegelungsachse; b Rhomboeder
mit sechszähliger Drehspiegelungsachse.

Richtung um $\dfrac{360°}{n}$, sondern es ist noch eine Spiegelung an einer an sich nicht vorhandenen, zur Deckachse senkrechten Spiegelebene[1] notwendig. Bei einer *sechszähligen* Drehspiegelungsachse erscheint eine bestimmte Fläche nach einer Drehung um 60° demgemäß nicht gleich geneigt zum oberen Ende der Achse, sondern gleich geneigt zu deren unterem Ende, nach einer weiteren Drehung um 60° wieder in gleicher Neigung zum oberen Ende usw. (Abb. 14a).

Da eine sechszählige Drehspiegelungsachse (D^6) gleichzeitig eine dreizählige Symmetrieachse ist, werden in ihrem Symbol die beiden Zeichen kombiniert (Abb. 14). Die in Abb. 14b dargestellte Kristallform — ein sogenanntes *Rhomboeder* — besitzt eine

---

[1] In Abb. 14 und 15 durch Punktierung angedeutet.

solche sechszählige Drehspiegelungsachse, deren Lage in der Figur angedeutet ist. Eine sechszählige Drehspiegelungsachse ist identisch mit einer dreizähligen Symmetrieachse, zu der ein Symmetriezentrum (s. unten) kommt; damit ist sie für die Beschreibung der Symmetrie entbehrlich und durch $A^3 + S. Z.$ ersetzbar.

Dagegen ist eine *vierzählige* Drehspiegelungsachse (Abb. 15a) wohl gleichzeitig eine zweizählige Symmetrieachse, aber ohne

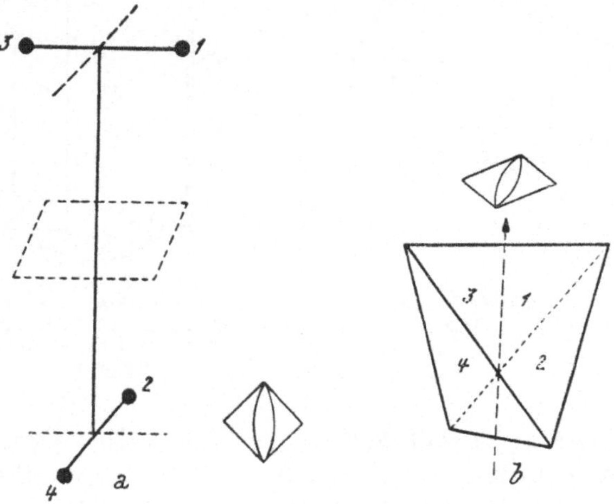

Abb. 15. a Schema einer vierzähligen Drehspiegelungsachse; b Tetraeder mit Andeutung einer der drei vierzähligen Drehspiegelungsachsen.

Symmetriezentrum; sie stellt somit ein besonderes Symmetrieelement dar (I^4). Symbol nach Abb. 15. Das in Abb. 15b dargestellte *Tetraeder* besitzt drei aufeinander senkrecht stehende, vierzählige Drehspiegelungsachsen, die je zwei gegenüberliegende Kantenmitten miteinander verbinden und von denen eine in der Abbildung angedeutet ist.[1]

Zweizählige Drehspiegelungsachsen besitzt jeder Körper, bei dem Richtung und Gegenrichtung gleich sind. Sie haben keine

---

[1] Eine dreizählige Drehspiegelungsachse wäre identisch mit einer dreizähligen Achse, auf welcher eine reelle Symmetrieebene senkrecht steht.

bestimmte Lage wie die anderen Dreh- und Drehspiegelungsachsen. Man zieht es daher vor, in diesem Falle von dem Vorhandensein eines *Symmetrie- oder Inversionszentrums* (S. Z. oder I. Z) zu

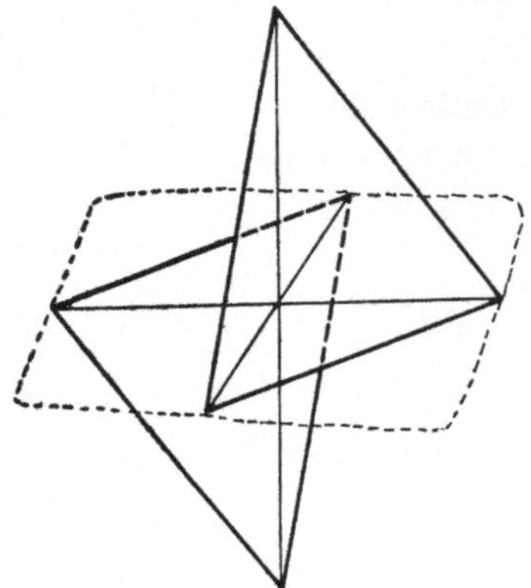

Abb. 16. Zwei Flächen in zentro-symmetrischer Lage.

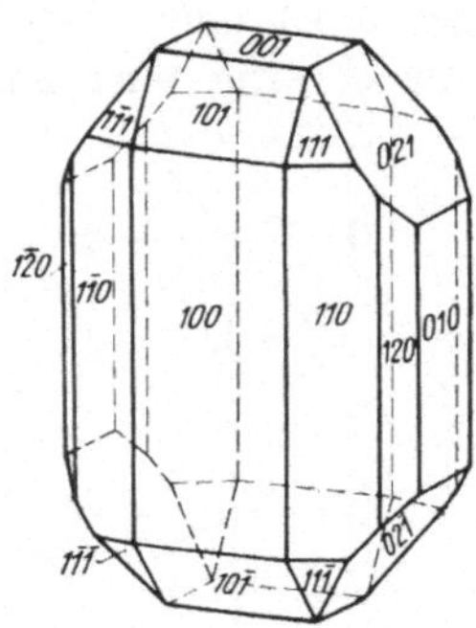

Abb. 17. Olivinkristall (rhombisch-bipyra-midal) mit Angabe der Indizes für die nach vorne liegenden Flächen (nach RAAZ-TERTSCH).

sprechen. Am Kristall äußert sich das Vorhandensein eines Symmetriezentrums dadurch, daß zu *jeder* Fläche eine gleich-artige, parallele Gegenfläche vorhanden ist (Abb. 16).

E. Zonenverband und Zonengesetz.

Vor allem an flächenreichen Kristallen bemerkt man, daß zahlreiche Kanten zueinander parallel verlaufen. Flächen, die parallele Schnittkanten bilden, liegen in einer *Zone* (= Gürtel). Die gemeinsame Kantenrichtung, so verlegt gedacht, daß sie durch den Mittelpunkt des Kristalles geht, wird *Zonenachse* genannt. Jede Begrenzungskante einer Fläche bestimmt somit eine Zone, der die Flächen, die sich in jener Kante schneiden, und meist noch weitere Flächen angehören.

In Abb. 17 umfaßt eine Zone z. B. die Flächen (1̄20), (1̄1̄0), (100), (110), (120) und (010); sie verläuft auch über die nicht näher bezeichneten rückwertigen, zu den vorderen parallelen Flächen, bildet damit einen deutlichen Gürtel um den ganzen Kristall. Eine andere Zone enthält die Flächen ($10\bar{1}$), (100), (101), (001) usw., wieder eine andere die Flächen (010), (021), (001) usw.; die Fläche (001) gehört somit beiden letzgenannten Zonen an. In allen diesen Fällen schneiden sich die aneinanderstoßenden Flächen ein und derselben Zone in parallelen Kanten; die Zonenverbindung ist daran deutlich zu erkennen. Nun deuten aber beliebige zwei nichtparallele Flächen einen Zonenverband an. In diesem Sinne verläuft auch eine Zone über die Flächen ($11\bar{1}$), (110), (111), (001) usw.; die beiden Flächen (111) und (001) treffen sich nur in einer Ecke, bilden somit keine Kante miteinander; würden sie sich aber überschneiden (was nur eine Wachstumsangelegenheit ist), so würde ihre Kante der Kante zwischen (111) und (110) parallel liegen. In solchen Fällen spricht man von *versteckten* Zonenzusammenhängen. Es können sich aber auch eine Anzahl zonenfremder Flächen zwischen zwei zu einer Zone gehörige Flächen einschieben; so verläuft in der Abb. 17 eine Zone über ($\bar{1}1\bar{1}$), (101), (111) nach (010) usw.; in dieser Zone berühren sich die Flächen (111) und (010) überhaupt nicht [(021), (110) und (120) sind zonenfremd!]; die Zonenachse ist durch den Verlauf der Kante zwischen (111) und (101), bzw. zwischen (101) und ($1\bar{1}1$) bestimmt; zu dieser Kante liegt auch die Fläche (010) parallel; diese gehört somit ebenfalls der Zone mit den genannten Flächen an. Jede Flächenlage, die zwei Zonen gemeinsam ist, ist als Kristallfläche möglich.

Die Lage einer Fläche am Kristall ist eindeutig bestimmt, wenn sie zwei bekannten Zonen angehört. Diese Tatsache benutzt man mit Vorteil zur Bestimmung der Flächenindizes ohne Winkelmessungen und Abschnittsberechnungen. Sind nämlich in einer Zone die Indizes zweier nicht paralleler Flächen bekannt, so findet man die Indizes anderer, derselben Zone angehörenden Flächen durch Addition der bekannten Indizes der benachbarten Flächen (*Komplikationsregel*). Liegt z. B. eine Fläche mit unbekannten Indizes einerseits in einer Zone zwischen den Flächen mit den bekannten Indizes (100) und (021), anderseits in einer anderen Zone zwischen den Flächen mit den bekannten Indizes (110) und (001), so erhält man ihre Indizes folgendermaßen:

$$\begin{array}{ll}
(100) & (110) \\
\quad (221)\,! & \quad (221)\,! \\
(121) & (111) \\
\quad (142) & \quad (112) \\
(021) & (001)
\end{array}$$

(221) sind somit die Indizes einer Fläche, die in beiden Zonen möglich ist, und da nur eine Fläche zwei Zonen angehören kann, müssen es die Indizes der gesuchten Fläche sein.

F. Kristallsysteme und Kristallklassen.

Auf S. 11 wurde ausgeführt, daß als Kristallachsen bevorzugte Kantenrichtungen in Übereinstimmung mit der Symmetrie der Kristalle ausgewählt werden. Nach diesem Gesichtspunkt lassen

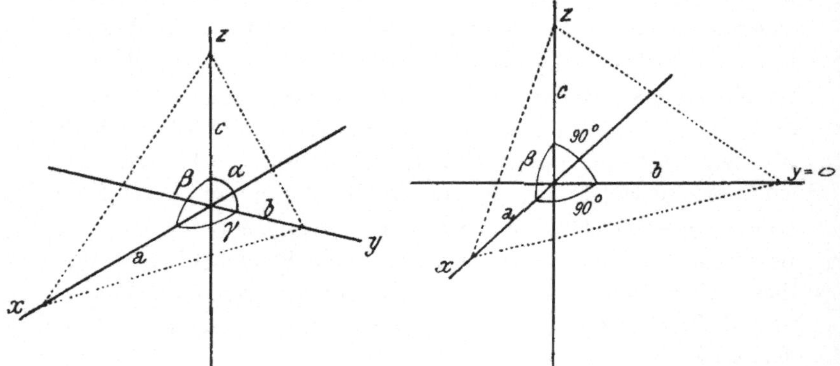

Abb. 18. Triklines Achsenkreuz.   Abb. 19. Monoklines Achsenkreuz.

sich unter Berücksichtigung der an den Kristallen auftretenden Symmetrie sieben verschiedene Typen von Achsenkreuzen ableiten. Alle Kristalle, die sich auf eines der sieben symmetrieverschiedenen Typen der Achsenkreuze zurückführen lassen, faßt man in ein *Kristallsystem* zusammen. Die Symmetrie des Achsenkreuzes ist die für das betreffende Kristallsystem höchstmögliche:

1. Im allgemeinen Fall stehen die drei Kristallachsen schief zueinander. Es gibt keine Fläche, die auch nur zwei der Achsen in gleichen Abschnitten schneiden würde. Die drei Kristallachsen sind daher ungleichwertig. Ein solches Achsenkreuz besitzt nur

ein Symmetriezentrum. Die kristallographischen Konstanten haben somit folgende Form:

$$a : 1 : c, \quad \text{wobei} \quad a \lessgtr c \lessgtr 1$$
$$\alpha \lessgtr \beta \lessgtr \gamma \lessgtr 90°.$$

Ein solches Achsenkreuz nennt man ein *triklines* (Abb. 18), und die darauf zu beziehenden Kristalle gehören dem *triklinen Kristallsystem* an.

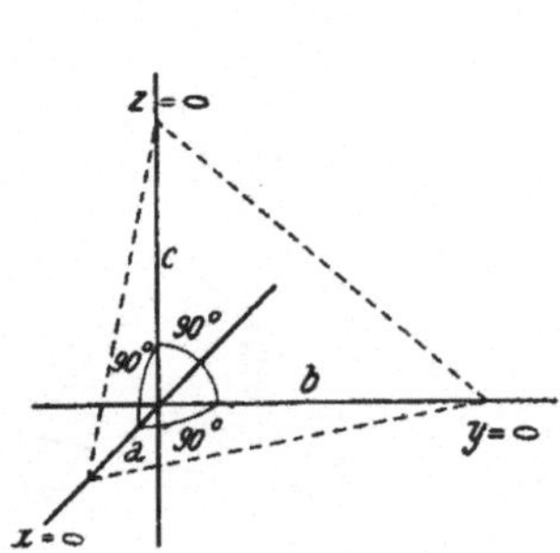

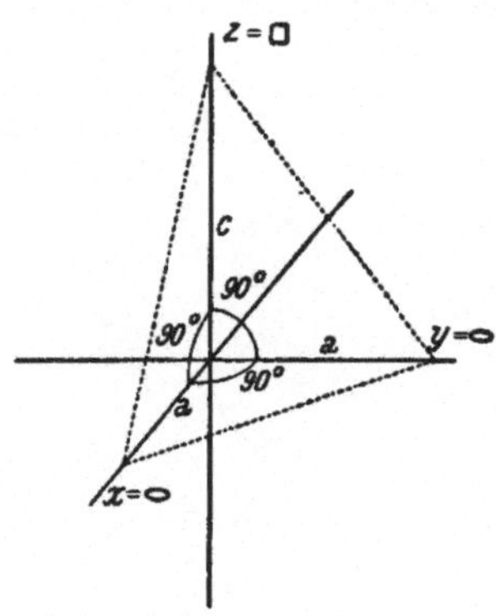

Abb. 20. Rhombisches Achsenkreuz.   Abb. 21. Tetragonales Achsenkreuz.

2. Beim *monoklinen* Achsenkreuz sind in der üblichen Aufstellung die Winkel α *und* $\gamma = 90°$, *dagegen* $\beta \lessgtr 90°$. Das Achsenverhältnis der Grundfläche ist wieder wegen der Ungleichheit der Achsen von der Form $a : 1 : c$. Ein solches Achsenkreuz besitzt ein Symmetriezentrum, ferner eine zweizählige Symmetrieachse, die man stets mit der Y-Achse zusammenfallen läßt; auf dieser zweizähligen Symmetrieachse steht eine Symmetrieebene senkrecht, in welcher, unter dem Winkel β zueinander geneigt, die beiden Kristallachsen X und Z liegen (Abb. 19). Die auf ein solches Achsenkreuz beziehbaren Kristalle gehören dem *monoklinen System* an.

3. Im *rhombischen System* stehen alle drei Kristallachsen, die noch immer ungleichwertig sind, aufeinander senkrecht. Es ist also $\alpha = \beta = \gamma = 90°$, und das Achsenverhältnis der Grundfläche hat wieder die Form $a : 1 : c$. Dieses rhombische Achsenkreuz hat drei den Kristallachsen entsprechende, aufeinander senkrecht stehende, ungleichwertige, zweizählige Symmetrieachsen; auf

jeder dieser Achsen steht eine Symmetrieebene senkrecht; schließlich ist wieder ein Symmetriezentrum vorhanden (Abb. 20).

4. Im *tetragonalen System* (auch *quadratisches* System genannt) stehen die drei Achsen ebenfalls senkrecht zueinander. Die beiden horizontalen Achsen sind einander gleichwertig; bestimmte Flächen, darunter die Grundfläche, schneiden somit die horizontalen Achsen in gleichen Abschnitten. Die kristallographischen Konstanten haben somit die Form:

$$\alpha = \beta = \gamma = 90^\circ;$$
$$1 : 1 : c \text{ oder abgekürzt } 1 : c.$$

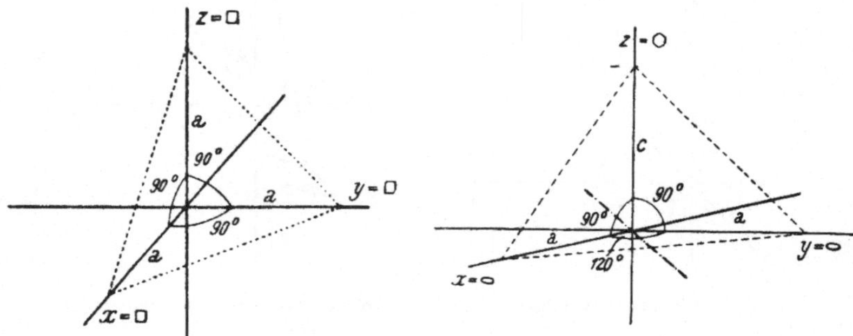

Abb. 22.   Kubisches Achsenkreuz.
Abb. 23.   Hexagonales Achsenkreuz.

Dieses tetragonale Achsenkreuz (Abb. 21) besitzt eine mit der Z-Achse zusammenfallende, vierzählige Symmetrieachse *(Hauptachse)*, vier darauf senkrecht stehende zweizählige Symmetrieachsen, von denen zwei gleichwertige mit der X- und Y-Achse zusammenfallen *(Nebenachsen I. Art)*, und zwei untereinander ebenfalls gleichwertige den Winkel zwischen den ersteren halbieren *(Nebenachsen II. Art)*. Auf der vierzähligen Achse steht die *Hauptsymmetrieebene* senkrecht, auf den zweizähligen Achsen die *Nebensymmetrieebenen I.* bzw. *II. Art.* Auch ein Symmetriezentrum ist vorhanden.

5. Im *kubischen System* sind alle drei aufeinander senkrecht stehenden Kristallachsen untereinander gleichwertig. Die kristallographischen Konstanten haben somit die Form (Abb. 22):

$$\alpha = \beta = \gamma = 90^\circ;$$
$$1 : 1 : 1.$$

Das kubische Achsenkreuz hat drei den Kristallachsen entsprechende vierzählige Symmetrieachsen *(Hauptachsen)* und sechs, die Winkel zwischen den vierzähligen Achsen halbierende, ebenfalls untereinander gleichwertige, zweizählige Symmetrieachsen *(Nebenachsen)*. Auf den Hauptachsen stehen drei gleichwertige *Hauptsymmetrieebenen*, auf den Nebenachsen sechs gleichwertige *Nebensymmetrieebenen* senkrecht. Dazu kommen noch Symmetriezentrum und vier dreizählige Symmetrieachsen, welche auf den Einheitsflächen senkrecht stehen und damit zu je drei Kristallachsenarmen symmetrisch liegen. Die Symmetrie dieses Achsenkreuzes ist die bei Kristallen höchstmögliche.

Andere Bezeichnungen für das kubische System sind *reguläres*, *tesserales* oder *isometrisches* System.

6. Im *hexagonalen System* schließen die beiden untereinander gleichwertigen Horizontalachsen einen Winkel von 120° miteinander ein, während die ungleichwertige Vertikalachse senkrecht auf den beiden Horizontalachsen steht. Die kristallographischen Konstanten sind somit:

$$\alpha = \beta = 90°, \ \gamma = 120°;$$
$$1 : 1 : c \text{ oder abgekürzt } 1 : c.$$

Dieses Achsenkreuz (Abb. 23) besitzt eine mit der Z-Achse zusammenfallende sechszählige Symmetrieachse als *Hauptachse* und drei mit der X- und Y-Achse und einer, den 120°-Winkel zwischen X und Y halbierenden Richtung zusammenfallende zweizählige Symmetrieachsen *(Nebenachsen I. Art)*; diese dritte, mit der X- und Y-Achse gleichwertige Richtung ist in Abb. 23 gestrichelt eingetragen. Ferner gibt es drei weitere, untereinander gleichwertige, zweizählige Symmetrieachsen, die die Winkel zwischen den Nebenachsen der I. Art halbieren *(Nebenachsen II. Art)*. Weiterhin besitzt dieses Achsenkreuz eine auf der sechszähligen Achse senkrecht stehende Symmetrieebene *(Hauptsymmetrieebene)* und drei + drei auf den Nebenachsen senkrecht stehende *Nebensymmetrieebenen I. bzw. II. Art*, schließlich wieder ein Symmetriezentrum.

Da zu den beiden horizontalen Symmetrieachsen des hexagonalen Achsenkreuzes, die als Kristallachsen verwendet werden, noch eine dritte gleichwertige Symmetrieachsenrichtung hinzukommt, verwendet man für die Flächen und Formen der hexagonalen Kristalle viergliedrige Indizes (*hikl*). Der auf die zusätzliche horizontale Achse bezügliche Index i ist aber von den beiden anderen horizontalen Indizes nicht unabhängig, sondern es gilt die Beziehung $i = -(h + k)$.

7. Im *rhomboedrischen System* sind die drei Kristallachsen untereinander gleichwertig wie im kubischen System; sie schneiden sich unter zwar gleichen, aber von 90° abweichenden Winkeln. Die kristallographischen Konstanten haben somit die Form:

$$\alpha = \beta = \gamma = \varrho \gtreqless 90°;$$
$$a = b = c = r.$$

Das Achsenkreuz besitzt eine sechszählige Drehspiegelungsachse als Hauptsymmetrieachse und drei darauf senkrecht stehende, gleichwertige, zweizählige Symmetrieachsen, die sich unter Winkeln von 120° schneiden. Auf diesen zweizähligen Symmetrieachsen steht je eine Symmetrieebene senkrecht. Auch ein Symmetriezentrum ist vorhanden. Die Kristallachsen fallen hier nicht mit den Symmetrieachsen zusammen; sie liegen nur symmetrisch zur sechszähligen Drehspiegelungsachse geneigt und entsprechen den Polkanten eines Rhomboeders (r in Abb. 24 g).

Die rhomboedrischen Kristalle können übrigens auch auf das hexagonale Achsenkreuz bezogen werden, so daß man das rhomboedrische System als Unterabteilung des hexagonalen Systems auffassen kann. Dann werden für die Kennzeichnung ihrer Flächenlagen auch die viergliedrigen hexagonalen Indizes verwendet.

Die Hauptachsen der tetragonalen, hexagonalen und rhomboedrischen Kristalle sind auch physikalisch ausgezeichnete Richtungen. Man vergleiche darüber den Abschnitt Kristalloptik.

Auf S. 14 wurden die Beziehungen zwischen Kristallachsen und Kanten des Elementarkörpers erörtert. Da diese Richtungen bei zweckmäßiger Auswahl miteinander zusammenfallen, gliedern sich auch die Elementarzellen in sieben symmetrieverschiedene Typen ein, die in einfacher Form in Abb. 24 dargestellt sind.[1]

---

[1] Zur Beschreibung eines hexagonalen Raumgitters benötigt man nicht die ganze, in der Abb. 24 f dargestellte Zelle, die ja insgesamt drei Masseneinheiten enthalten würde, es genügt die Beschreibung eines Drittels dieser Zelle, also einer Zelle mit rhombischem Querschnitt, deren Grundflächen in der Abbildung gestrichelt gehalten sind.

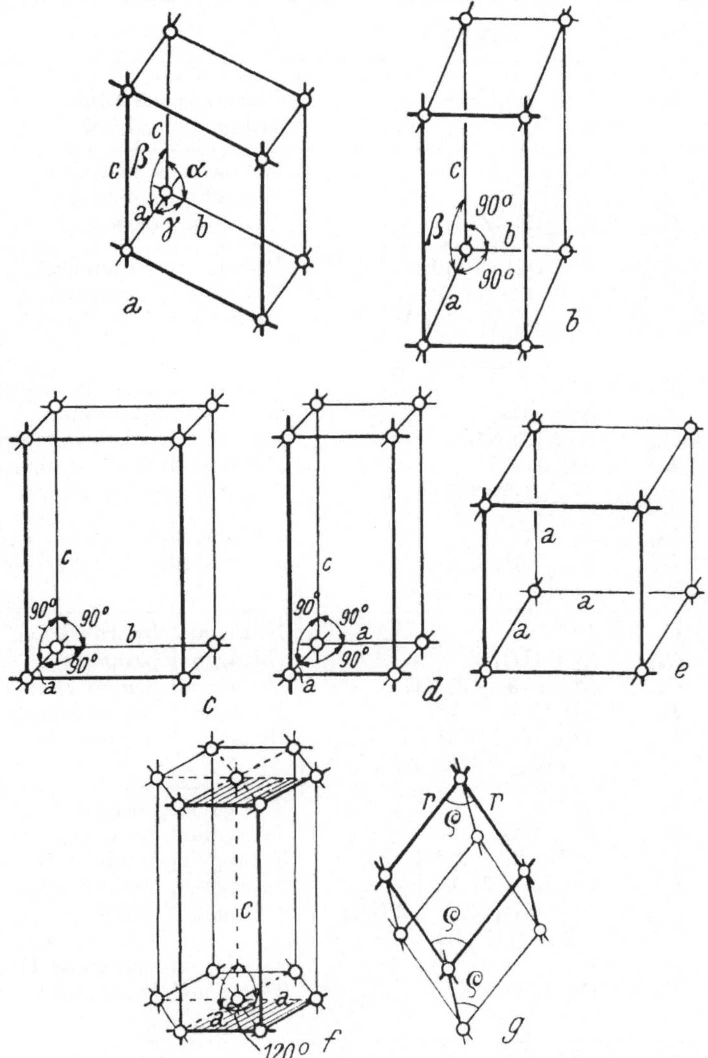

Abb. 24. Die symmetrieverschiedenen Typen der Raumgitter; a Triklin, b Monoklin,
c Rhombisch, d Tetragonal, e Kubisch, f Hexagonal, g Rhomboedrisch.

CHR. FR. HESSEL hat 1830 bewiesen, daß mit den kristallographischen Grundgesetzen 32 verschiedene Kombinationen von Symmetrieelementen vereinbar sind. Alle Kristalle, die in der Flächenverteilung dieselbe Kombination von Symmetrieelementen

Nr.	Symbol	Symmetrieelemente	Bezeichnung 1
1	C_1	—	Triklin hemiedrisch
2	C_i	Z	Triklin holoedrisch
3	C_s	E	Monoklin hemiedrisch
4	C_2	$A^2 \uparrow$	Monoklin hemimorph
5	C_{2h}	$A^2 \perp$ E; Z	Monoklin holoedrisch
6	C_{2v}	$A^2 \uparrow$; $(1+1)$ E	Rhombisch hemimorph
7	$V = D_2$	$(1+1+1) A^2$	Rhombisch hemiedrisch
8	$V_h = D_{2h}$	$A^2 \perp$ E; $A^2 \perp$ E; $A^2 \perp$ E; Z	Rhombisch holoedrisch
9	C_3	$A^3 \uparrow$	Rhomboedrisch tetartoedrisch
10	C_{3h}	$A^3 \perp$ HE	Trigonal paramorph
11	C_{3v}	$A_3 \uparrow$; 3 NE	Rhomboedrisch hemimorph
12	D_3	A^3; $3 A^2 \uparrow$	Rhomboedrisch enantiomorph
13	D_{3h}	$A^3 \perp$ HE; $3 A^2 \uparrow$; 3 NE	Trigonal holoedrisch
14	C_{3i}	$D^6 = A^3 + Z$	Rhomboedrisch paramorph
15	D_{3d}	D^6; $3 A^2$; 3 NE	Rhomboedrisch holoedrisch
16	C_6	$A^6 \uparrow$	Hexagonal tetartoedrisch
17	C_{6h}	$A^6 \perp$ HE; Z	Hexagonal paramorph
18	C_{6v}	$A^6 \uparrow$; $(3+3)$ NE	Hexagonal hemimorph
19	D_6	A^6; $(3+3) A^2$	Hexagonal enantiomorph
20	D_{6h}	$A^6 \perp$ HE; $3 A^2 \perp 3$ NE; $3 A^2 \perp 3$ NE; Z	Hexagonal holoedrisch
21	C_4	$A^4 \uparrow$	Tetragonal tetartoedr. I. Art
22	C_{4h}	$A^4 \perp$ HE; Z	Tetragonal paramorph
23	C_{4v}	$A^4 \uparrow$; $(2+2)$ NE	Tetragonal hemimorph
24	D_4	A^4; $(2+2) A^2$	Tetragonal enantiomorph
25	D_{4h}	$A^4 \perp$ HE; $2 A^2 \perp 2$ NE; $2 A^2 \perp 2$ NE; Z	Tetragonal holoedrisch
26	S_4	I^4	Tetragonal tetartoedr II. Art
27	V_d	I^4; $2 A^2$; 2 NE	Tetragonal hemiedrisch
28	T	$3 A^2$; $4 A^3 \uparrow$	Kubisch tetartoedrisch
29	T_h	$3 A^2 \perp 3$ HE; $4 A^3$; Z	Kubisch paramorph
30	T_d	$3 I^4$; $4 A^3 \uparrow$; 6 NE	Kubisch hemimorph
31	O	$3 A^4$; $4 A^3$; $6 A^2$	Kubisch enantiomorph
32	O_h	$3 A^4 \perp 3$ HE; $4 A^3$; $6 A^2 \perp 6$ NE; Z	Kubisch holoedrisch

2. Kolonne: Die von SCHOENFLIES eingeführten Symbole für die Kristallklassen, wie sie in der kristallographischen Strukturtheorie (S. 117) zur Bezeichnung der Kristallklassen und Raumgruppen (S. 119) neben anderen Symbolen verwendet werden.

3. Kolonne: Die für die betreffende Kristallklasse charakteristischen Symmetrieelemente: A^2 = zweizählige, A^3 = dreizählige, A^4 = vierzählige, A^6 = sechszählige Symmetrieachse; D^6 = seehszählige, I^4 = vierzählige Drehspiegelungsachse (vierzählige Inversionsachse). Ein senkrechter Pfeil neben einem Achsensymbol deutet den polaren Charakter der betreffen-

Bezeichnung 2 (GROTH)	Die allgemeine Form $\{hCl\,2\}$ und ihre Flächenzahl		Physikalische Besonderheiten
Asymmetrische (pediale) Kl.	Pedion	1	Pe, Pz, Zp
Pinakoidale Kl.	Pinakoid	2	—
Domatische Kl.	Doma	2	Pe, Pz
Sphenoidische Kl.	Sphenoid	2	En, Pe, Pz, Zp
Prismatische Kl.	Prisma	4	—
Rhombisch pyramidale Kl.	Rhombische Pyramide	4	Pe, Pz
Rhombisch bisphenoid. Kl.	Rhombisches Bisphenoid	4	En, Pz, Zp
Rhombisch bipyramidale Kl.	Rhombische Bipyramide	8	—
Trigonal pyramidale Kl.	Trigonale Pyramide	3	En, Pe, Pz, Zp
Trigonal bipyramidale Kl.	Trigonale Bipyramide	6	Pz
Ditrigonal pyramidale Kl.	Ditrigonale Pyramide	6	Pe, Pz
Trigonal trapezoedrische Kl.	Trigonales Trapezoeder	6	En, Pz, Zp
Ditrigonal bipyramidale Kl.	Ditrigonale Bipyramide	12	Pz
Rhomboedrische Kl.	Rhomboeder	6	—
Hexagonal (ditrigonal) skalenoedrische Kl.	Hexagonales (ditrigonales) Skalenoeder	12	—
Hexagonal pyramidale Kl.	Hexagonale Pyramide	6	En, Pe, Pz, Zp
Hexagonal bipyramidale Kl.	Hexagonale Bipyramide	12	—
Dihexagonal pyramidale Kl.	Dihexagonale Pyramide	12	Pe, Pz
Hexagonal trapezoedr. Kl.	Hexagon. Trapezoeder	12	En, Pz, Zp
Dihexagonal bipyramidale Kl.	Dihexagonale Bipyramide	24	—
Tetragonal pyramidale Kl.	Tetragonale Pyramide	4	En, Pe, Pz, Zp
Tetragonal bipyramidale Kl.	Tetragonale Bipyramide	8	—
Ditetragonal pyramidale Kl.	Ditetragonale Pyramide	8	Pe, Pz
Tetragonal trapezoedr. Kl.	Tetragon. Trapezoeder	8	En, Pz, Zp
Ditetragonal bipyramidale Kl.	Ditetragonale Bipyramide	16	—
Tetragon. bisphenoid. Kl.	Tetragonales Bisphenoid	4	Pz
Tetragonal skalenoedrische Kl.	Tetragonales Skalenoeder	8	Pz
Tetraedrisch-pentagon-dodekaedrische Kl.	Asymm. Pentagon-dodekaeder	12	En, Pz, Zp
Dyakisdodekaedrische Kl.	Dyakisdodekaeder	24	—
Hexakistetraedrische Kl.	Hexakistetraeder	24	Pz
Pentagonikositetraedr. Kl.	Pentagonikositetraeder	24	En, Zp
Hexakisoktaedrische Kl.	Hexakisoktaeder	48	—

den Achse an. Z = Symmetriezentrum, E = Symmetrieebene, HE = Hauptsymmetrieebene, NE = Nebensymmetrieebene; gleichwertige Symmetrieelemente sind zusammengefaßt, z. B. 3 NE. Dort, wo Symmetrieachsen auf Symmetrieebenen senkrecht stehen, ist dies durch das Zeichen $\perp$ angedeutet.

6. Kolonne: In den betreffenden Kristallklassen sind möglich: Zirkularpolarisation Zp (S. 103) in allen enantiomorphen Klassen En (S. 38); Pe = Pyroelektrizität (S. 62); Pz = = Piezoelektrizität (S. 62).

erkennen lassen, reiht man in eine *Kristallklasse (Symmetrie-klasse)* ein. Jedes Kristallsystem umfaßt eine größere oder kleinere Anzahl von Kristallklassen (s. Tabelle 1). In jedem System bezeichnet man jene Klasse, welche die Höchstsymmetrie aufweist und somit die Symmetrie des Achsenkreuzes selbst besitzt, als die *vollflächige* oder *holoedrische* Klasse, da sich in dieser Klasse wegen der für das betreffende Kristallsystem möglichen Höchstsymmetrie die gleichwertigen Flächen am häufigsten wiederholen müssen. Die Kristallklassen niedrigerer Symmetrie, die sich auf dasselbe Achsenkreuz beziehen lassen und dementsprechend in dasselbe Kristallsystem einzuordnen sind, bezeichnet man als *teilflächige* oder *meroedrische* (entweder *hemiedrische* = = halbflächige oder *tetartoedrische* = viertelflächige) Klassen. Tabelle 1 gibt eine Übersicht über die Kristallklassen, die zugehörigen Symmetrieelemente und über die Bezeichnung der Kristallklassen. Sie läßt auch die Zugehörigkeit der Klassen zu den sieben Kristallsystemen erkennen.

G. Kristallographische Formenlehre.

Bisher wurde von einzelnen Kristallflächen gesprochen. Jedes an einem Kristall auftretende Symmetrieelement verlangt aber, daß eine Fläche, welche nicht senkrecht auf ihm steht und dann allein durch ihre Gestalt die Symmetriebedingung erfüllen muß, am Kristall in gleicher Art mehrfach auftritt. So verlangt z. B. das Vorhandensein einer Symmetrieebene, daß eine Fläche, die auf dieser Symmetrieebene nicht senkrecht steht, auch spiegelbildlich zur Symmetrieebene auftritt; eine sechszählige Drehachse verlangt, daß eine auf ihr nicht senkrecht stehende Fläche sich jeweils nach einer Drehung um 60° in gleicher Art und Neigung wiederholt. Die Gesamtheit der Flächen, deren gleichzeitiges Auftreten durch alle für den Kristall charakteristischen Symmetrieelemente bedingt ist, bildet eine sogenannte *Kristallform*. Die Flächenzahl einer Kristallform hängt somit von der Symmetrie, aber auch von der Lage der Flächen zu den Symmetrieelementen ab. Die flächenreichsten Formen jeder Kristallklasse sind immer jene, deren Flächen auf keinem Symmetrieelement senkrecht stehen und daher durch die von sämtlichen Symmetrieelementen der betreffenden Klasse vorgeschriebenen Deckoperationen wiederholt werden müssen. Man bezeichnet eine solche Form als *allgemeine Form* der betreffenden Kristallklasse; solche Formen sind die für die Erkennung der Symmetrie und daher für die Bestimmung der Kristallklassenzugehörigkeit charakteristischen Formen. In der Tabelle 1 sind sie deshalb auch bei jeder Klasse in der vorletzten Kolonne angeführt. P. v. GROTH verwendet sie sehr zweckmäßig zur Benennung der Kristallklassen (s. 5. Kolonne der Tabelle!). Die Indizes der allgemeinen Formen sind stets auch numerisch untereinander und von Null verschieden $\{hkl\}$.

Die übrigen Formen sind für die Symmetrieklassenbestimmung im allgemeinen nicht ausreichend; sie können in verschiedenen Klassen des betreffenden Systems auftreten. So treten z. B. Würfel und Rhombendodekaeder in allen fünf Klassen des kubischen Systems auf. Für sich allein genommen zeigen diese Formen in ihrer Flächenverteilung die volle Symmetrie der holoedrischen Klasse; sie lassen aber keine Entscheidung darüber zu, ob dem Aufbau nicht eine Klasse niedrigerer Symmetrie zugrunde liegt; allerdings kann eine Untersuchung der *Ätzfiguren* (S. 198), eine Beobachtung der mit der Symmetrie der holoedrischen Klasse nicht übereinstimmenden Flächenstreifung (*Kombinationsstreifung*, S. 46) usw. oft gewisse Hinweise auf das Vorhandensein niedrigerer Symmetrie geben.

In den meroedrischen Klassen zerfallen vielfach auch andere als die allgemeine Form der holoedrischen Klasse in Formen von halber oder geviertelter Flächenzahl; man spricht in allen diesen Fällen dann im Gegensatz zu *Vollflächnern* von *Halb-* oder *Viertelflächnern*. Allgemein sind jene Formen in den nicht-holoedrischen Klassen teilflächig entwickelt, deren Flächen auf den ausfallenden Symmetrieelementen nicht senkrecht stehen.

Unter den Formen gibt es in den höher symmetrischen Kristallklassen solche, die für sich allein auftreten können, da sie den Kristallraum allseitig abschließen. Solche Formen nennt man *geschlossene Formen*. Formen, die für sich allein den Kristallraum nicht vollständig abschließen, nennt man *offene Formen*. Diese können allein an Kristallen nicht auftreten, sondern müssen mit anderen Formen kombiniert sein (*Kombinationen* im Gegensatz zu *einfachen Formen*). Im kubischen System gibt es nur geschlossene Formen, im triklinen und monoklinen System nur offene. Auch geschlossene Formen können in mannigfaltiger Art untereinander und mit offenen Formen kombiniert auftreten.

Wie die Flächen werden auch die Formen durch Indizes gekennzeichnet. Dazu werden die Indizes *einer* Fläche der Form verwendet, und zwar, wenn in der Form vorhanden, jener Fläche, deren Indizes sämtlich positive Vorzeichen haben. Im Gegensatz zu den Indizes der Einzelflächen werden die Indizes der Formen in { } gesetzt.

Die Formen können sehr verschiedene Flächenzahl aufweisen. Die Mindestflächenzahl beträgt 1, die Höchstflächenzahl 48.

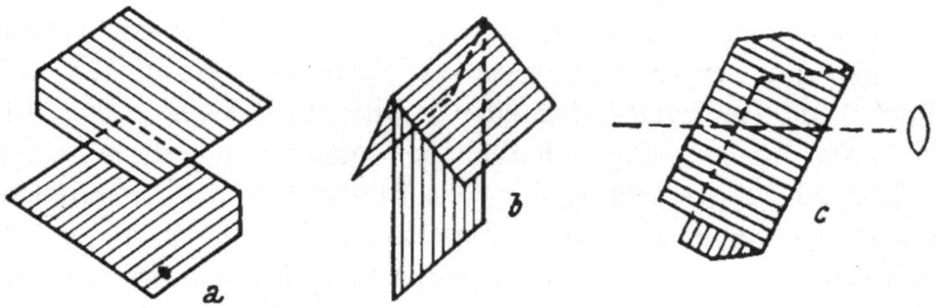

Abb. 25. a Pinakoid, b Doma (Symmetrieebene vertikal gestrichelt), c Sphenoid.

1. Eine einflächige Form nennt man *Pedion*.

2. Zweiflächige Formen bestehen entweder aus zwei parallelen Flächen und heißen dann *Pinakoide* (Abb. 25 a); oder es liegen die beiden Flächen zu einer Symmetrieebene symmetrisch; dann bilden sie ein *Doma* (*Dach*; Abb. 25 b); oder die Flächen liegen zu einer zweizähligen Symmetrieachse symmetrisch, sie bilden dann ein *Sphenoid* (*Keil;* Abb. 26 c).

3. Formen, die aus zu einer Achse parallelen Flächen bestehen, heißen *Prismen*. Je nach der Symmetrie der Achse gibt es dreiflächige *(trigonale)*, vierflächige (*monokline, rhombische* und *tetragonale*), sechsflächige (*hexagonale* und *ditrigonale*), achtflächige (*ditetragonale*) und zwölfflächige *(dihexagonale)* Prismen. Diese Prismen und ihre Querschnitte sind in Abb. 26 dargestellt.

4. Formen, deren Flächen zu einer Achse gleich geneigt liegen, heißen *Pyramiden*. Es gibt dieselben Typen von Pyramiden wie von Prismen, nur gibt es keine monoklinen Pyramiden (Abb. 27). Die Flächen der Sphenoide und Pyramiden sind nur einseitig an der erzeugenden Symmetrieachse entwickelt. Solche

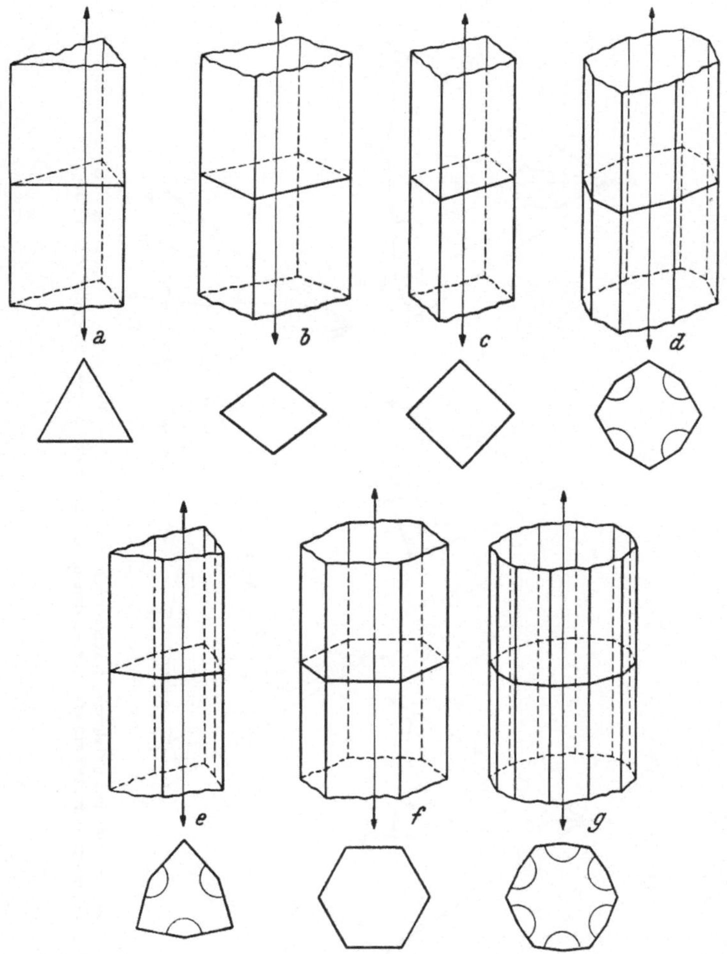

Abb. 26. Die symmetrieverschiedenen Prismen mit ihren Querschnitten: a Trigonal, b Rhombisch (monoklin), c Tetragonal, d Ditetragonal, e Ditrigonal, f Hexagonal, g Dihexagonal. Die ausgezackten Abschlußlinien oben und unten deuten den Charakter als offene Formen an.

Symmetrieachsen mit einseitiger Flächenbesetzung nennt man allgemein *polare Achsen*,[1] die entsprechenden Formen *polare Formen*. Sie können nur in Klassen ohne Symmetriezentren auf-

---

[1] Polare Achsen werden durch ↑ (→) neben oder über dem Achsensymbol gekennzeichnet (Tab. 1, Kol. 3), z. B. A^4↑ oder $\overrightarrow{A^4}$.

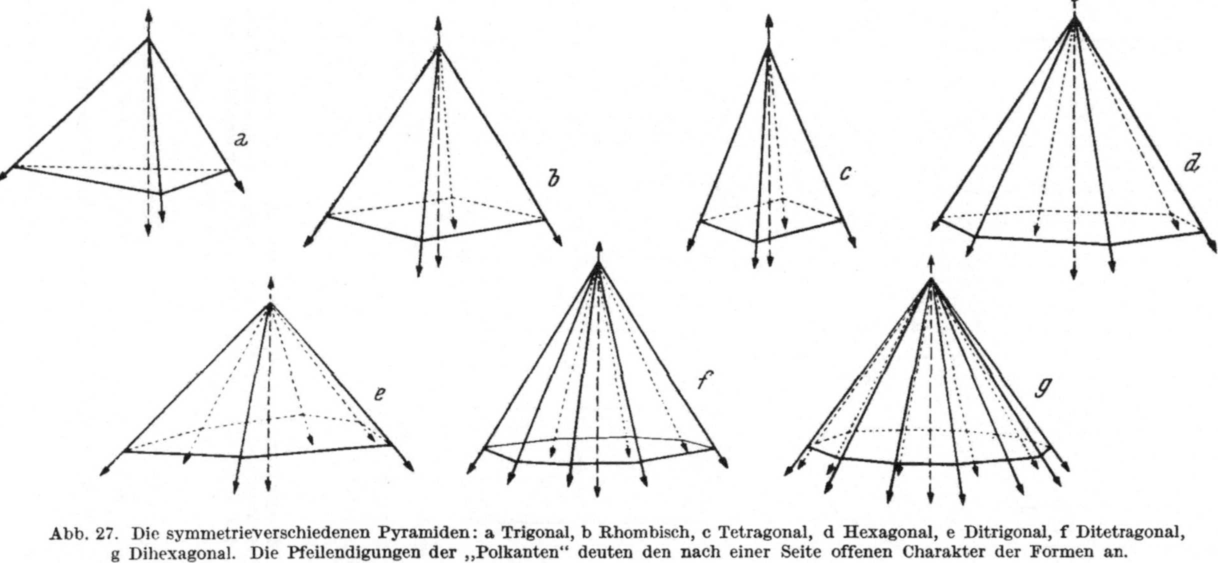

Abb. 27. Die symmetrieverschiedenen Pyramiden: a Trigonal, b Rhombisch, c Tetragonal, d Hexagonal, e Ditrigonal, f Ditetragonal, g Dihexagonal. Die Pfeilendigungen der „Polkanten" deuten den nach einer Seite offenen Charakter der Formen an.

treten. Diese Polarität der Achsen macht sich auch im physikalischen Verhalten der betreffenden Kristalle besonders bemerkbar (s. S. 62). Meroedrische Klassen mit einer polaren Achse heißen

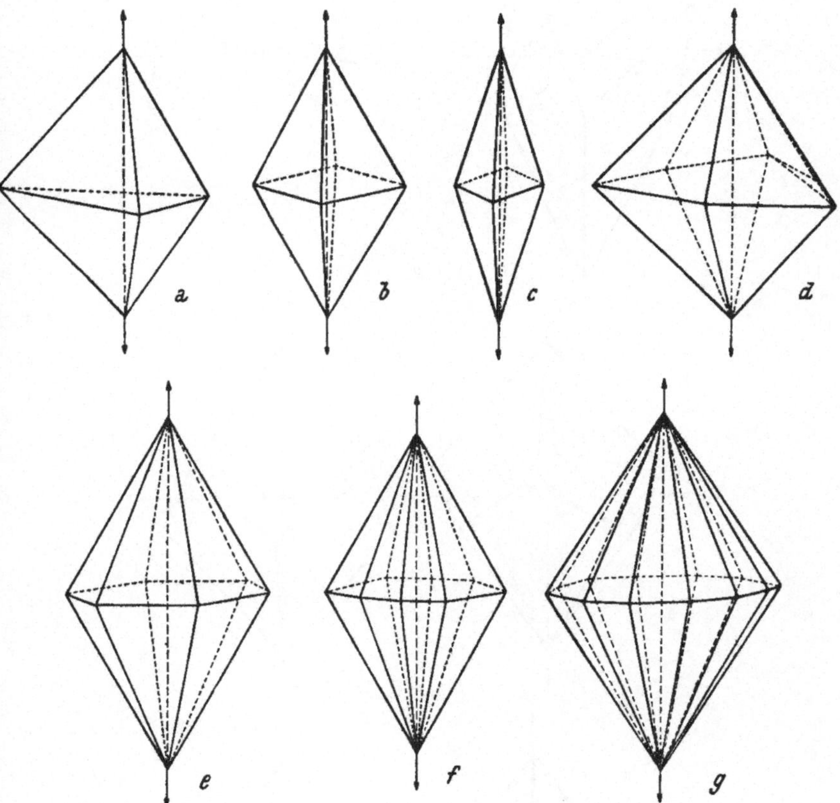

Abb. 28. Die symmetrieverschiedenen Doppelpyramiden: a Trigonal, b Rhombisch, c Tetragonal, d Ditrigonal, e Hexagonal, f Ditetragonal, g Dihexagonal.

hemimorphe Klassen (Tab. 1, Kol. 4). Abb. 10 stellt einen hemimorphen Kristall mit mehreren tetragonalen Pyramiden dar.

Die unter 1 bis 4 genannten Formen sind offene Formen, die folgenden geschlossene Formen.

5. Treten bei Vorhandensein einer auf der Pyramidenachse senkrecht stehenden (horizontalen) Symmetrieebene eine obere und eine untere Pyramide zu einer einheitlichen Form zusammen,

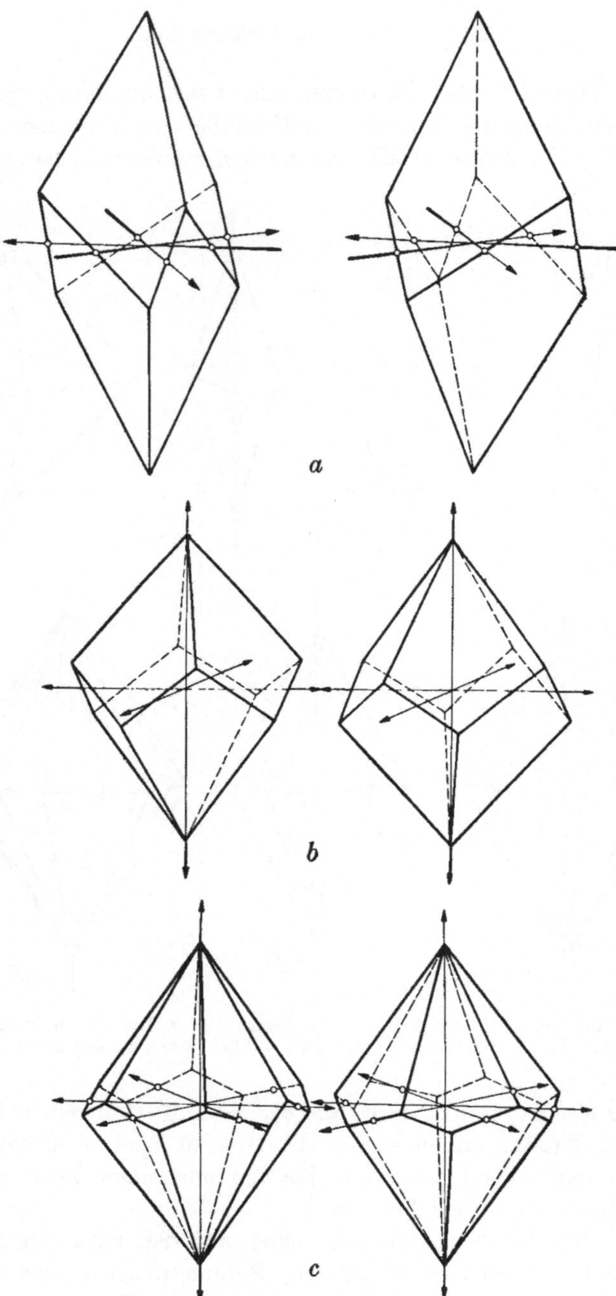

Abb. 29. Trigonale (a), tetragonale (b) und hexagonale (c) Trapezoeder; rechte und linke Formen.

so liegt eine *Doppelpyramide (Bipyramide)* vor. Die Querschnitte der Bipyramiden entsprechen jenen der Prismen und Pyramiden. Die Flächenzahl der Bipyramiden ist die doppelte der Flächenzahl der einfachen Pyramiden und Prismen (Abb. 28).

6. Eine obere und eine untere tetragonale Pyramide, die nicht spiegelbildlich zueinander liegen, bilden ein achtflächiges *tetragonales Trapezoeder* (Abb. 29 b). In gleicher Weise liefern hexagonale Pyramiden zwölfflächige *hexagonale Trapezoeder* (Abb. 29 c) und trigonale Pyramiden sechsflächige *trigonale Trapezoeder* (Abb. 29 a), letztere, wenn die Verdrehung der beiden Pyramiden gegeneinander nicht 60° beträgt. Bei einer Verwendung der unteren Pyramide gegenüber der oberen um 60° entsteht im trigonalen Fall eine höher symmetrische, ebenfalls sechsflächige Form, die als *Rhomboeder* bezeichnet wird und die dem rhomboedrischen System den Namen gegeben hat. Der in Abb. 24 g dargestellte Elementarkörper hat die Gestalt eines Rhomboeders. Ein Trapezoeder ist von ungleichseitigen Vierecken abgegrenzt, ein Rhomboeder von Rhombenflächen.

Wie allgemein bei den Pyramiden und den aus ihnen abgeleiteten Formen gibt es auch bei den Rhomboedern je nach den Indizeswerten flache und steile Typen (Abb. 14 b und 30). Die Rhomboeder können auch als auf eine Körperdiagonale senkrecht gestellte Würfel aufgefaßt werden, welche in Richtung dieser zur Z-Achse gewordenen sechszähligen Drehspiegelungsachse entweder gestaucht oder auseinandergezogen sind. Die quadratischen Begrenzungsflächen des Würfels werden damit zu Rhomben (Abb. 30). In Abb. 30 ist die halbflächige Entwicklung zweier Rhomboeder aus einer hexagonalen Bipyramide dargestellt; die gestreiften Flächen der Bipyramide (Mitte) liefern ein *negatives* Rhomboeder (links), die nicht gestreiften ein *positives* Rhomboeder (rechts). Gleichgestaltete positive und negative Formen lassen sich im Gegensatz zu den enantiomorphen (s. u.) Formen durch Drehung ineinander überführen.

Trapezoeder der gleichen Gestalt treten jeweils in zwei Typen auf (Abb. 29). Die sie begrenzenden Trapezoidflächen neigen die längeren, von der Spitze ausgehenden Kanten (Polkanten) entweder nach rechts oder nach links. Zwei solche gleichartige Formen lassen sich nicht durch Drehung ineinander überführen. Man nennt sie *Rechts-* bzw. *Linksformen* und sagt, die beiden Formen seien *enantiomorph*. Kristalle mit enantiomorphen Formen haben keine Symmetrieebenen; sie sind durch ein besonderes optisches Verhalten ausgezeichnet (S. 103).

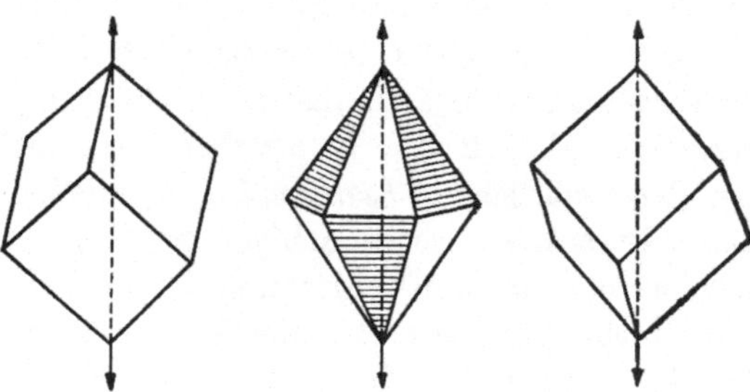

Abb. 30. Entwicklung eines positiven und negativen Rhomboeders als Halbflächner aus einer hexagonalen Doppelpyramide.

In Abb. 31 sind zwei flächenreiche Quarzkristalle dargestellt; bei dem einen ist eine Fläche des sechsflächigen trigonalen Trapezoeders t rechts oben an der vorderen Fläche p des hexa-

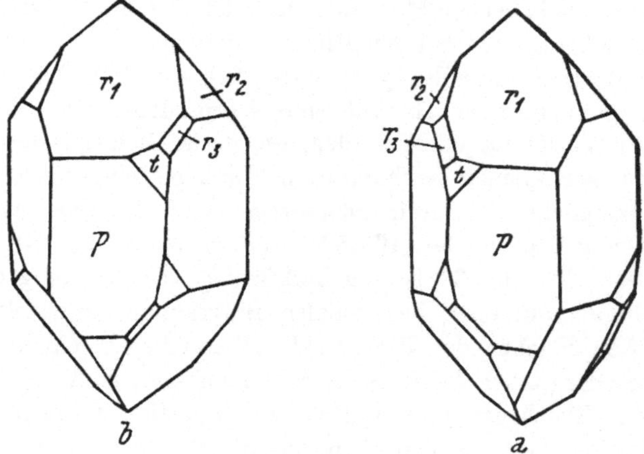

Abb. 31. Rechts- und Linksquarz.

gonalen Prismas entwickelt, beim anderen links oben. Die Kristalle lassen sich nicht durch Drehung ineinander überführen, obwohl sie sonst gestaltlich völlig gleichartig sind. Den ersten Kristall bezeichnet man als Rechtsquarz, den zweiten als Linksquarz. Die übrigen zur trigonalen Achse geneigten Flächen gehören zwei verschiedenen Rhomboedern r_1, r_2 und einer trigonalen Bipyramide r_3 an.

Die Trapezoeder sind Halbflächner zu den ditrigonalen, ditetragonalen und dihexagonalen Bipyramiden, die Rhomboeder Halb-

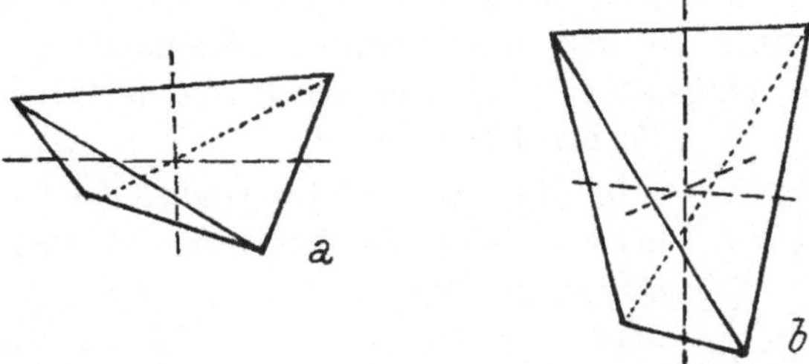

Abb. 32. Rhombisches (a) und tetragonales (b) Bisphenoid.

flächner zu den hexagonalen Bipyramiden, bzw. Viertelflächner zu den dihexagonalen Bipyramiden.

7. Ein oberes und ein unteres Sphenoid — gegeneinander verdreht — liefern zusammen ein vierflächiges *Bisphenoid*. Wenn

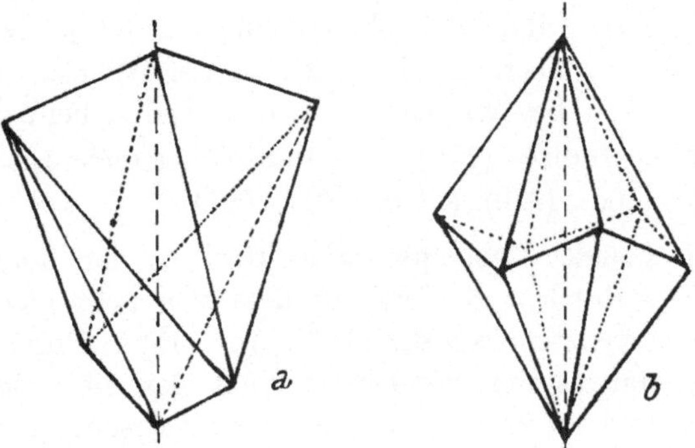

Abb. 33. Tetragonales (a) und hexagonales (b) Skalenoeder.

bei einem Sphenoid die beiden Horizontalkanten senkrecht aufeinander stehen, so ist es ein *tetragonales Bisphenoid*, im anderen Falle ein *rhombisches* (Abb. 32).

8. Wenn nach dem oberen Ende einer Drehspiegelungsachse geneigte Flächenpaare mit nach dem unteren Ende geneigten Flächenpaaren abwechseln, wobei der untere vier- oder sechsflächige Komplex gegen den oberen um 90° bzw. 60° gedreht ist,

hat man achtflächige *tetragonale* (Abb. 33a) oder zwölfflächige *hexagonale Skalenoeder* vor sich (Abb. 33b).

Die Skalenoeder sind ebenfalls Halbflächner zu den ditetragonalen und dihexagonalen Bipyramiden; die Bisphenoide Halbflächner zu rhombischen oder tetragonalen Bipyramiden, oder Viertelflächner zu den ditetragonalen Bipyramiden. Abb. 34 zeigt eine Kombination von einem steilen Skalenoeder mit einem flachen Rhomboeder.

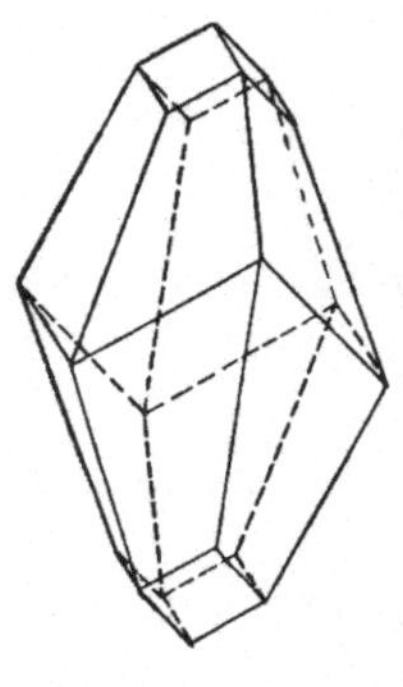

Abb. 34. Steiles Skalenoeder mit flachem Rhomboeder.

9. Infolge der Gleichwertigkeit der drei Kristallachsen treten im kubischen System nur geschlossene Formen auf, die sich durch besonders hohe Symmetrie auszeichnen. Kennzeichnend für alle kubischen Kristalle ist ohne Rücksicht auf die übrigen Symmetrieelemente das Auftreten von vier dreizähligen Drehachsen, die bei Vorhandensein eines Symmetriezentrums zu sechszähligen Drehspiegelungsachsen werden. In der Grundform des kubischen Systems, dem *Würfel (Hexaeder)*, verbinden diese sechszähligen Drehspiegelungsachsen je zwei gegenüberliegende Ecken. Der Würfel (Abb. 35a) besteht aus den drei Endflächenpaaren und hat damit die Indizes {100}. Die Indizes der sechs Einzelflächen sind: (100), ($\bar{1}$00), (010), (0$\bar{1}$0), (001), (00$\bar{1}$).

Die tetragonale Doppelpyramide wird in der holoedrischen Klasse des kubischen Systems zu dem von acht gleichseitigen Dreiecken begrenzten *Oktaeder* {111} (Abb. 35b). Durch das Ausfallen der Hauptsymmetrieebene zerfällt das Oktaeder in den Klassen 28 und 30 in zwei, von je vier gleichseitigen Dreiecken begrenzte *Tetraeder*. Diese treten in zwei Stellungen auf. Das eine Tetraeder beginnt mit der rechten oberen vorderen Oktaederfläche, das zweite mit der linken. Die beiden Formen können durch Drehung um 90° miteinander zur Deckung gebracht werden. Man nennt die erste Form das *positive* Tetraeder {111}, die zweite das *negative* Tetraeder {1$\bar{1}$1}. Die Tetraeder sind somit die Halbflächner der Oktaeder in bestimmten meroedrischen Klassen (Abb. 35c und 36).

Die Flächen, die zu einer Kristallachse parallel laufen und die

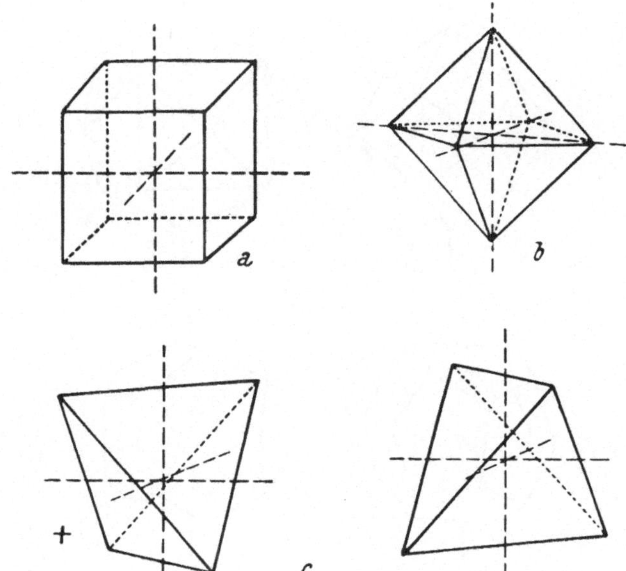

Abb. 35. a Würfel, b Oktaeder, c Positives und negatives Tetraeder als Halbflächner des Oktaeders.

beiden anderen Achsen in gleichen Abschnitten schneiden, treten im kubischen System zu einer zwölfflächigen Form, dem *Rautenzwölfflächner* oder *Rhombendodekaeder* (Abb. 37a) mit den Indizes {110} zusammen. Dies ist ebenfalls eine weitverbreitete Kristallform. Zum Rhombendodekaeder gibt es ebensowenig Halbflächner wie zum Würfel.

Die Flächen, die zu einer Kristallachse parallel liegen, die beiden anderen Achsen aber in verschiedenen Abschnitten schneiden, bilden in ihrer Gesamtheit in der holoedrischen Klasse des kubischen Systems (Klasse 32) die 24flächigen *Pyramidenwürfel* oder *Tetrakishexaeder* {hko} (Abb. 37b). Je nach

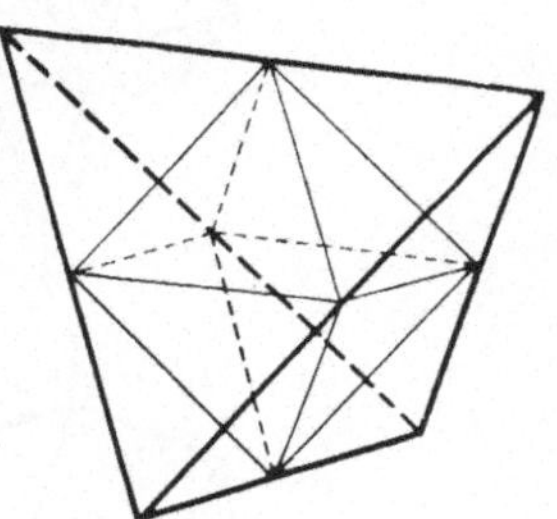

Abb. 36. Halbflächige Entwicklung des Tetraeders aus dem Oktaeder.

den Werten von h und k gibt es Pyramidenwürfel mit unter verschiedenen Winkeln zueinander geneigten Flächen. In den Klassen 28 und 29 zerfällt jeder Pyramidenwürfel in ein positives

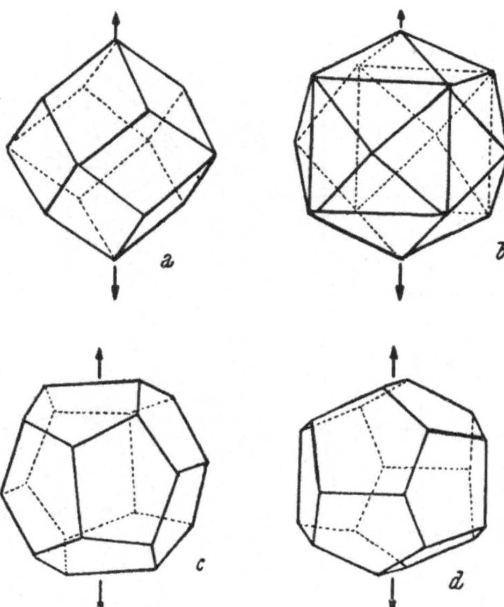

Abb. 37. a Rhombendodekaeder, b Pyramidenwürfel, c und d daraus als Halbflächner hervorgegangene positive und negative Pentagondodekaeder.

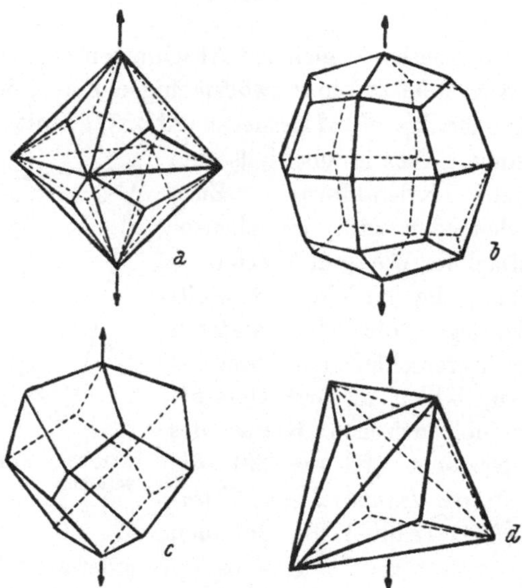

Abb. 38. a Triakisoktaeder, b Deltoidikositetraeder, e Deltoiddodekaeder, d Trigondodekaeder.

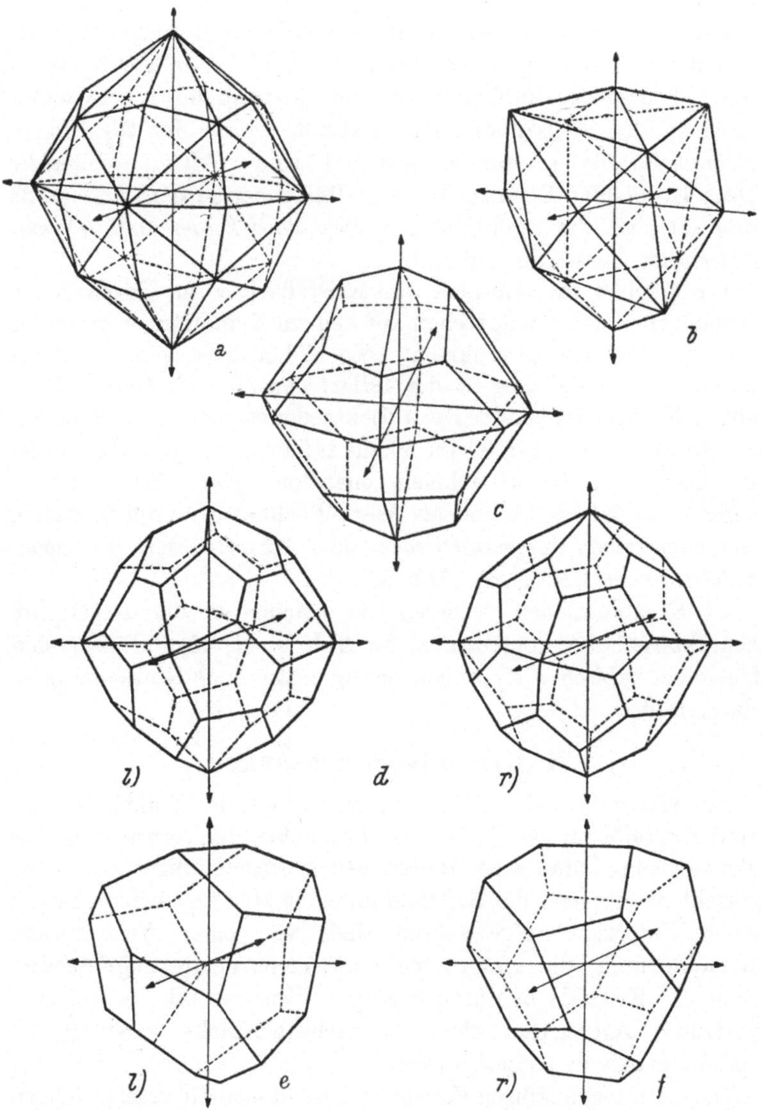

Abb. 39. a Hexakisoktaeder, b Hexakistetraeder, c Dyakisdodekaeder, d Pentagonikositetraeder, e ein linkes und f ein rechtes asymmetrisches Pentagondodekaeder.

und ein negatives zwölfflächiges *regelmäßiges Pentagondodekaeder*
(*regelmäßiger Fünfeckszwölfflächner*; Abb. 37c und d).

Die Flächen, die sämtliche drei Kristallachsen schneiden, zwei von ihnen aber in gleichen Abschnitten, bilden in der holoedrischen Klasse des kubischen Systems je nach ihrer besonderen Lage zu den Achsen die verschiedenen Typen der 24flächigen *Triakisoktaeder (Pyramidenoktaeder)* und *Deltoidikositetraeder* $\{hhl\}$ (Abb. 38). Deren positive Halbflächner in den Klassen 28 und 30 sind die zwölfflächigen *Deltoiddodekaeder* und *Trigondodekaeder* (Abb. 38c und d).

Die Flächen, die sämtliche drei Kristallachsen in verschiedenen Abschnitten schneiden, stehen auf keinem Symmetrieelement der holoedrischen Klasse senkrecht. Sie bilden die allgemeine Form und treten in der Gestalt der 48flächigen *Hexakisoktaeder* $\{hkl\}$ auf. Als Halbflächner der Hexakisoktaeder erscheinen die 24flächigen *Hexakistetraeder* in Klasse 30, die 24flächigen *Dyakisdodekaeder* in Klasse 29, die 24flächigen, enantiomorphen *Pentagonikositetraeder* in Klasse 31 und als Viertelflächner die zwölfflächigen, enantiomorphen, *asymmetrischen* oder *tetraedrischen Pentagondodekaeder* in Klasse 28 (Abb. 39).

In Kombinationen verlieren die Flächen in der Regel ihre charakteristische Abgrenzung. In Abb. 40 bis 45 und 47 b sind einige bei kubischen Kristallen häufig auftretende Kombinationen dargestellt.

H. Kristallverwachsungen.

Einzelkristalle haben stets nur ausspringende Winkel. Häufig sind Kristalle ein und derselben Art miteinander verwachsen. Die Verwachsung kann eine vollkommen unregelmäßige sein. Man spricht dann, wenn die Kristalle unregelmäßig nebeneinander auf einer Unterlage aufgewachsen sind, von einer *Kristalldruse*. Kristalldrusen, die Hohlräume auskleiden, nennt man *Geoden*. Sind die Kristalle in unregelmäßiger Weise zu allseits frei entwickelten Aggregaten ohne Aufwachsungsfläche vereinigt, so spricht man von *Kristallgruppen*.

Diesen unregelmäßigen Verwachsungen stehen die gesetzmäßigen Verwachsungen gegenüber:

1. Mit allen Richtungen parallel untereinander verwachsene Kristalle bilden einen *Kristallstock*. Seine Zusammensetzung aus mehr oder weniger zahlreichen Einzelindividuen läßt sich leicht an den reichlich auftretenden einspringenden Winkeln erkennen.

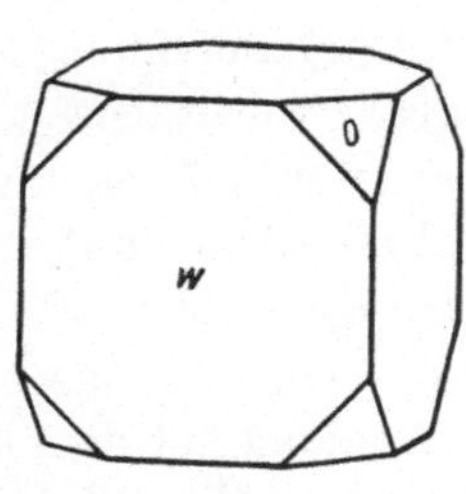

Abb. 40. Würfel *w* (vorherrschend)
mit Oktaeder *o*.

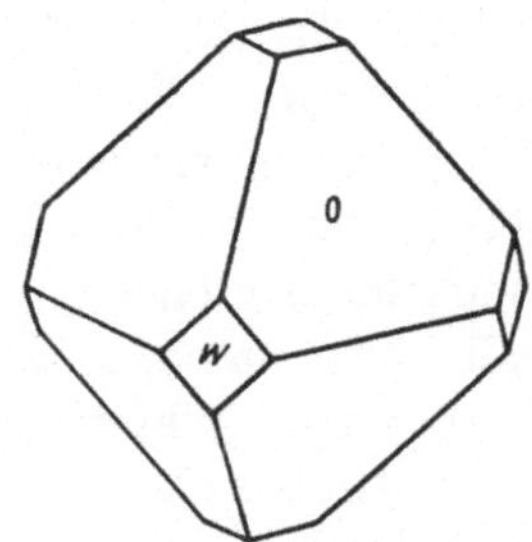

Abb. 41. Würfel *w* mit
vorherrschendem Oktaeder *o*.

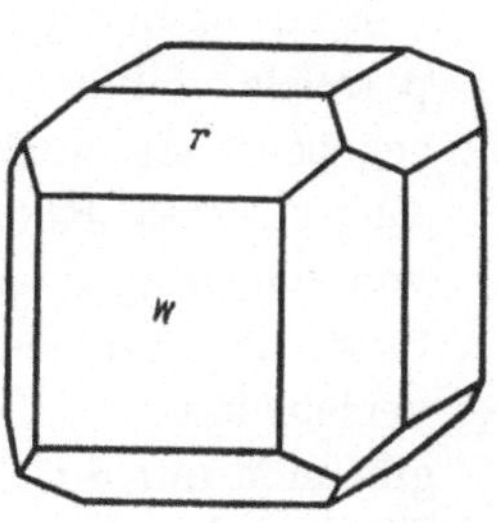

Abb. 42. Würfel *w* mit
Rhombendodekaeder *r*.

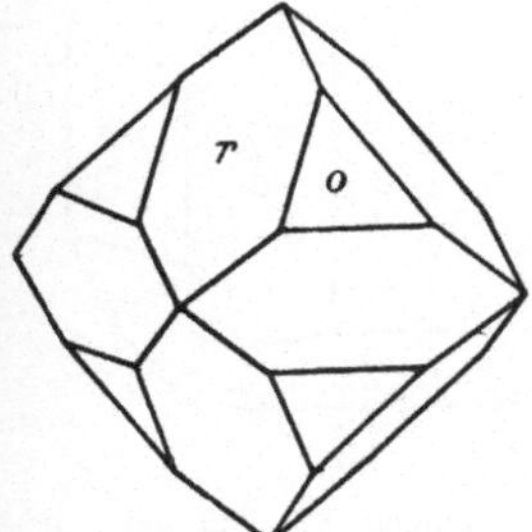

Abb. 43. Oktaeder *o* mit
Rhombendodekaeder *r*.

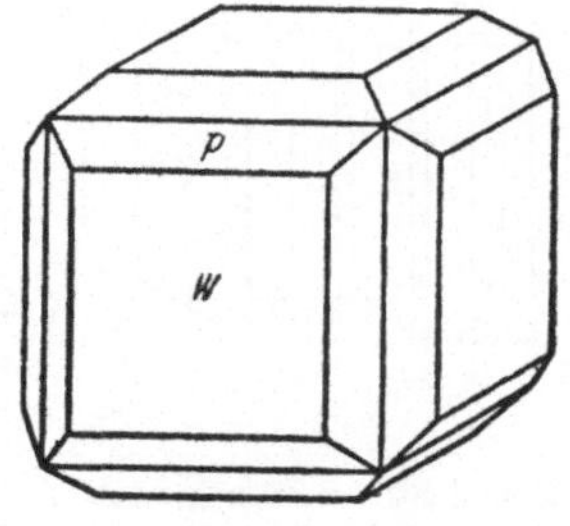

Abb. 44. Würfel *w* mit
Pyramidenwürfel *p*.

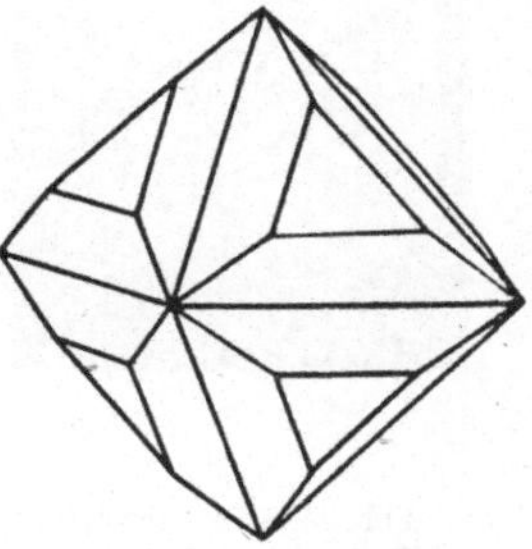

Abb. 45. Oktaeder mit
Triakisoktaeder.

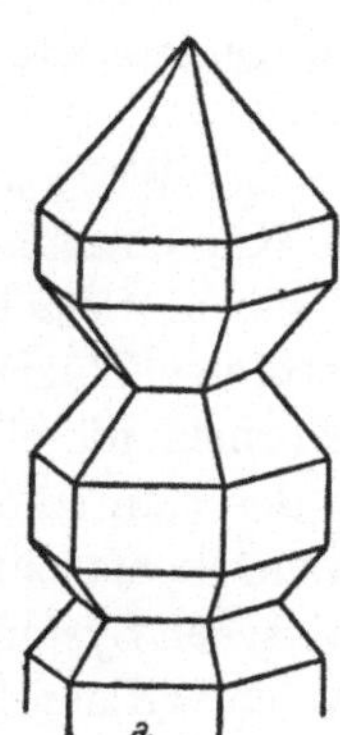
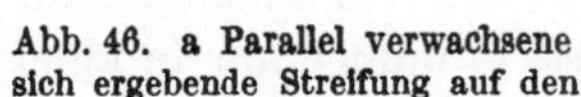
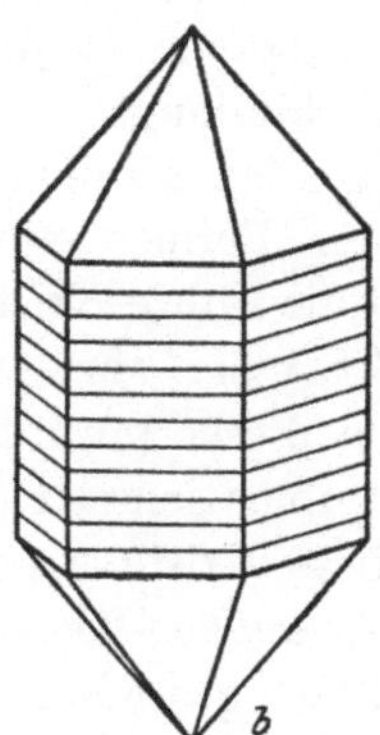
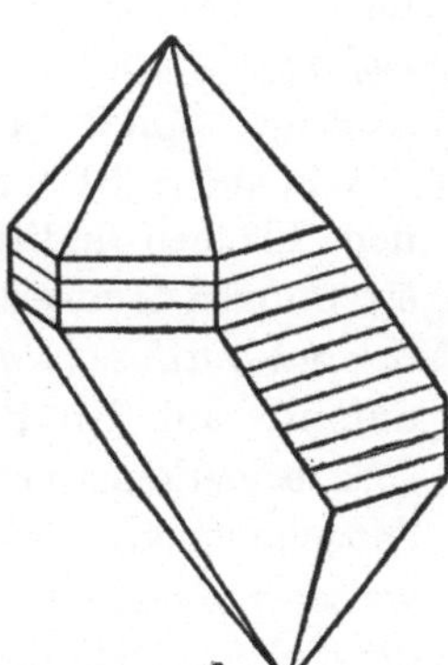

Abb. 46. a Parallel verwachsene Quarzkristalle. b Daraus bei vielfacher Wiederholung
sich ergebende Streifung auf den Prismenflächen. c Verzerrter Quarzkristall mit Kombinationsstreifung.

Eine besondere Art der Kristallstockbildung ist durch das parallele Übereinanderwachsen zahlreicher Kristallindividuen gegeben. Es wechseln z. B. an einem scheinbar einheitlichen Quarzkristall Rhomboeder- und Prismenflächen unter Auftreten von einspringenden Winkeln in größerer Anzahl ab (Abb. 46 a). Sind die einzelnen Individuen nur von sehr geringer Höhe, so verschwinden die einspringenden Winkel, und die Verwachsung gibt sich nur durch das Auftreten einer Parallelstreifung auf den Flächen des anscheinend einheitlichen Quarzkristalles (Abb. 46 b

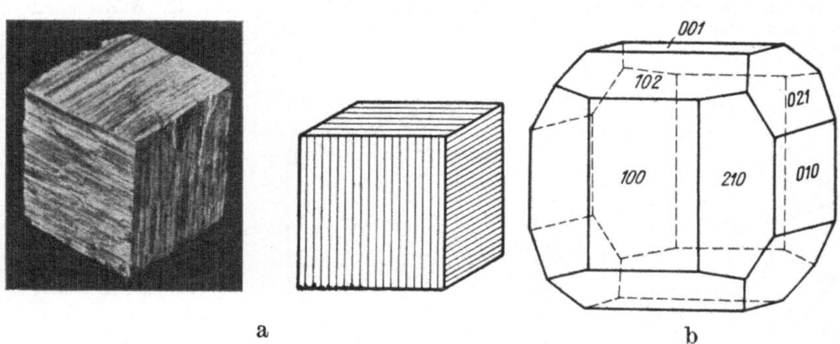

a   b

Abb. 47 a. Pyritwürfel mit Kombinationsstreifung, aus der zu erkennen ist, daß der Pyrit nicht der hexakisoktaedrischen Kristallklasse zugehört. Original (links) und schematische Zeichnung (rechts). b Kombination von Würfel $\{100\}$ mit einem Pentagondodekaeder $\{102\}$.

und c) zu erkennen (*Kombinationsstreifung* oder *Kombinationsriefung*). Damit steht häufig eine Verjüngung der Quarzkristalle nach der Spitze zu in Verbindung.

Wie auf S. 31 erwähnt, können in charakteristischer Weise auf den Flächen indifferenter Formen auftretende Kombinationsstreifungen Hinweise auf die wahre Kristallklasse geben. So zeigt der *Schwefelkies* (*Pyrit* FeS_2), der sehr häufig in Form von Würfeln auftritt, auf den Flächen dieser (und anderer) Formen oft eine sehr bemerkenswerte Kombinationsstreifung, aus der man sofort entnehmen kann, daß diese Kristalle (was die Würfelform ohne weiteres offen ließe, weil sie in allen Klassen des kubischen Systems möglich ist) nicht der vollflächigen Klasse dieses Systems (Klasse 32 der Tabelle 1) angehören können. Wie in Abb. 47 a dargestellt, verläuft die Streifung auf jeder Würfelfläche immer nur in einer Kantenrichtung; auf den Würfelflächen können deshalb nur je zwei Symmetrieebenen (es sind dies die Hauptsymmetrieebenen), und zwar eine parallel zur Streifung, die andere senkrecht dazu, senkrecht stehen. Auf den Flächen des der holoedrischen Klasse angehörigen Würfels stehen aber je zwei Haupt- und zwei Nebensymmetrieebenen (letztere diagonal über die Flächen verlaufend) senkrecht. Die Symmetrie der Pyritkristalle kann somit nur die der dyakisdodekaedrischen Klasse (Klasse 29 der Tabelle 1) sein, welche Nebensymmetriebenen nicht umfaßt. Die Riefung kommt in diesem Falle dadurch zustande, daß die Einheitlichkeit der Würfelflächen fortlaufend durch Ansätze von Pentagondodekaederflächen durchbrochen wird. Der Verlauf der Kanten zwischen den Würfel- und Pentagondodekaederflächen, welcher den Riefungsrichtungen entspricht, ist der Abb. 47 b zu entnehmen.

Die Aneinanderreihung zahlreicher Kriställchen in nicht vollkommen paralleler Stellung zu einem größeren, anscheinend einheitlichen Kristall führt zur Erscheinungsform der Kristalle mit gekrümmten, oft sattelförmig ausgebildeten Flächen oder beim Vorliegen von tafelig ausgebildeten Einzelkristallen zu garben- oder rosettenförmigen Kristallaggregaten (z. B. Eisenrose Fe_2O_3).

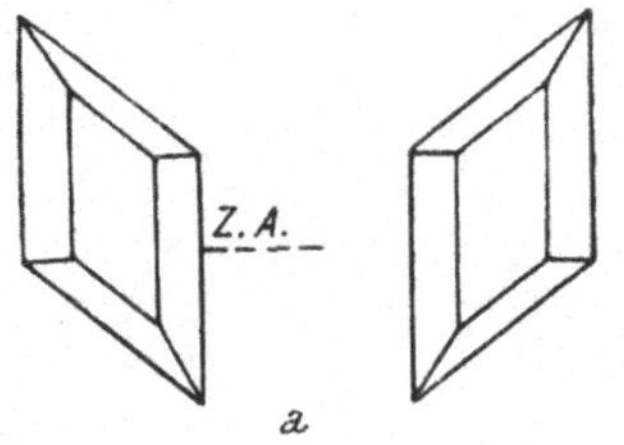
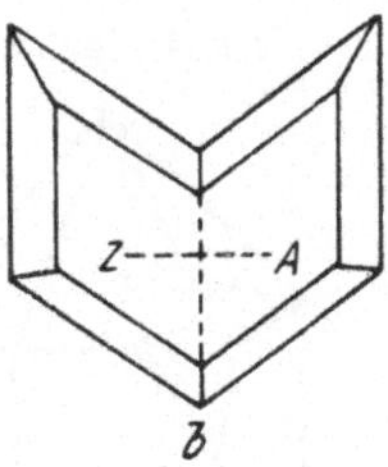

Abb. 48. Gipskristall. a Der mittlere Kristall gegenüber dem linken um 180° um die Zwillingsachse *Z. A.* gedreht. b Daraus durch Verwachsung entstandener Zwilling; Zwillingsebene (100).

2. *Zwillinge* dagegen bestehen aus zwei oder mehreren Einzelkristallen, die unter Parallelstellung von nur bestimmten Richtungen gesetzmäßig miteinander verwachsen sind. Bei einem Zwilling erscheint in der Regel das eine Individuum gegenüber dem anderen um eine bestimmte Richtung, die man *Zwillingsachse* nennt, um 180° gedreht (Abb. 48). Die Zwillingsachsen stehen häufig auf einer einfach indizierten Kristallfläche senkrecht.

Man nennt diese Ebene *Zwillingsebene* und sagt, es handle sich um einen Zwilling nach der Ebene (*hkl*). Wenn die Zwillingsebene keine einfach indizierte Ebene ist, dann ist die darauf senkrecht stehende Richtung eine mögliche, einfach indizierbare Kantenrichtung des einzelnen Kristalles.[1] Die Zwillingsebene kann

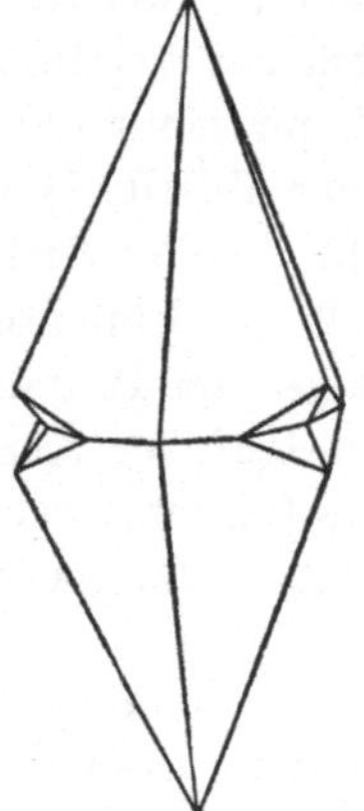

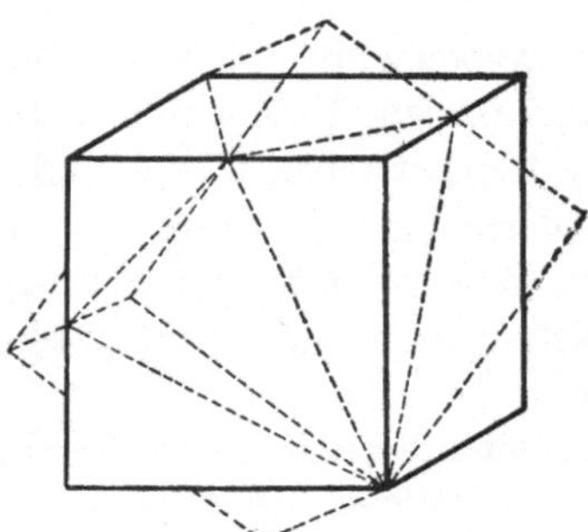

Abb. 49. Kalkspat, Berührungszwilling nach (0001).

Abb. 50. Flußspat, Durchkreuzungszwilling von
zwei Würfeln.

keine Symmetrieebene des einfachen Kristalles sein, und die Zwillingsachse kann keine geradzählige Symmetrieachse des einfachen Kristalles sein; sonst würden sich bei der Verwachsung

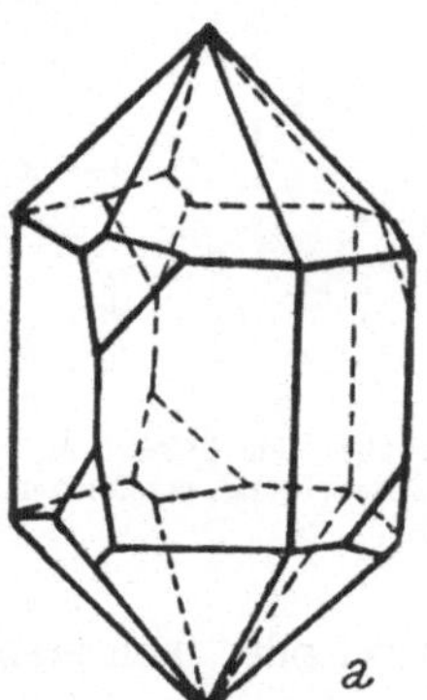

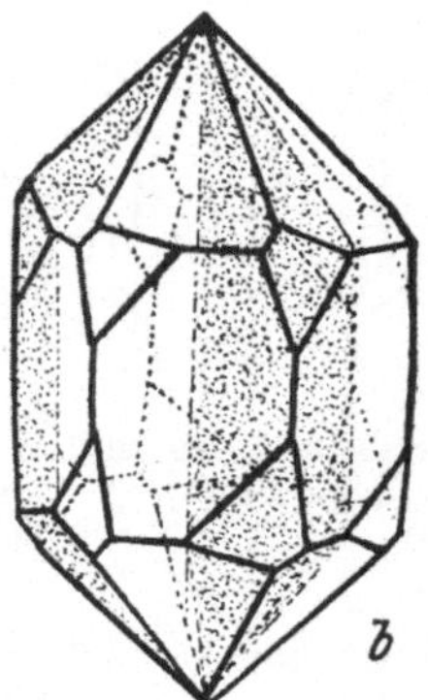

Abb. 51.   a Rechtsquarz, b Durchwachsungszwilling von zwei Rechtsquarzkristallen
(nach P. NIGGLI).

---

[1] Auch die Kristallkanten können durch Millersche Indizes gekennzeichnet werden. Dazu denkt man sich die Kante so lange parallel zu sich verschoben, bis sie durch den Ursprung des Achsenkreuzes geht. Das Koordinatenverhältnis irgendeines Punktes der Kante außerhalb

lauter gleichwertige Richtungen parallel stellen, es läge Parallelverwachsung vor. Die einzelnen Individuen von Zwillingen können sich in einer Ebene *(Verwachsungsebene)* berühren (Abb. 48, 49), solche Zwillinge nennt man *Berührungszwillinge (Kontakt-*

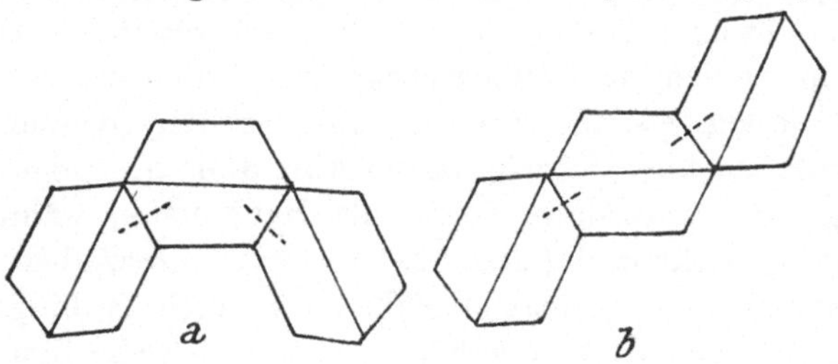

Abb. 52. Aragonit $CaCO_3$ (rhombisch). a Drilling, b Wiederholungszwilling. Die Zwillingsachsen sind durch gestrichelte Linien angedeutet.

zwillinge); die Einzelkristalle der Zwillinge können sich aber auch gegenseitig durchwachsen, wobei es zum Verschwinden der einspringenden Winkel kommen kann (*Durchwachsungszwillinge, Penetrationszwillinge;* Abb. 50, 51).

Verwachsungen von mehr als zwei Kristallen nach einem Zwillingsgesetz nennt man *Drillinge* (Abb. 52a), *Vierlinge* oder ganz allgemein *Viellinge*. Mehr als zwei Individuen können auch so verwachsen, daß alle geradzähligen Individuen zueinander parallel stehen, ebenso alle ungeradzähligen, während sich die geradzähligen gegenüber den ungeradzähligen in Zwillingsstellung befinden; solche Viellinge nennt man *Wiederholungs-* oder *Repetitionszwillinge* (Abb. 52b). Sie können aus einer sehr großen Anzahl von Individuen bestehen, die für sich nur mikroskopische Dimensionen haben. Derartige, vielfach zusammengesetzte Zwillinge nennt man *polysynthetische Zwillinge* (Abb. 53). Äußerlich sind dann die einspringenden Winkel infolge der Kleinheit der Einzelindividuen

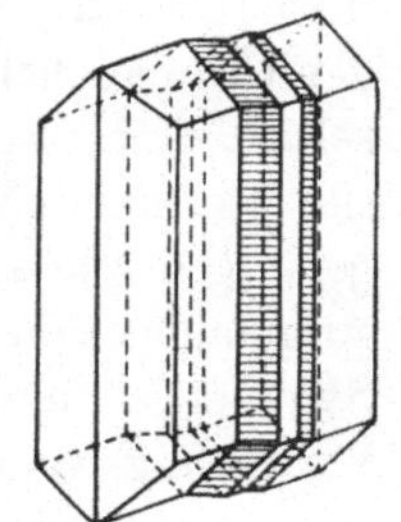

Abb. 53. Aragonit. Polysynthetischer Zwilling.

des Ursprunges bestimmt, bezogen auf das Koordinatenverhältnis der Grundkante, die Millerschen Indizes der Kante. Diese werden zum Unterschied von den Flächen- und Formenindizes in [ ] gesetzt. Die X-Richtung hat somit die Millerschen Indizes [100], die Y-Richtung [010] und die Z-Richtung [001].

oft verschwunden. Die Verzwillingung ist dann nur mehr an einer dichten Parallelstreifung auf den entsprechenden Flächen des vielfach zusammengesetzten Zwillings zu erkennen *(Zwillingsstreifung)*.

Durch Zwillingsbildung kann eine höhere Symmetrie vorgetäuscht werden, da Zwillingsebene und Zwillingsachse als neue Symmetrieelemente oder als Elemente erhöhter Symmetrie sich bemerkbar machen. So zeigt der in Abb. 51b abgebildete Quarzzwilling eine sechszählige Achse als Hauptachse, während der einfache Quarzkristall (Abb. 51a) eine nur dreizählige Hauptachse besitzt. Man spricht im Falle einer durch Zwillingsbildung hervorgerufenen Symmetrieerhöhung von *mimetischer* Symmetrie.[1]

J. Ausbildung der Kristalle.

Für eine regelmäßige Ausbildung der Kristalle ist ein von außen her ungestörtes Wachstum erforderlich; darunter sind nicht nur günstige räumliche Verhältnisse zu verstehen, sondern auch Gleichmäßigkeit der Substanzzufuhr an den wachsenden Kristallen von allen Richtungen her. Diese Bedingungen sind in der Natur nur sehr selten erfüllt; im Laboratoriumsversuch kann man für diesen Zweck günstige Bedingungen häufig herstellen. Die Folge der Unzulänglichkeit der äußeren Faktoren ist, daß die Kristalle selten *ideal* ausgebildet sind *(modellartiger Kristall)*. Meist sind sie, wie man sich ausdrückt, „*verzerrt*", d. h. die zu einer Form gehörigen Flächen können in Größe und Gestalt sehr verschieden ausgebildet sein (Abb. 46c). Dies erschwert die Erkennung der Symmetrie mit einfachen Mitteln. Nicht betroffen von der Verzerrung werden dagegen die Flächenwinkel. Die Winkelmessungen geben somit stets Auskunft über die idealen Verhältnisse und es kann aus ihnen das Idealbild des verzerrten Kristalles konstruiert werden.

Wenn sich auch die Kristalle ein und derselben Art auf die gleiche Symmetrieklasse und die gleichen kristallographischen

---

[1] Höhere Symmetrie kann auch dadurch vorgetäuscht werden, daß sich bei niedriger symmetrischen Kristallen die Flächenwinkel stark den Winkeln von Kristallen höherer Symmetrie nähern. Dies ist sehr häufig der Fall; in solchen Fällen spricht man von *Pseudosymmetrie*. Es gibt z. B. monoklin-pseudohexagonale Kristalle oder tetragonal-pseudokubische Kristalle.

Konstanten beziehen lassen, so kann doch ihre Erscheinungsform je nach den Bildungsbedingungen eine außerordentlich mannigfaltige sein. So können wir z. B. in der Natur die Kristalle des Flußspates CaF_2 in verschiedenen Formen der holoedrischen Klasse des kubischen Systems antreffen, häufig in Gestalt von Würfeln {100}, seltener in Gestalt von Oktaedern {111} oder auch in Gestalt von Rhombendodekaedern {110}. Bei anderen Kristallarten, wie z. B. beim Kalkspat $CaCO_3$, ist die Formenentwicklung noch viel mannigfaltiger. Alle verschiedenen, in der betreffenden Kristallklasse möglichen Formen treten bei den Kalkspatkristallen mit wechselnden Indizeswerten als Einzelformen oder meist als Kombinationen auf.

Die Gesamtheit der an einem Kristall auftretenden Formen bezeichnet man als seine *Tracht*. Diese läßt Schlüsse auf die Bildungsbedingungen hinsichtlich der Zusammensetzung der Ausgangslösung und der bei der Bildung herrschenden Temperatur und des damals herrschenden Druckes zu. Denn durch diese Faktoren wird die relative Wachstumsgeschwindigkeit in den verschiedenen Richtungen des Kristalles beeinflußt; dies hat zur Folge, daß einmal diese, das andere Mal jene Flächengruppe zur Ausbildung kommt. Denn die vom Zentrum des Kristalles auf die Flächen errichteten Normalen (Flächennormalen) sind immer die Richtungen der geringsten Wachstumsgeschwindigkeit, wenigstens im Vergleich zu den benachbarten Richtungen, während die Richtungen nach den Kanten und vor allem nach den Ecken hin Richtungen von im Vergleich zu den Nachbarrichtungen größter Wachstumsgeschwindigkeit sind. Kanten und Ecken sind ja vom Zentrum des Kristalles immer weiter entfernt als die ihnen benachbarten Flächenmitten. Durch Veränderung der relativen Wachstumsgeschwindigkeiten können so statt Kanten Flächen auftreten und umgekehrt.

Wenn die Tracht der Kristalle in erster Linie von den Außenbedingungen abhängig ist, so gilt dies nur in geringem Umfange vom sogenannten *Habitus* der Kristalle. Infolge ihres charakteristischen Aufbaues zeigen die Kristalle je nach ihrer Art eine gewisse Tendenz zu einem nach den. drei Richtungen des Raumes hin gleich betonten Wachstum oder zu einem Wachstum, das zwei Richtungen des Raumes bevorzugt, oder schließlich zu einem Wachstum, das in einer Richtung des Raumes mehr oder weniger ausgesprochen vorherrscht. Im ersten Fall spricht man von einem *körnigen* oder *isometrischen* Habitus der Kristalle, im zweiten Fall von einem *dick-* oder *dünntafeligen, blättrigen* oder *schuppigen* Habitus, im letzten Fall von einem *prismatischen, stengeligen, nadeligen* oder *faserigen* Habitus. Die Bevorzugung gewisser Richtungen des Raumes als von äußeren Umständen unabhängigen Hauptwachstumsrichtungen steht in engstem Zusammenhang mit den Einzelheiten des Raumgitteraufbaues des betreffenden Kristalles. Hauptwachstumsrichtungen sind solche, in denen sich besonders starke Bindungskräfte zwischen den einzelnen Bausteinen des Raumgitters (Atomen oder Ionen) auswirken.

Nadelig oder faserig ausgebildete Kristalle können in den Aggregaten zueinander parallel gestellt sein (*parallel-faserige* Aggregate); häufig wachsen aber die Fasern oder dünnen Nadeln von einem Zentrum nach allen Richtungen des Raumes, sofern dazu die Möglichkeit gegeben ist, aus. Auf diese Weise entstehen *radialfaserige* oder zumindest *divergent-strahlige* Gebilde, die oft eine kugelige oder halbkugelige, gerundete Oberfläche zeigen können. Solche Nadelaggregate treten dann weiter zu nierenförmigen oder traubenförmigen Gebilden mit oft sehr glatten Oberflächen zusammen; derartige Bildungen bezeichnet man auch als *Glaskopf*bildungen. Blättrig ausgebildete Kristalle treten oft in Form von rosettenförmigen oder garbenförmigen Aggregaten auf, wobei die einzelnen Kristallblätter unter kleinen Winkeln gegeneinander geneigt miteinander verwachsen sind.

Die Korngröße der Kristalle kann eine sehr wechselnde sein. Wenn zahlreiche Kristalle gleichzeitig nebeneinander zur Entwicklung kommen, behindern sie sich gegenseitig im Wachstum. Die Folge davon ist, daß ihnen die gesetzmäßige äußere Flächenbegrenzung mehr oder weniger vollständig fehlt. Solche Aggregate, deren Einzelbestandteile den für die Kristallart charakteristischen Habitus wohl oft noch gut erkennen lassen, bezeichnet man als *derb*. Bleiben dabei die einzelnen Kriställchen so klein, daß sie mit freiem Auge nicht mehr unterschieden werden können, so bezeichnet man solche Aggregate als *dicht*. Dicht bedeutet aber nicht, daß die betreffende Stoffmasse nicht kristallisiert sei. Die mikroskopische oder oft auch erst die röntgenographische Untersuchung läßt den kristallinen Charakter der einzelnen Bestandteile der dichten Masse eindeutig erkennen. Die Bruchflächen von dichten Kristallmassen sind infolge ihres Bestehens aus winzigen Einzelkriställchen im allgemeinen mehr oder weniger rauh. Dies unterscheidet sie von den nichtkristallisierten oder *amorphen* Mineralmassen, die recht selten und auf wenige Mineralarten beschränkt sind. Die amorphen Mineralien sind nicht von ebenen Flächen begrenzt und nicht nach dem Prinzip der Raumgitter aufgebaut. Die ganze Masse ist gleichmäßig beschaffen, weder faserig noch körnig noch schuppig ausgebildet. Die äußere Gestalt ist außerordentlich wechselnd, kugelig-traubige Bildungen sind häufig; ebene Begrenzungsflächen treten nur dann auf, wenn sie durch die Raumverhältnisse aufgezwungen werden (z. B. in einer ebenflächigen Form erstarrtes Glas). Die Bruchflächen der amorphen Massen sind meist glatt, wenn auch keineswegs eben, sie zeigen häufig einen fettigen Glanz. Ihrem physikalischen Verhalten nach sind die amorphen Körper in jeder Beziehung isotrop, keine Richtung ist vor den anderen bevorzugt. Amorphe Mineralien zeigen ebenso wie künstlich hergestellte amorphe Körper eine mehr oder weniger stark hervortretende Tendenz, allmählich im Laufe der Zeit unter Ordnung ihrer Bestandteile zu Kristallgebilden in den kristallinen Zustand überzugehen. Dieser Vorgang kann schließlich die ganze amorphe Ausgangsmasse erfassen, die damit in den kristallin-dichten Zustand übergegangen ist. Manche Mineralien wurden früher wegen ihres außerordentlich feinkörnigen Charakters für amorph angesehen. Erst durch die röntgenographische Untersuchung konnte bei feinstem Kristallkorn der kristalline Charakter nachgewiesen werden.

Das häufigste, wenigstens überwiegend amorphe Mineral ist der *Opal* (Kieselsäure mit wechselndem Wassergehalt).

III. Kristallphysik.

Wie eingangs erwähnt wurde, verlaufen zahlreiche physikalische und physikalisch-chemische Vorgänge in den Kristallen richtungsabhängig. Man nennt diese Vorgänge *vektorielle*. Dazu gehören z. B. die Festigkeitseigenschaften, die thermische und elektrische Leitfähigkeit und die Fortpflanzung und Absorption des Lichtes,

A. Festigkeitseigenschaften der Kristalle.

1. Härte.

Die *Härte* der Kristalle ist eine sehr komplexe Erscheinung. Man versteht darunter im allgemeinen den Widerstand, den ein Körper beim Ritzen oder Reiben der Zerkleinerung entgegensetzt. Viele Mineralien lassen sich z. B. mit einem mehr oder weniger harten Gegenstand, wie der Spitze eines Taschenmessers oder einem kantigen Glassplitter ritzen, andere wieder nicht. Das Ritzen mit der Messerspitze kann wieder leicht oder schwer erfolgen. Wir schließen daraus auf verschiedene Härten. Auf dem Umstand, daß ein harter Körper auf einem weicheren Kratzspuren hinterläßt, beruht eine in der Mineralogie viel benutzte Methode zur relativen Härtebestimmung *(Ritzhärte)*. Man verwendet als Stufen einer sogenannten *Härteskala*, wie sie zu Beginn des vergangenen Jahrhunderts von FR. MOHS aufgestellt worden ist *(Mohssche Härteskala)*, bestimmte, leicht in größeren Kristallbruchstücken erreichbare Mineralien von charakteristischen Härtedifferenzen. Diese Härteskala enthält folgende Glieder:

1. Talk $Mg_3(OH)_2[Si_4O_{10}]$		
2. Gips $CaSO_4 \cdot 2\,H_2O$	mit dem Finger-	
oder Steinsalz $NaCl$	nagel ritzbar	mit Messerspitze
3. Kalkspat $CaCO_3$		leicht ritzbar
4. Flußspat (Fluorit) CaF_2		
5. Apatit $Ca_5(F,Cl)[PO_4]_3$		
6. Orthoklas $K[AlSi_3O_8]$		
7. Quarz SiO_2	mit Messer nicht	geben, mit Stahl
8. Topas $Al_2(OH,F)_2[SiO_4]$	mehr ritzbar	angeschlagen,
9. Korund Al_2O_3		Funken.
10. Diamant C		

Die niedrigste Nummer der Härteskala entspricht der geringsten Härte, die Nummer 10 der größten Härte. Die vorausgehenden Mineralien der Skala werden somit von den nachfolgenden geritzt. Man bestimmt die Härte irgendeines Körpers dadurch, daß man prüft, welches Mineral der Skala durch den betreffenden Körper noch geritzt wird und welches den betreffenden Körper selbst ritzt. Die Abstände der Stufen der Skala sind keineswegs quantitativ gleichwertig, wie Härtebestimmungen mit komplizierteren, exakten Methoden erkennen lassen. Wenn man z. B. die Härte dadurch exakt bestimmt, daß man Material von den verschiedenen

Gliedern der Härtestufe mit einer gleich großen Menge Schleif-
mittel (Karborundum oder Schmirgel) abschleift und feststellt,
wie viel das betreffende Material nach Abnutzung des Schleif-
mittels an Gewicht verloren hat *(Schleifhärte)*, so ergeben sich
für die verschiedenen Glieder der Härteskala folgende quantitative,
relative Härtewerte:

Mohssche Skala:	1	2	3	4	5	6	7	8	9	10
Relative Schleifhärte	1/33	5/4	9/2	5	13/2	37	120	175	1000	140000

Die Härtedifferenzen zwischen den einzelnen Stufen sind also
sehr unregelmäßig; trotzdem ist die Härteskala für die Mineral-
bestimmung gut verwendbar. Die Härte ist aber eine Eigenschaft,

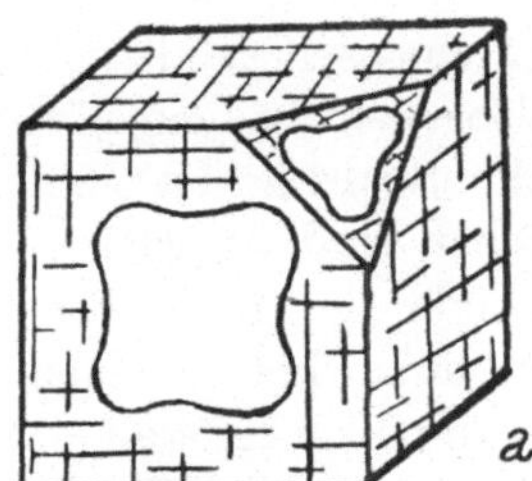
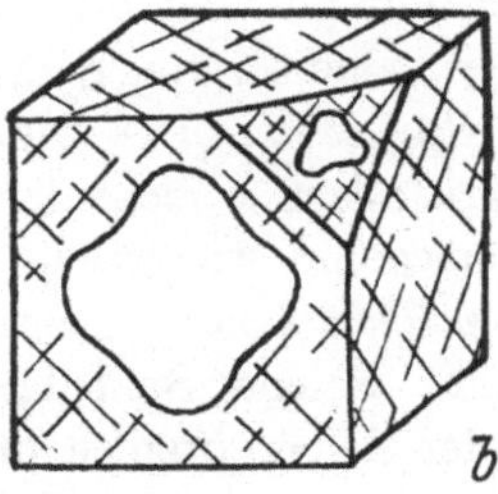

Abb. 54. Härtefiguren auf Würfel- und Oktaederflächen in ihrer Abhängigkeit von der
Spaltbarkeit. a Steinsalz, b Flußspat.

die bei den Kristallen richtungsabhängig ist und gelegentlich
sehr starke Schwankungen je nach der geprüften Richtung auf-
zeigt. So beträgt die Härte der grobstengelig ausgebildeten Kristalle
des Minerals *Disthen* $Al_2O[SiO_4]$ in der Längsrichtung der
Kristalle 4, in der Querrichtung 7. Diese Kristalle lassen sich
also in der Längsrichtung mit einem Messer noch gut ritzen,
senkrecht dazu dagegen nicht. Kleinere Härteunterschiede sind
mit geeigneten Vorrichtungen an den Kristallen stets festzustellen.
Eine Ritzhärtebestimmung mit quantitativen Methoden auf den
Flächen der Kristalle läßt die Konstruktion von sogenannten
Härtekurven zu, die in ihrer Symmetrie der Symmetrie der betreffenden Kristallfläche entsprechen (Abb. 54). Auch von der
unten zu behandelnden Spaltbarkeit ist die Härte, wie aus Abb. 54
hervorgeht, nicht unabhängig. Vor allem beim Vorhandensein
von Spaltrissen können sogar Richtung und Gegenrichtung auf
Kristallflächen merklich verschiedene Ritzhärte aufweisen.

Der Kristallbau (Bindungsart, Koordinationszahl, Ionen- bzw. Atomabstand usw.) beeinflußt die Härte maßgeblich (vgl. S. 139, 175).

2. Spaltbarkeit.

Viele Kristalle lassen sich nach einer oder mehreren Richtungen leichter trennen als nach den übrigen Richtungen. Man spricht in diesem Fall von einer *Spaltbarkeit.* Die Endsilbe „spat" in vielen Mineralnamen (Kalkspat, Flußspat, Feldspat usw.) weist auf die Spaltbarkeit der Kristalle dieser Mineralien hin. Die Flächen, nach denen die Spaltbarkeit auftritt, sind immer ganz niedrig indizierte Flächen. Die Indizes dieser Spaltflächen bestehen nur aus den Ziffern 1 und 0. Ein nicht von Wachstumsflächen, sondern von Spaltflächen begrenztes Kristallstück nennt man *Spaltstück.* Die Güte der Spaltbarkeit ist von Kristallart zu Kristallart verschieden. Wenn die Spaltflächen völlig eben und spiegelnd wie frische Kristallflächen sind, spricht man von *sehr vollkommener (ausgezeichneter)* oder *vollkommener* Spaltbarkeit. Solche Spaltflächen zeigen auch hohen Glanz. Die Zahl der gleich guten Spaltrichtungen an einem Kristall ist natürlich immer gleich der Zahl der nicht parallelen Flächen jener Form, zu welcher die betreffenden Spaltflächen gehören *(Spaltform);* denn die Flächen einer Form sind nicht nur gestaltlich, sondern auch kristall-physikalisch einander gleichwertig. Steinsalz z. B. spaltet nach allen drei Flächenrichtungen des Würfels $\{100\}$, Kalkspat nach allen drei Flächenrichtungen des Rhomboeders $\{10\bar{1}1\}$; und zwar spalten beide Mineralien so gut, daß beim Zerschlagen von größeren Kristallen immer Bruchstücke entstehen, die von den betreffenden Spaltflächen begrenzt sind, also im ersten Fall würfelige, im zweiten Fall rhomboedrische Spaltstücke. Die gerade beim Kalkspat so mannigfaltigen Ausgangsformen haben auf die Form der Spaltstückchen keinen Einfluß. Der wie Steinsalz kubisch kristallisierende Flußspat CaF_2 spaltet immer nach den vier nichtparallelen Flächen des Oktaeders $\{111\}$, aber weniger gut wie Steinsalz oder Kalkspat. Dagegen spaltet die kubisch kristallisierende Zinkblende ZnS ausgezeichnet nach den sechs Flächenrichtungen des Rhombendodekaeders $\{110\}$. Die bevorzugten Trennungsflächen, besonders von niedriger symmetrischen Kristallen, können mehreren Spaltformen angehören. Die Güte der Spaltbarkeit nach den Flächen der verschiedenen Formen ist dann in der Regel nicht gleich groß.

Über *sehr vollkommene (ausgezeichnete)*, *vollkommene* und *gute* Spaltbarkeit führen alle möglichen Übergänge zum unregelmäßigen *Bruch*. Weniger gute Spaltflächen sind rauh und matt, haben auch oft ein faseriges oder muschelig gekrümmtes Aussehen. Gips z. B. spaltet ausgezeichnet nach der seitlichen Endfläche $\{010\}$, muschelig nach der Endfläche $\{100\}$, faserig nach der einzigen Flächenrichtung der Form $\{\bar{1}01\}$ und schlecht nach den Flächen der Form $\{\bar{1}11\}$. Man spricht aber trotzdem noch von Spaltbarkeit, und zwar solange, als es sich um Trennungsflächen nach bestimmten Richtungen des Kristalles handelt, ganz unabhängig von der Güte dieser Trennungsflächen. Erst dann, wenn die Trennungsflächen beim Zerschlagen des Kristalles ganz unregelmäßig liegen, spricht man von einem *Bruch*. Die Bruchflächen können mehr oder weniger eben sein, sind aber niemals gesetzmäßig angelegt; in den meisten Fällen sind die Bruchflächen faserig, muschelig, rauh oder splitterig. Ein häufiges Mineral, das keine typische Spaltbarkeit an seinen Kristallen erkennen läßt, ist der Quarz SiO_2. Der Quarz weist ähnlich wie das Glas einen ungesetzmäßigen, muscheligen Bruch auf.

Spaltflächen sind stets Flächen senkrecht zu Richtungen geringster Kohäsion. Die Spaltbarkeit steht in engstem Zusammenhang mit dem Kristallbau. Auf das Raumgitter bezogen, sind die Spaltflächen dicht besetzte, durch große Abstände voneinander getrennte Netzebenen; vor allem vollzieht sich die Spaltung nach derartigen Netzebenen dann sehr gut, wenn zwischen den in der betreffenden Richtung verlaufenden, hintereinander liegenden Netzebenen geringe Bindungskräfte vorliegen, wie es z. B. der Fall ist, wenn Netzebenen mit Bestandteilen gleicher elektrostatischer Aufladung unmittelbar aufeinander folgen (Abb. 132).

3. Bruchfreie Deformationen der Kristalle.

Kristalle reagieren auf mechanische Beanspruchung durch Deformation. Man unterscheidet zweierlei Arten von bruchfreien Deformationen:

a) Homogene Deformationen. Sie treten ein, wenn die deformierenden Kräfte allseitig auf den Kristall einwirken. Hier sind zu nennen die *Ausdehnungen* und *Kontraktionen*, die durch *Temperaturänderungen* oder durch *allseitig wirkenden Druck* hervorgebracht werden. Dabei ändern sich bei nicht-kubischen Kristallen infolge der verschiedenen Beeinflussung der Kristallachsenrichtungen im beschränkten Ausmaße die kristallographischen Konstanten und damit auch die Flächenwinkel, was schon bei der Besprechung des Gesetzes der Winkelkonstanz als dieses einschränkender Faktor erwähnt worden ist. . Im allgemeinen wirkt Temperatursteigerung im selben Sinne wie Druckverminderung und umgekehrt.

Die thermischen Ausdehnungskoeffizienten α bei $0°$ betragen z. B.:[1]

	$\alpha//a$	$\alpha//b$	$\alpha//c$
Topas $Al_2(OH,F)_2[SiO_4]$ (rhombisch)	$4{,}23 \times 10^{-6}$	$3{,}47 \times 10^{-6}$	$5{,}19 \times 10^{-6}$

	$\alpha//c$	$\alpha \perp c$
Rutil TiO_2 (tetragonal)	$8{,}29 \times 10^{-6}$	$6{,}70 \times 10^{-6}$
Quarz SiO_2 (hexagonal i. w. S.)	$6{,}99 \times 10^{-6}$	$13{,}24 \times 10^{-6}$
Calcit $CaCO_3$ (hexagonal i. w. S.)	$25{,}57 \times 10^{-6}$	$-5{,}75 \times 10^{-6}$

	α für alle Richtungen
Diamant C (kubisch)	$0{,}60 \times 10^{-6}$
Steinsalz NaCl (kubisch)	$38{,}59 \times 10^{-6}$

Bei kubischen Kristallen sinkt der Ausdehnungskoeffizient mit steigender Härte.

Wie das Beispiel des Calcites zeigt, kann bei Temperaturerhöhung in einzelnen Richtungen auch Kontraktion anstatt Ausdehnung eintreten. Infolge der Ausdehnungsverschiedenheiten ändert sich beim Calcit der Winkel zwischen den Flächen des Spaltrhomboeders von $74° 56'$ bei $0°$ auf $75° 48'$ bei $600°$; das Achsenverhältnis $a : c$ von $1 : 0{,}854$ bei $0°$ auf $1 : 0{,}873$ bei $600°$.

Wie auch in anderer Beziehung verhalten sich kubische Kristalle mit ihren richtungsunabhängigen thermischen Ausdehnungskoeffizienten bezüglich der Wärmeausdehnung isotrop; eine

---

[1] Für die thermische Ausdehnung lassen sich wie auch für andere physikalische Vorgänge physikalische Bezugsflächen konstruieren, welche wie die Indikatrix (S. 79) bei kubischen Kristallen die Gestalt einer Kugel, bei hexagonalen, rhomboedrischen und tetragonalen Kristallen die Gestalt eines Rotationsellipsoides und bei rhombischen, monoklinen und triklinen Kristallen die Gestalt eines dreiachsigen Ellipsoides haben.

Änderung der Flächenwinkel mit der Temperatur wäre bei ihnen wegen der festen Lage der Grundfläche zu den gleichwertigen Kristallachsen nicht möglich.

b) Inhomogene Deformationen. Sie werden hervorgerufen durch gerichtete (einseitige) mechanische Beanspruchung. Hier haben wir wiederum zwei Fälle zu unterscheiden:

Elastische Deformationen. Die deformierten Kristalle kehren nach Aufhören der Beanspruchung in den Ausgangszustand zurück. Das gilt solange, als die Grenze der elastischen Deformation *(Elastizitätsgrenze)* nicht überschritten worden ist. Kristalle mit hochliegender Elastizitätsgrenze lassen sich leicht elastisch biegen, ohne zu brechen. Zu diesen Kristallen gehört vor allem der tafelige Glimmer; weniger elastisch biegsam sind z. B. Talk und Gips. Noch andere Kristalle reagieren auf einseitige Beanspruchung sehr bald mit plastischer Deformation oder mit Bruch.

Plastische Deformationen. Die plastische Deformierbarkeit schiebt sich in den Bereich zwischen Elastizitätsgrenze und Bruchgrenze ein. Es handelt sich dabei um bleibende Deformationen, die sich also auch noch nach Aufhören der Druckwirkung auswirken und die doch nicht zu einer Trennung des Zusammenhanges des Kristallgitters geführt haben. Sie machen sich dort deutlich bemerkbar, wo nach bestimmten niedrig indizierten Flächen (Netzebenen) eine leichte gegenseitige Verschiebung der Raumgitterteilchen stattfinden kann. Man nennt die betreffende Fläche Gleitfläche T und die Verschiebungsrichtung Gleitrichtung t. Diese Art der Deformierbarkeit ist bei Kristallen zweierlei Art:

α) *Translationen.* Bei den Translationen gleiten Schichten verschiedener Dicke entlang bestimmter Ebenen *(Translationsebenen)* in bestimmter Richtung *(Translationsrichtung)* aneinander

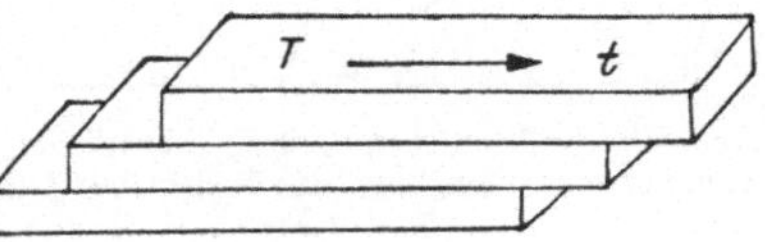

Abb. 55. Translation. T = Translationsebene, t = Translationsrichtung.

vorbei, wobei der Gitterzusammenhang nicht verlorengeht (Abb. 55). Wenn die Gleitbretter genügend dünn sind, so wird durch diesen Vorgang der Eindruck einer bleibenden Krümmung hervorgerufen, wobei sich an Stelle der Gleitstufen auf Flächen, die nicht parallel zur Gleitrichtung liegen, eine Riefung oder Streifung bemerkbar macht (*Translationsriefung, Translationsstreifung;* Abb. 56). Translationen führen zu bleibenden Verbiegungen der Kristalle. Solche Verbiegungen können z. B. bei Gips und bei Eis (Abb. 56) leicht hervorgebracht werden. Tem-

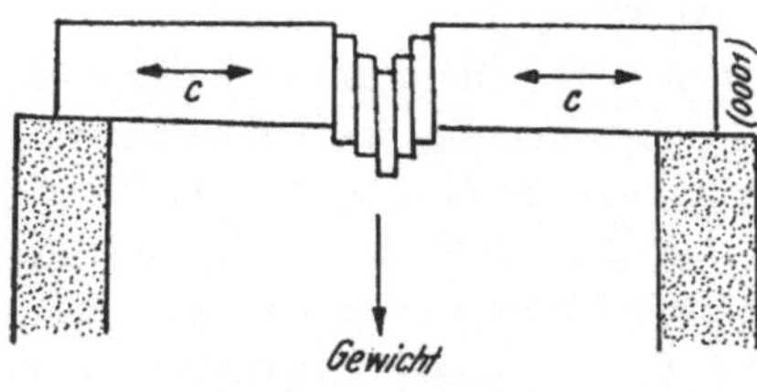

Abb. 56. Translation von Eis. Translationsfläche ist die basische Endfläche der hexagonalen Kristalle (0001) (nach P. NIGGLI).

peraturerhöhung verstärkt das Gleitvermögen. So können bei höheren Temperaturen auch prismatische Steinsalzspaltstücke (Gleitflächen sind hier die Flächen des Rhombendodekaeders {110}) leicht verbogen werden. Auch Fältelungen senkrecht zur Translationsrichtung sind möglich. Kristalle mit mehreren Translationsrichtungen, wie z. B. Gips oder (bei höheren Temperaturen) Steinsalz, lassen auch eine Drillung zu. Die Hämmerbarkeit und Walzbarkeit der Metalle ist auf die Translationsfähigkeit ihrer Kristalle zurückzuführen.

β) Schiebungen. Während bei den Translationen alle Punkte des einzelnen Gleitbrettes um den gleichen Betrag verschoben

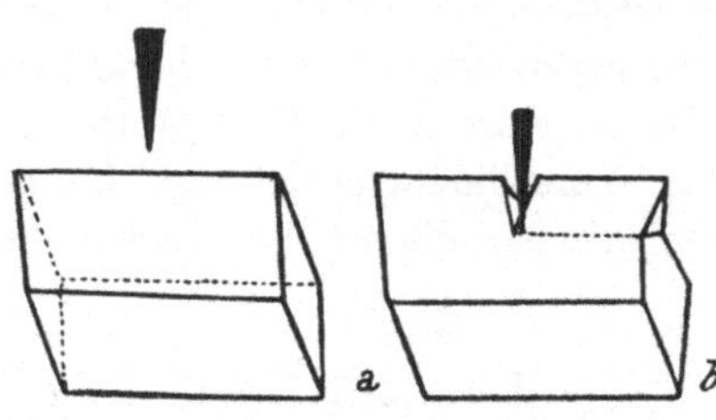

Abb. 57. Kalkspatrhomboeder; künstliche Erzeugung eines Zwillings durch Schiebung (nach P. NIGGLI).

werden, ist das bei den Schiebungen anders. Hier bewegen sich unter dem Einfluß der mechanischen Einwirkung parallel zur Schiebungsebene in einer in ihr liegenden Richtung die Teilchen um Beträge, die proportional der Entfernung von der Schiebungsebene sind, d. h. je weiter die Teilchen von der Schiebungsebene entfernt sind, um einen um so größeren Betrag bewegen sie sich. Das abgeschobene Kristallstück gelangt damit in eine symmetrische Stellung zum Ursprungskristall. Die Schiebungsebene wird damit zur Zwillingsebene (Abb. 57). Man spricht in diesem Falle von *Druckzwillingen.* Der Vorgang kann sich an ein und demselben Kristall mehrfach wiederholen, wodurch polysynthetische Zwillinge entstehen können (Kalkspat $CaCO_3$, Plagioklas (Ca, Na) [(Al, Si)$_4O_8$]). Diese Erscheinung ist an Gesteinsbestandteilen als Ergebnis von den in der Gesteinskruste der Erde häufig auftretenden Druckwirkungen oft zu beobachten.

Durch plastische Deformation bedingt ist auch das Auftreten von *Schlag-* und *Druckfiguren* auf Kristallflächen, wobei diese Figuren selbstverständlich der Symmetrie der Flächen entsprechen. Wenn man z. B. auf die Fläche eines Steinsalzwürfels einen spitzen Stahlstift aufsetzt und darauf einen Schlag ausübt, entsteht eine Schlagfigur in Form eines vierstrahligen Sternes, dessen Strahlen gegen die Ecken zeigen (Abb. 58). Zwischen den Armen des Sternes macht sich eine leichte Translationsriefung parallel zu den Würfelkanten bemerkbar; diese wird durch zur Würfelfläche schräge Translation parallel zu den Rhombendodekaederflächen hervorgebracht. Ähnlich ist es bei den sogenannten Druckfiguren, die durch Drücken mit einer abgestumpften Spitze auf die Flächen von leicht plastisch deformierbaren Kristallen entstehen.

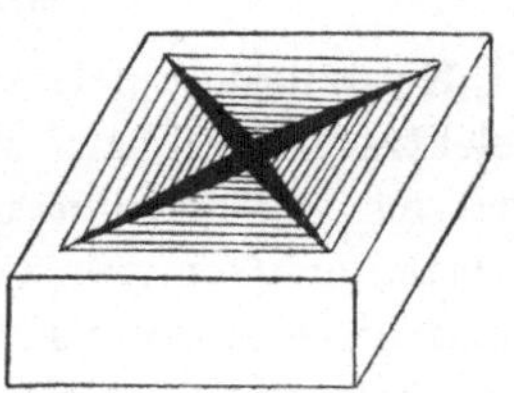

Abb. 58. Schlagfigur auf der Würfelfläche eines Steinsalzkristalles mit Translationsriefung (nach P. NIGGLI).

Im Anschluß an die plastischen Deformationen muß kurz eine weitere Erscheinung erwähnt werden, die einen Extremfall der plastischen Deformierbarkeit darstellt. Es gibt zahlreiche Substanzen (allerdings nicht Mineralien, sondern organische Verbindungen) von einem sehr großen Plastizitätsbereich. Diese Substanzen sind in gewissen Temperaturbereichen fließend weich in den verschiedensten Abstufungen; in vielen Fällen reicht die Oberflächenspannung aus, um ihnen die Gestalt von Kugeln oder Tropfen zu geben. In optischer Hinsicht verhalten sich aber diese scheinbar flüssigen Substanzen weitgehend wie Kristalle; sie sind doppelbrechend (S. 75 ff.). Man spricht in diesem Fall von „*flüssigen*“ oder „*fließenden*“ Kristallen oder auch von „*kristallinen Flüssigkeiten*“. Diese Erscheinung beruht darauf, daß bei solchen Substanzen beim Festwerden vor Erreichen des wirklich kristallinen Zustandes eine gewisse, mehr oder weniger lockere Ordnung der kettenförmigen Moleküle eintritt, die allerdings nicht den Ordnungsgrad des Raumgitters erreicht. Es sei hier ergänzend erwähnt, daß überhaupt die Flüssigkeiten nicht völlig ungeordnete Materieteilchenanhäufungen darstellen, sondern daß sich ein gewisses Ordnungsprinzip auch bei ihnen schon geltend macht. Nur sind die Ordnungsbereiche innerhalb der Flüssigkeiten ungemein klein und von geringer Beständigkeit. Durch stetig wechselnden Aufbau und Zerfall der Ordnungsbereiche erwecken somit die Flüssigkeiten den Eindruck von isotropen Körpern.

B. Pyro- und Piezoelektrizität, elektrisches und Wärmeleitvermögen.

Kristalle mit polaren Achsen sind, wenn sie nicht leitend sind, elektrisch erregbar. Wenn man solche Kristalle einige Zeit auf 60 bis 100° erhitzt und dann beim Abkühlen mit einem fein verteilten Gemisch von Schwefel und Mennige durch ein feinmaschiges Musselinsieb aus der Höhe bestäubt, so setzt sich der Schwefel, der sich durch die Reibung am Sieb elektrisch negativ auflädt, auf der einen Seite (positiver Pol der polaren Achse), die Mennige, die sich positiv auflädt, an der anderen Seite (negativer Pol der polaren Achse) ab. Man nennt jenen Achsenpol, der beim Erwärmen positiv wird, den *analogen* Pol, den Pol, der beim Erwärmen negativ wird, den *antilogen* Pol der Achse. Beim Abkühlen verhalten sich die beiden Pole umgekehrt. Dieses polar-vektorielle Verhalten bestimmter Kristalle nennt man *pyroelektrisches* Verhalten. Als Beispiel dafür seien die Kristalle des Silikatminerals Turmalin erwähnt. Pyroelektrizität ist in allen Kristallklassen mit einziger polarer Achse möglich (Tabelle 1).

Eine ähnliche Erscheinung der verschiedenartigen Aufladung der beiden Pole polarer Achsen tritt auch bei einseitiger Druckwirkung auf *(Piezoelektrizität)*. Sie ist in allen Kristallklassen ohne Symmetriezentrum möglich, mit Ausnahme der Klasse 31 (Tabelle 1).

Die Erscheinungen der Pyro- und Piezoelektrizität können zur Bestimmung der Klassensymmetrie mit herangezogen werden, wenn die morphologische Untersuchung wegen des Fehlens charakteristischer Formen für diesen Zweck versagt, d. h. wenn z. B. an einem Kristall mit polarer Symmetrieachse nur zu dieser parallele Prismenflächen entwickelt sind. In der Tabelle 1 sind in der letzten Kolonne mit Pe und Pz jene Klassen gekennzeichnet, bei deren Angehörigen Pyro- und Piezoelektrizität auftreten kann.

Die *elektrische Leitung* (spez. Leitfähigkeit und spez. Widerstand) und die *Wärmeleitung* sind ebenfalls Vorgänge, die in Kristallen richtungsabhängig verlaufen. Man kann z. B. die Ausbreitung der Wärme· auf einer Kristallfläche dadurch beobachten, daß man eine dünne Platte, die am besten zweckmäßig aus dem Kristall geschnitten wird, beiderseits mit einer Wachsschicht überzieht und in der Mitte durchbohrt. In das Loch wird ein Draht eingeführt, der am längeren Ende erhitzt wird. Nun schmilzt das Wachs von der Erwärmungsstelle nach außen fortschreitend. Beim Aufhören der Erhitzung und folgendem Abkühlen erstarrt das Wachs wieder. Die Grenze, bis wohin der Schmelzprozeß verlaufen ist, bleibt aber als kleiner, gut erkennbarer Wulst erhalten. Die Kurve des Schmelzwulstes kann vermessen werden und aus ihr kann die thermische Leitfähigkeit für die verschiedenen in der Fläche liegenden Richtungen bestimmt werden. Man verwendet dazu am bequemsten Platten, die parallel zu den optischen Hauptrichtungen geschnitten sind. So beträgt z. B. beim tetragonalen Rutil TiO_2 die Leitfähigkeit in Richtung der Hauptachse Z 64% der Leitfähigkeit in den Richtungen senkrecht zur Hauptachse, beim Quarz 58%, beim Kalkspat 84%. Auf Kristallflächen kann man die *Wärmeleitfigur* nach einem Vorschlag von W. RÖNTGEN auch so festlegen, daß man die glatte, gut gereinigte Fläche anhaucht und in der Mitte eine erhitzte Metallspitze aufsetzt. Dann verdunstet die Hauchschicht in der Umgebung der Spitze. Je nach der Wärmeleitfähigkeit in den entsprechenden Richtungen schreitet die Verdunstung schneller oder langsamer vorwärts. Man unterbricht dann den Versuch und bestreut die Platte mit Lycopodiumpulver. An den vom Hauch noch bedeckten Stellen bleibt das Pulver haften, von den hauchfreien Stellen kann es leicht abgeklopft werden. Die scharfe Grenze zwischen beiden Bezirken ergibt die Wärmeleitfigur auf der betreffenden Fläche; diese läßt die Richtungsabhängigkeit der Wärmeleitung erkennen.

C. Kristalloptik.

1. Durchsichtigkeit, Farbe, Glanz und Strich.

Mineralien sind in verschiedenem Maße lichtdurchlässig. Je nachdem, ob beim Durchgang des Lichtes durch sie sämtliche Wellenlängen des natürlichen Lichtspektrums durchgelassen oder bestimmte Teile des Spektrums im Innern absorbiert werden, erscheinen lichtdurchlässige Mineralien *farblos* oder *farbig durchsichtig*. Vollkommen farblos durchsichtig ist z. B. der Bergkristall, farbig durchsichtig der blaue Aquamarin. Von der Durchsichtigkeit bis zur Undurchsichtigkeit gibt es alle möglichen Übergänge. Wenn das Licht zwar hindurchgelassen wird, aber doch beim Durchgang durch Absorption so stark geschwächt wird, daß das Erkennen eines hinter dem Mineral aufgestellten Gegenstandes nicht mehr möglich ist, so sagt man, der Körper sei *durchscheinend*. Andere Mineralien sind nur in dünnen Splittern oder an den Kanten durchscheinend; man sagt, sie seien *kantendurchscheinend*, im übrigen *undurchsichtig* oder *opak*. Vollständig opake Mineralien zeigen häufig metallische Reflexion, verbunden mit dem für Metalle charakteristischen Glanz *(Metallglanz)*. Diese Erscheinung hängt auf das engste mit der Art der Bindung zwischen den Bestandteilen des Kristallgitters (*Metallische Bindung*, S. 139) zusammen.

Die Farbigkeit der Mineralien ist häufig eine Folge der Absorptionswirkung der an ihrem Aufbau beteiligten Gitterbestandteile (Atome oder Ionen). Auch die Bindungsart kann für die Farbe eine Rolle spielen. Solche Mineralien nennt man *eigenfarbig* oder einfach *farbig*. In anderen Fällen wird die Farbe im durchfallenden und auffallenden Licht durch fremde Einschlüsse meist sehr geringer Dimensionen verursacht; das ist vor allem bei trüb durchsichtigen und undurchsichtigen Mineralien ohne Metallglanz der Fall. In diesem Fall sagt man, die Mineralien seien *fremdfarbig* oder *gefärbt*.

Manche Kristalle zeigen eine besondere Durchlässigkeit für außerhalb des Lichtspektrums liegende Wellenlängen; so ist Steinsalz für die langwelligen ultraroten Strahlen besonders durchlässig, Quarz und Flußspat sind es besonders für die kurzwelligen ultravioletten Strahlen; dies begünstigt die Verwendung derartiger Kristalle für laboratoriumstechnische und technische Sonderzwecke.

Durch natürliche oder künstliche Bestrahlung mit kurzwelligen Strahlen (Röntgenstrahlen, Radiumstrahlen) kann die Farbe der Kristalle verändert werden. Eine solche Bestrahlung verursacht nämlich Veränderungen im Ionisierungsgrad einzelner Kristallgitterbestandteile *(natürliches blaues Steinsalz, gelbes Steinsalz)*

Durch Zersetzungserscheinungen an der Oberfläche von Mineralien, besonders von solchen mit metallischem Glanz, entstehen die bunten *Anlauffarben.*

Paralleleinlagerung von metallisch glänzenden Plättchen entlang bestimmter Flächen von durchsichtigen bis durchscheinenden Kristallen ruft besondere Farbwirkungen hervor; auf sie ist das *Labradorisieren* mancher Feldspate und das *Avanturisieren* von Quarzen und Feldspaten zurückzuführen (*Avanturinquarz, Avanturinfeldspat-Sonnenstein*); das *Glaukisieren* und *Opalisieren* hat ähnliche Ursachen wie das *Irisieren* (s. u.).

Durchsichtige oder durchscheinende, stark brechende Mineralien zeigen auf glatten Kristall- oder Spaltflächen besonders hohen Glanz *(Diamantglanz)*, schwächer brechende zeigen einen schwächeren Glanz, der mit dem Glanz des Fensterglases vergleichbar ist *(Glasglanz)*. Matt erscheinen rauhe Oberflächen infolge der diffusen Zerstreuung des Lichtes an ihren Unebenheiten. Bei stärker unebener, muscheliger Oberfläche macht sich *Fett-* oder *Wachsglanz* bemerkbar. *Perlmutterglanz* tritt bei guter Spaltbarkeit auf, die damit verbundenen bunten Farben *(Irisieren)* sind eine Folge von Interferenzerscheinungen, hervorgerufen durch die Reflexion an den mit der Spaltbarkeit in Zusammenhang stehenden inneren Grenzflächen und durch die eventuelle Luftfüllung der Zwischenräume zwischen den inneren Trennungsflächen. *Seidenglanz* tritt bei fein- und parallelfaseriger Ausbildung von Kristallaggregaten oder von unvollkommenen (faserigen) Spaltflächen auf (Fasergips).

Die Farbe der Mineralien ist in manchen Fällen stark wechselnd. Kleine Unterschiede im chemischen Bestand oder Verunreinigungen als Einschlüsse können bedeutende Farbänderungen hervorrufen. Daher ist die Farbe häufig kein charakteristisches Merkmal der einzelnen Mineralarten.

In vielen Fällen ist die Ursache der Farbe nicht bekannt oder wenigstens nicht mit Sicherheit bekannt. Das gilt z. B. für viele Farbabarten des Flußspates CaF_2, der nur selten farblos durchsichtig ist, wie man dies nach der Grundzusammensetzung erwarten sollte. Der Flußspat tritt in allen nur denkbaren Farben auf, beginnend von farblos über die verschiedenen farbigen Durchsichtigkeitsgrade bis zum fast völligen Schwarz und zur völligen Undurchsichtigkeit. Durch Erhitzen kann die Farbe der Flußspate häufig zerstört werden, bei Bestrahlung mit kurzwelligen Strahlen erscheint sie wieder.

Farblose Mineralien geben beim Zerreiben ein weißes Pulver, das ist auch bei fremdfarbigen Mineralien oft der Fall. Zumindest ist die Pulverfarbe hier viel heller als die Körperfarbe. Dagegen geben kräftig eigenfarbige Mineralien ein charakteristisches farbiges Pulver. Die Farbe des Pulvers nennt man *Strichfarbe* oder einfach *Strich*. Sie ist am einfachsten zu beobachten beim Reiben des Minerals auf einer harten Porzellanplatte *(Strichplatte)* und stellt ein wichtiges Erkennungsmittel für die Mineralien dar. Die Strichfarbe kann stark von der Farbe des kompakten Minerals abweichen. So liefern z. B. der metallisch gelbe Schwefelkies FeS_2 und der farbähnliche Kupferkies $CuFeS_2$ einen schwarzen oder fast schwarzen Strich; Brauneisenstein $Fe_2O_3 \cdot x\,H_2O$, in kompakten Stücken hellbraun bis fast schwarz, gibt stets eine deutliche braune Strichfarbe. Das kirschrote Rotzinkerz ZnO hat einen orangefarbenen Strich.

2. Lumineszenz.

Es handelt sich hier um eine Gruppe von Erscheinungen, die theoretisch und praktisch seit kurzer Zeit immer größere Bedeutung erlangen, aber in den Einzelheiten noch als weitgehend ungeklärt betrachtet werden müssen.

Die von farbigen Mineralien, in geringerem Umfange auch von farblos durchsichtigen Mineralien absorbierte Lichtenergie wird im allgemeinen in Wärmestrahlung von größeren Wellenlängen umgesetzt. In ähnlicher Weise wird häufig auch außerhalb des Lichtbereiches fallende, sehr kurzwellige Strahlung (ultraviolette Strahlung) in längerwellige Strahlung umgesetzt, die nun in den Wellenlängenbereich des sichtbaren Lichtes (4000 Å äußerstes Violett, 7000 Å äußerstes Rot) fällt und in dieser Form ausgestrahlt wird. Dies beobachtet man besonders bei vielen Mischkristallen (s. S. 74); sie zeigen unter bestimmten Bedingungen Leucht-

erscheinungen, die man unter den Begriff *Lumineszenz* zusammen-
faßt. Solche Leuchterscheinungen werden entweder durch Einstrahlung von mit der Lichtenergie verwandten Energieformen hervorgerufen (*Photo-* oder *Radiolumineszenz*) oder durch chemische Pro-
zesse *(Chemilumineszenz)*. Unter *Tribolumineszenz* versteht man
noch wenig geklärte Leuchterscheinungen, wie sie beim Aneinander-
reiben von gewissen Gesteinen oder Mineralien (z. B. manche
Zinkblenden ZnS) oder beim Zerbrechen von Kristallen oder
Kristallaggregaten (z. B. Zucker) zu beobachten sind. Auch beim
Kristallisieren werden manchmal Lumineszenzerscheinungen beobachtet *(Kristallolumineszenz)*.

Die Erscheinungen der Photolumineszenz zerfallen in zwei
Gruppen: Entweder verläuft die Leuchterscheinung gleichzeitig
mit der Erregung und endet mit dieser *(Fluoreszenz)* oder sie
folgt der Erregung und hält nach dieser verschieden lange an
(Phosphoreszenz). Voraussetzung für die Photolumineszenz sind
offenbar Störungen im idealen Gitterbau der Kristalle, wie sie
bei Mischkristallen (S. 170) besonders häufig sind; diese Ursachen
sind vielfach in den Einzelheiten nicht bekannt, sehr oft treten
die Erscheinungen bei Beimengungen in sehr geringen Spuren
auf. Allgemein kann man sagen, daß bei Mischkristallen bei
einer von Fall zu Fall wechselnden Menge der Zusatzkomponente
die Photolumineszenz ihren ·Maximalwert erreicht, während sie
nach beiden Seiten hin abklingt. Reiner Calcit ($CaCO_3$) fluoresziert
z. B. nicht. Bei Beimengung von Mangankarbonat zeigt er im
Ultraviolett ziegelrote Fluoreszenz, und zwar wird das Maximum
der Fluoreszenz bei etwa 3% Mangankarbonat erreicht; bei
höheren Mangangehalten klingt die Erscheinung ab und ist bei
etwa 17% Mangankarbonat völlig erloschen. In der Regel liegt
das Maximum viel tiefer, bei einigen Zehntel- oder Hundertstel-
prozent.

Ein weiteres typisches Beispiel für Fluoreszenz geben bestimmte
grüne und blaue Fluorite, die im Ultraviolett prächtig violett-
blau fluoreszieren.

Da es sich bei der Lumineszenz in der Regel um die Umwandlung kurzwelliger Strahlung in längerwellige handelt, sind diese
Erscheinungen besonders bei Bestrahlungen mit außerhalb des
Wellenlängenbereiches des sichtbaren Lichtes fallenden kurzwelligen Strahlen zu beobachten, z. B. bei Bestrahlung mit

ultravioletten, Röntgen-, Kathoden- oder Radiumstrahlen. Solche Strahlungen werden im lumineszierenden Kristall in langwellige Lichtstrahlen verschiedener Farbbereiche mit oft sehr charakteristischen Farbwirkungen verwandelt.

Sowohl die Fluoreszenz wie besonders das Nachleuchten oder die Phosphoreszenz von Kristallen haben größere praktische Bedeutung in mehrfacher Hinsicht. Man spricht im letzteren Falle von *Phosphoren.* Sie finden zur Herstellung von Leuchtschirmen, leuchtenden Uhrzeigern und Leuchtzifferblättern und für ähnliche Zwecke Verwendung; in vielen Fällen dienen sie auch zum bequemen Nachweis von außerhalb des Lichtwellenbereiches liegenden Strahlungen. Die charakteristischen Lumineszenzfarben können auch gut zur Bestimmung von Mineralien verwendet werden. Willemit (Zn_2SiO_4, mit etwas Mn_2SiO_4) z. B. fluoresziert im Ultraviolett prächtig grün, Sodalith ($Na_4[Al_3Si_3O_{12}]Cl$) lebhaft orangegelb usw.

3. Pleochroismus.

Bei farbigen Kristallen, die nicht dem kubischen System angehören, macht man häufig die Beobachtung, daß gleich dicke Stücke des Kristalles je nach der Richtung, nach der sie aus dem Kristall geschnitten sind, im durchfallenden Licht verschieden intensiv farbig erscheinen oder überhaupt verschiedene Farben aufweisen. Diese Erscheinung, die bei der polarisationsmikroskopischen Untersuchung viel deutlicher zutage tritt, ist eine Folge davon, daß die Lichtabsorption in diesen Kristallen quantitativ oder auch qualitativ richtungsabhängig ist. Schneidet man z. B. in geeigneter Weise aus den rhombischen Kristallen des Silikatminerals Cordierit $Mg_2[Al_4Si_5O_{18}]$ einen Würfel, so treten beim Durchblicken entlang den den drei Kristallachsen entsprechenden Würfelkanten in der einen Richtung tiefblaue, in der zweiten blaßblaue und in der dritten Richtung gelblichweiße Farbtöne auf. Werden Würfel aus dem rhomboedrischen Silikatmineral Turmalin so geschnitten, daß eine Flächennormale mit der kristallographischen Hauptachse (der dreizähligen Symmetrieachse) zusammenfällt, so erscheinen sie beim Durchblicken in Richtung dieser Achse dunkelfarbig oder schwarz, beim Durchblicken in den Richtungen senkrecht dazu hellfarbig oder sogar

farblos; für Strahlen, die den Kristall in der Richtung der Hauptachse durchsetzen, ist also die Lichtabsorption sehr stark, für
senkrecht dazu den Kristall durcheilende Strahlen dagegen gering
(man vergleiche auch S. 81). Die durch richtungsabhängige Absorption entstehenden, verschiedenen Farben am selben Kristall
nennt man seine *Achsenfarben*; die ganze, für viele farbige, nichtkubische Kristalle charakteristische Erscheinung heißt *Mehr-
farbigkeit* oder *Pleochroismus*. Trikline, monokline und rhombische Kristalle können *drei* aufeinander senkrecht stehende charakteristische Hauptfarbrichtungen aufweisen *(Trichroismus)*. Tetragonale Kristalle und hexagonale (einschließlich der rhomboedrischen) besitzen eine der kristallographischen Hauptachse entsprechende Hauptabsorptionsrichtung und weitere, für alle
Richtungen senkrecht zur Hauptachse gleichwertige Haupt-
absorptionsrichtungen *(Dichroismus)*. Dort, wo der Pleochroismus
stark auftritt, ist er ein auffallendes Merkmal für die optische
Anisotropie der betreffenden Kristalle.

4. Lichtbrechung.

Gase, Flüssigkeiten (mit Ausnahme der flüssigen Kristalle),
amorphe, feste Substanzen und kubische Kristalle sind *einfach
brechend* oder *optisch isotrop*. Die Ausbreitung des Lichtes in
ihnen vollzieht sich richtungsunabhängig. Das eintretende Licht
erleidet gegenüber dem natürlichen Lichtstrahl keine Veränderung.
Innerhalb dieser Körper gehorchen die Lichtstrahlen dem
Brechungsgesetz von SNELLIUS.

Man nennt das Verhältnis der Fortpflanzungsgeschwindigkeit
des Lichtes im leeren Raum zu seiner Fortpflanzungsgeschwindigkeit in einem Körper den *Brechungsexponenten (Brechungsindex,
Brechungsquotient, Brechungskoeffizient)* des betreffenden Körpers und bezeichnet diesen Wert üblicherweise mit n. Da der
Brechungsexponent der Luft sehr gering ist (er beträgt
1,000294, n für den leeren Raum gleich 1 gesetzt), macht man
bei der Ermittlung der Brechungsexponenten keinen großen
Fehler, wenn man diese auf n-Luft $= 1$ bezieht. Nur in besonderen Fällen muß der durch Vergleich mit Luft gefundene
Brechungsexponent durch Multiplikation mit 1,000294 auf den
leeren Raum reduziert werden. Mit der Änderung der Fort-

pflanzungsgeschwindigkeit ist eine Änderung der Fortpflanzungs-richtung *(Brechung, Refraktion)* verbunden, wenn der Strahl nicht senkrecht auf die Trennungsfläche der beiden Medien einfällt.

Das Snelliussche Brechungsgesetz lautet allgemein (Abb. 59)

$$\frac{\sin e}{\sin i} = \frac{N}{n} = \frac{c_1}{c_2}.$$

Dabei ist unter e der Einfallswinkel, unter i der Brechungs-winkel, unter c_1 die Fortpflanzungsgeschwindigkeit des Lichtes im Medium mit dem kleineren Brechungsexponenten n und unter c_2 die Fortpflanzungsgeschwindigkeit des Lichtes im Medium mit dem größeren Brechungsexponenten N verstanden. Nach obiger Gleichung ist der Brechungsexponent umgekehrt proportional der Fortpflanzungsgeschwindigkeit des Lichtes.

Für den Übergang aus dem leeren Raum ($n = 1$, $c_1 = $ $= 300000$ km/sec) gilt dann:

$$\frac{\sin e}{\sin i} = N = \frac{300\,000}{c_2}.$$

Wenn $e = 0°$ ist, was bei senkrechtem Einfall des Strahles auf die Grenzfläche der beiden Medien der Fall ist (senkrechte In-zidenz), so findet eine Brechung nicht statt, der auftreffende Strahl pflanzt sich im brechenden Medium unabgelenkt fort.

Der Brechungsexponent ist nicht für alle Wellenlängen des Lichtes gleich groß. Die Fortpflanzungsgeschwindigkeit des Lichtes ist nämlich, abgesehen vom leeren Raum, auch von der Wellenlänge der Strahlung abhängig. Das überträgt sich auch im Sinne obiger Gleichung auf den Brechungsexponenten. Die Brechungsexponenten müssen also stets für eine bestimmte Wellenlänge angegeben werden. Die Verschiedenheit der Bre-chungsexponenten ist die Ursache für die Farbzerstreuung durch Prismen *(Dispersion)*. Beim Diamant beträgt z. B. der Unter-schied der Brechungsexponenten für den langwelligsten und den kurzwelligsten Anteil des sichtbaren Lichtes 0,12.

Medien mit kleiner Fortpflanzungsgeschwindigkeit des Lichtes und dementsprechend großen Brechungsexponenten nennt man optisch dicht, Medien mit großer Fortpflanzungsgeschwindigkeit des Lichtes und dementsprechend kleinen Brechungsexponenten nennt man optisch dünn.

Bei dem in Abb. 59 angedeuteten Fall handelt es sich um den Übergang des Lichtes aus einem optisch dünneren Medium in ein optisch dichteres Medium. Der Winkel i, den der gebrochene Strahl mit der Senkrechten zur Trennungsfläche M einschließt, ist kleiner als der Winkel zwischen dem einfallenden Strahl und jener Normalen. Man spricht in diesem Fall von einer Brechung zum Lot L. Sie tritt immer ein beim Übergang aus einem optisch dünneren Medium (kleinerer Brechungsexponent $= n$) in ein optisch dichteres Medium (größerer Brechungsexponent $= N$).

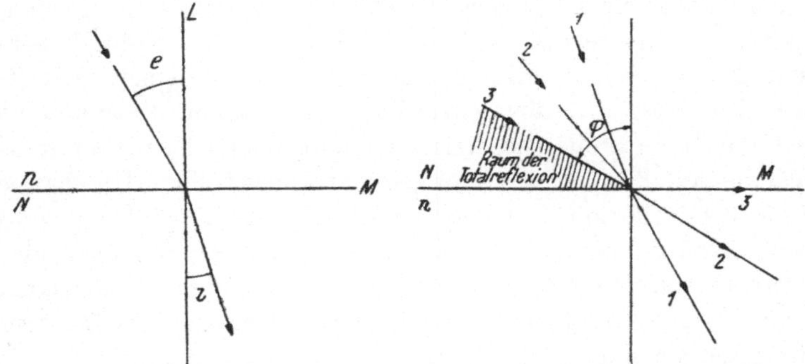

Abb. 59. Brechung zum Lot.   Abb. 60. Brechung vom Lot und Totalreflexion.

Der umgekehrte Fall ist in Abb. 60 dargestellt. Beim Übergang aus dem optisch dichteren (N) in das optisch dünnere Medium (n) wird i, größer als e, es tritt eine Brechung vom Lot L ein. Wenn der Winkel e schließlich eine bestimmte Größe erreicht hat, geht überhaupt kein Licht mehr in das optisch dünnere Medium über; es tritt Totalreflexion ein. Man bezeichnet diesen für Medien mit bestimmten Brechungsexponenten charakteristischen Winkel als den *Grenzwinkel der Totalreflexion* φ. Alle Strahlen, deren Einfallwinkel größer ist als der Einfallswinkel zwischen Strahl 3 und Lot (Abb. 60), werden an der Grenzfläche nicht in das optisch dünnere Medium hineingebrochen, sondern reflektiert. Denn nach dem Brechungsgesetz müßte für diese Winkel sin i größer sein als 1, was unmöglich ist. Bei kleinerem Einfallswinkel und bei der Brechung zum Lot wird nur ein kleiner Teil des auf die glatte Trennungsfläche auftreffenden Lichtes reflektiert, der Rest in das zweite Medium hineingebrochen. Nach dem

Brechungsgesetz ist der Grenzwinkel der Totalreflexion wie folgt gegeben:

$$\frac{\sin \varphi}{\sin 90°} = \frac{n}{N} \quad \text{oder} \quad \sin \varphi = \frac{n}{N} = \frac{c_N}{c_n}.$$

Der Winkelbereich φ der Totalreflexion ist nach dem Brechungsgesetz um so größer, je größer die Differenz der beiden Brechungsexponenten ist.

Beim Diamant z. B. (Lichtbrechung je nach der Wellenlänge 2,42 bis 2,54) besteht ein großer Winkelbereich, innerhalb dessen in den Kristall eingedrungenes Licht nicht nach außen gebrochen, sondern ins Innere zurück total reflektiert wird. Dadurch entsteht die hohe Glanzwirkung, die noch durch geeignete Schliffform (Brillantschliff) künstlich erhöht werden kann. Dazu kommt noch die durch große Dispersion bedingte starke Farbenzerstreuung, die Anlaß zu dem prächtigen Farbenspiel gibt. Überhaupt ist die Totalreflexion am Glanz der Kristalle und Kristallaggregate stark beteiligt, nicht nur am Diamantglanz hoch brechender Kristalle, sondern auch am Perlmutterglanz und Seidenglanz, wo die Totalreflexion Innenspiegelung an den schuppigen Blättern oder faserigen Aggregaten in weitem Umfange hervorbringt.

Auf der Totalreflexion beruht auch die Erscheinung, daß z. B. ein farbloser, fester Körper, eingebettet in eine farblose Flüssigkeit, sichtbar wird. Erst der verstärkte Übergang des Lichtes durch Totalreflexion in das Medium mit größerem Brechungsexponenten läßt die Grenzkonturen deutlich werden und dies um so mehr, je größer die Differenz der Brechungsexponenten, je größer also der Winkelbereich der Totalreflexion ist. Man benutzt diesen Umstand dazu, um die Brechungsexponenten von kleinen Splittern, sowohl von optisch isotropen als auch von anisotropen Körpern, durch Einbettung in Flüssigkeiten, deren Brechungsexponenten man durch Mischung mit anderen Flüssigkeiten ändern kann, zu bestimmen. Zu diesem Zweck vermischt man die Flüssigkeit so lange mit einer anderen, bis unter dem Mikroskop die Grenzkonturen zwischen Splitter und Einbettungsmedium verschwinden. Wenn das eingetreten ist, sind Brechungsindex von Flüssigkeit und festem Körper gleich. Zu diesem Zweck muß die Irisblende des Mikroskops stark verengt werden, damit die in das Präparat eintretenden Strahlen unter möglichst kleinen

Winkeln die Grenze zwischen Präparat und Flüssigkeit streifen (Abb. 61). Dann treten auch bei kleinen Brechungsexponentenunterschieden keine Strahlen in das Medium mit kleinerem Brechungsexponenten ein.

Für diese sogenannte Einbettungsmethode zur Bestimmung der Brechungsexponenten geeignete Flüssigkeiten sind z. B.

	Verdünnungsmittel	n, je nach Konzentration
Kaliumquecksilberjodidlösung	Wasser	1,73 bis 1,42
Methylenjodid	Bromoform	1,74 „ 1,60
Chinolin	Glyzerin	1,62 „ 1,47

Der Brechungsexponent der Flüssigkeit kann nach Anpassung an den Brechungsexponenten des festen Körpers entweder aus dem Mischungsverhältnis errechnet oder besser mit einem Refraktometer bestimmt werden.

Auch die nach dem Prinzip der *Totalreflektometer* konstruierten, für die Bestimmung der Brechungsexponenten von Flüssigkeiten und größeren Kristallstücken sehr geeigneten *Refraktometer* (Apparate zur Bestimmung der Brechungsexponenten) machen sich die Erscheinung der Totalreflexion zunutze.

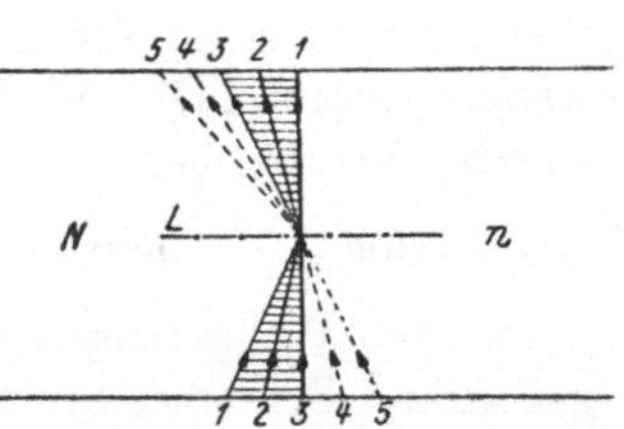

Abb. 61. Lichtansammlung auf Seiten des stärkerbrechenden Mediums (*N*) infolge Totalreflexion.

5. Polarisation und Doppelbrechung.

Das Licht, wie es von der Sonne oder auch von künstlichen Lichtquellen, z. B. der elektrischen Bogenlampe, geliefert wird, setzt sich aus einer großen Anzahl von transversalen Schwingungen zusammen, die sich von der Lichtquelle aus nach allen Richtungen hin geradlinig fortpflanzen. Im Ganzen betrachtet, ist die Ausbreitung der Lichtbewegung von einer Lichtquelle aus in einem isotropen Körper eine kugelige. Einige wenige Bezeichnungen, wie sie für die Beschreibung eines Lichtstrahles verwendet werden, gehen aus Abb. 62 hervor. Die Entfernung zwischen zwei benachbarten Punkten, die sich wie a und a' im selben Schwingungsstadium *(Schwingungsphase)* befinden, bezeichnet man als die *Wellenlänge* λ. Auf jede Wellenlänge entfallen ein *Wellenberg* (+)

und ein *Wellental* (—). Die horizontale Pfeilrichtung in der Abbildung gibt die *Fortpflanzungsrichtung* des Strahles an. Für das sichtbare Licht bewegen sich die Wellenlängen ungefähr zwischen den Grenzen von 4000 und 7000 Å, die kurzwelligsten sichtbaren Strahlen rufen die Farbempfindung violett hervor, die langwelligsten die Farbempfindung rot. Dazwischen liegen die übrigen

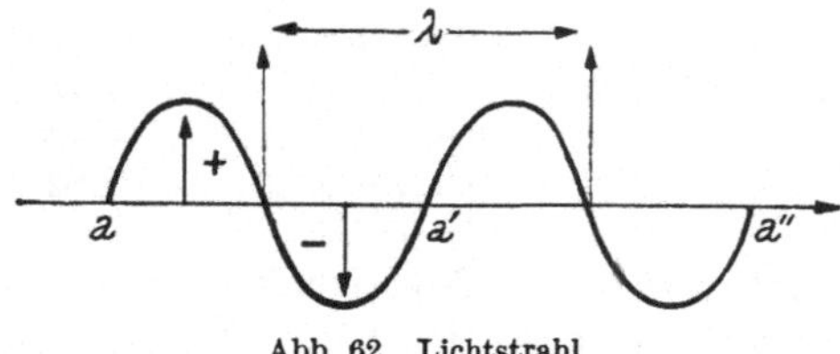

Abb. 62. Lichtstrahl.

Spektralfarben, in die das Sonnenlicht durch Prismen zerlegt werden kann. Die Farbenfolge vom kurzwelligen Ende des Lichtspektrums beginnend ist:

violett — blau — grün — gelb — orange — rot.

Da die Wellenlängen des sichtbaren Lichtes innerhalb des genannten Bereiches sämtliche denkbaren Werte annehmen, vollziehen sich die Farbübergänge stetig.

Die Zahl der Schwingungen pro Sekunde wird als die Frequenz ν der Schwingung bezeichnet. Das Produkt $\lambda \times \nu$ entspricht somit

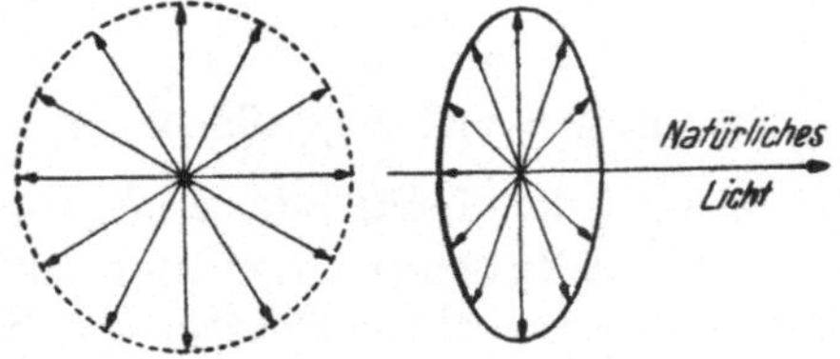

Abb. 63. Natürlicher Lichtstrahl.

der Fortpflanzungsgeschwindigkeit des Lichtes, die im leeren Raum für alle Wellenlängen gleich groß ist. Die (positive oder gleich große negative) maximale Entfernung der Schwingungen von der Ruhelage (in der Abb. 62 durch kleine Pfeile senkrecht zur Fortpflanzungsrichtung angedeutet) stellt die Schwingungsamplitude dar; diese ist proportional der Intensität der Schwingung.

Abgesehen von den im natürlichen Licht auftretenden verschiedenen Wellenlängen ist dieses dadurch gekennzeichnet, daß die Schwingungen nach allen Richtungen senkrecht zur Fortpflanzungsrichtung erfolgen (Abb. 63). Die durch die *Schwingungsrichtung* und die Fortpflanzungsrichtung gegebene Ebene heißt

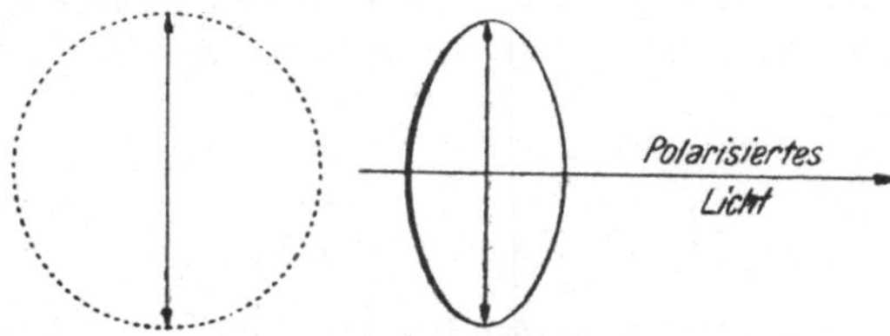

Abb. 64. Linear polarisierter Lichtstrahl.

Schwingungsebene. Diese wechselt somit beim natürlichen Licht stetig, ohne daß eine bestimmte Ausschwingungsrichtung bevorzugt wäre. Ebenso verhalten sich auch die Lichtstrahlenbündel beim Durchgehen durch optisch isotrope Körper, also auch durch kubische Kristalle. Wenn das Licht nur in einer bestimmten Ebene senkrecht zur Fortpflanzungsrichtung ausschwingt, hat man es mit *geradlinig* oder *linear polarisiertem* Licht zu tun (Abb. 64). Linear polarisiert wird das Licht im allgemeinen beim Durchgang durch nichtkubische Kristalle, teilweise auch bei der Reflexion und Brechung an einer spiegelnden Platte.

An nichtkubischen Kristallen wurde im Jahre 1669 von ERASMUS BARTHOLINUS (BERTHELSEN) eine besondere Erscheinung entdeckt, die man *Doppelbrechung* nennt. Die Entdeckung erfolgte an natürlichen Kalkspatkristallen, die diese Erscheinung besonders auffällig zeigen. Ein Lichtstrahl, den man senkrecht auf

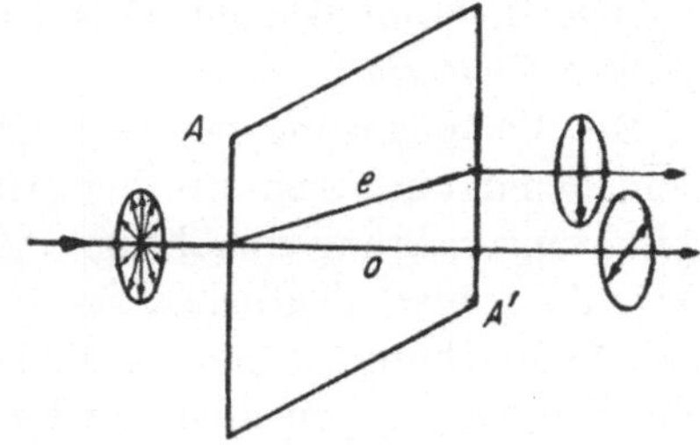

Abb. 65. Durchgang des Lichtes durch ein Kalkspatrhomboeder: Doppelbrechung.

eine Spaltfläche des Kalkspatkristalles auffallen läßt, durchsetzt diesen nicht, wie man nach dem Snelliusschen Brechungsgesetz erwarten sollte, unabgelenkt, sondern er wird nach Abb. 65 in zwei Strahlen aufgespalten, von denen der eine, der als *ordent-*

licher Strahl (*o*) bezeichnet wird, das Spaltstück unabgelenkt im Sinne des Brechungsgesetzes durchsetzt, während der andere, der *außerordentliche* Strahl (*e*), gebrochen wird. Infolgedessen erscheinen z. B. Schriftzüge, die man durch ein durchsichtiges Kalkspatstück betrachtet, verdoppelt. Die farblos durchsichtigen Kalkspatkristalle erhielten auf Grund dieser Erscheinung und nach dem Fundort für das günstigste Material den Namen *Isländischer Doppelspat.*

6. Optisch einachsige Kristalle.

Die weitere Untersuchung zeigte, daß der Grad der Doppelbrechung nicht für alle Richtungen des Kalkspatkristalles gleich ist. Ja, es gibt sogar eine Richtung, in welcher keine Doppelbrechung stattfindet. In dieser Richtung durchsetzt das Licht den Kalkspatkristall wie einen isotropen Körper. Man bezeichnet diese einzigartige Richtung des Kalkspatkristalles, die mit der kristallographischen Hauptachse zusammenfällt, als *optische Achse*; es ist dies also die Richtung der sechszähligen Drehspiegelungsachse der rhomboedrischen Kalkspatkristalle. Bei allen hexagonalen Kristallen (einschließlich der rhomboedrischen) und bei allen tetragonalen Kristallen fällt die Richtung der optischen Achse mit der Achse bevorzugter Symmetrie, also mit der kristallographischen Hauptachse, zusammen. Da diese Kristalle nur eine einzige Richtung der optischen Isotropie besitzen, nennt man sie *optisch einachsig.*

Die Fortpflanzungsgeschwindigkeit des ordentlichen Strahles und damit auch sein Brechungsexponent ω sind von der Fortpflanzungsrichtung unabhängig; die Fortpflanzungsgeschwindigkeit des außerordentlichen Strahles und dementsprechend auch dessen Brechungsexponent ε sind richtungsabhängig. Die Werte der Brechungsexponenten ε und ω sind in der Richtung der optischen Achse gleich groß, in den Richtungen senkrecht zur optischen Achse, die untereinander optisch gleichwertig sind, erreicht die Differenz der Brechungsexponenten des ordentlichen und des außerordentlichen Strahles ihr Maximum. Je mehr sich eine Durchstrahlungsrichtung der Richtung der optischen Achse nähert, desto mehr nähert sich der zugehörige Brechungsexponent ε dem gleichbleibenden Brechungsexponenten ω. Als Brechungsexponent ε gibt man daher immer den für die Richtungen senkrecht zur optischen Achse charakteristischen, von ω am stärksten abweichenden Wert an. So betragen beim Kalkspat die Brechungsexponenten für gelbes Licht (Natriumlicht, wie es durch Verdampfen von Natriumverbindungen erhalten wird):

$$\omega = 1{,}6585 \qquad\qquad \varepsilon = 1{,}4863.$$

Beim Quarz dagegen gilt für dieselbe Wellenlänge:

$$\omega = 1{,}5443 \qquad\qquad \varepsilon = 1{,}5534.$$

Die Differenz $\varepsilon - \omega$ ergibt den für die Kristallart charakteristischen Doppelbrechungswert. Diese Differenz kann positiv (Quarz) oder negativ (Kalkspat) sein. Im ersteren Falle spricht man von *optisch positiven* einachsigen Kristallen, im letzteren Falle von *optisch negativen* einachsigen Kristallen (*Charakter der Doppelbrechung* positiv oder negativ). Die Zahl der optisch negativen einachsigen Kristalle ist wesentlich größer als die Zahl der optisch positiven:

$$\text{Quarz:}\quad \varepsilon - \omega \ \text{(Natriumlicht)} = +\,0{,}0091.$$
$$\text{Charakter der Doppelbrechung positiv.}$$

$$\text{Kalkspat:}\ \varepsilon - \omega \ \text{(Natriumlicht)} = -\,0{,}1722.$$
$$\text{Charakter der Doppelbrechung negativ.}$$

Aus diesen Zahlen erkennt man auch, daß der Kalkspat fast 20mal so stark doppelbrechend ist als Quarz; Kalkspat ist stark doppelbrechend, Quarz dagegen schwach doppelbrechend. Die Erscheinungen, die die Doppelbrechung beim Kalkspat so auffällig machen, lassen sich beim Quarz mit einfachen Mitteln nicht beobachten.

Wenn man sich die Strahlenquelle in das Zentrum eines isotropen Körpers verlegt denkt und die Punkte miteinander verbindet, welche die Lichterregung nach Ablauf einer bestimmten Zeit in den verschiedenen Richtungen erreicht, so ergibt sich eine räumliche Fläche von der Gestalt einer Kugeloberfläche; denn im isotropen Medium pflanzt sich ja das Licht nach allen Richtungen mit gleicher Geschwindigkeit fort. Man nennt eine solche räumliche Fläche *Strahlengeschwindigkeitsfläche* oder *Strahlenfläche*.

Mit Rücksicht darauf, daß sich bei optisch anisotropen Kristallen in jeder Richtung zwei Strahlen fortpflanzen (bei optisch einachsigen Kristallen der ordentliche und außerordentliche Strahl) ist hier die Strahlenfläche nicht mehr einschalig, sondern zweischalig. Die Strahlenfläche des ordentlichen Strahles ist wieder eine Kugel, die Strahlenfläche des außerordentlichen Strahles mit der richtungsabhängigen Fortpflanzungsgeschwindigkeit ist ein Rotationsellipsoid, dessen Rotationsachse mit der optischen Achse zusammenfällt.[1] Das Rotationsellipsoid ist in die Strahlenfläche des ordentlichen Strahles entweder eingeschrieben oder es ist dieser umschrieben. Wenn ε größer ist als ω, so ist der Wert für die Fortpflanzungsgeschwindigkeit des außerordentlichen Strahles, von der Richtung der optischen Achse abgesehen, stets kleiner als der für die Fortpflanzungsgeschwindigkeit des ordent-

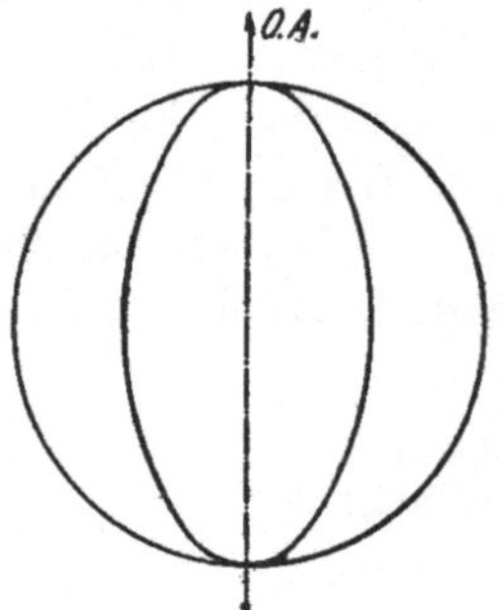

Abb. 66. Strahlenfläche eines einachsig positiven Kristalles.

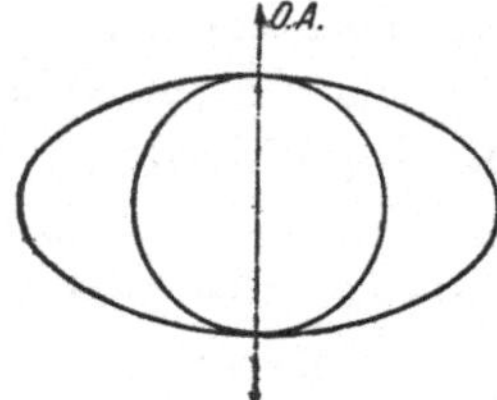

Abb. 67. Strahlenfläche eines einachsig negativen Kristalles.

lichen Strahles. Das Rotationsellipsoid ist in die Kugel eingeschrieben (Abb. 66). Wenn ε aber kleiner ist als ω, so ist die Fortpflanzungsgeschwindigkeit des außerordentlichen Strahles im allgemeinen größer als die des ordentlichen; das Rotationsellipsoid ist der Kugel umschrieben (Abb. 67).

Der ordentliche und der außerordentliche Strahl haben aber

---

[1] Ein Rotationsellipsoid ist ein Körper, der dadurch entsteht, daß man eine Ellipse um eine ihrer beiden Hauptachsen rotieren läßt. Es ist, je nachdem, ob man die kürzere oder längere Achse als Rotationsachse wählt, gegenüber einer Kugel in der Richtung der Rotationsachse entweder gestaucht oder gestreckt. Sämtliche Richtungen, die zur Rotationsachse gleich geneigt sind, sind bei einem Rotationsellipsoid gleichwertig, also auch alle zur Rotationsachse senkrechten Richtungen. Der Schnitt senkrecht zur Rotationsachse ist ein Kreisschnitt, die übrigen, durch den Mittelpunkt gehenden Schnitte sind elliptische Schnitte.

nicht nur, von der Richtung der optischen Achse abgesehen, verschiedene Fortpflanzungsgeschwindigkeit und damit verschiedene Brechungsexponenten, sondern sie sind auch beide linear polarisiert. Und zwar stehen die Schwingungsebenen der beiden Strahlen senkrecht aufeinander. Dabei liegt die Schwingungsebene des außerordentlichen Strahles immer im sogenannten *optischen Hauptschnitt*. Darunter versteht man jeden Schnitt durch einen einachsigen Kristall, der die Einfallsrichtung des Strahles und die optische Achse enthält. Die Schwingungsebene des ordentlichen Strahles steht senkrecht auf dem zugehörigen optischen Hauptschnitt. Wenn in Abb. 65 also AA' als Richtung der optischen Achse mit dem Strahl in der Zeichenebene liegt, so schwingt der außerordentliche Strahl e in der Zeichenebene aus (durch Pfeile angedeutet), der ordentliche Strahl o senkrecht zur Zeichenebene. Für Licht, das sich in der Richtung der optischen Achse fortbewegt, fallen Strahl und optische Achse zusammen; für diese Durchstrahlungsrichtung gibt es keinen ausgewählten optischen Hauptschnitt; alle Schnittebenen, die die optische Achse enthalten, sind gleichwertig und für die Lichtschwingungen in gleicher Weise offen. Daher gibt es für einen in dieser Richtung sich fortpflanzenden Strahl weder Polarisation noch Doppelbrechung. In allen anderen Durchstrahlungsrichtungen wird das natürliche Licht innerhalb des doppelbrechenden Kristalles auf die Schwingungsebenen des ordentlichen und des außerordentlichen Strahles umpolarisiert.

Zur Darstellung der Verhältnisse in anisotropen Kristallen eignet sich besser als die *zweischalige* Strahlengeschwindigkeitsfläche eine nur *einschalige optische Bezugsfläche*, nämlich die **Indikatrix**. Man geht dabei von der Tatsache aus, daß sich bei optisch einachsigen Kristallen wohl, abgesehen von der Richtung der optischen Achse, zwei polarisierte Strahlen mit verschiedener Geschwindigkeit fortpflanzen, daß aber die Fortpflanzungsgeschwindigkeit für den in derselben Richtung *ausschwingenden* ordentlichen und außerordentlichen Strahl dieselbe wird. Berücksichtigt man also die Schwingungsrichtungen an Stelle der Fortpflanzungsrichtungen, so muß man zu einschaligen Bezugsflächen kommen. *Die Indikatrix erhält man, wenn man vom Zentrum des Kristalles ausgehend für die verschiedenen Richtungen die Brechungsexponenten jener Strahlen aufträgt (also die Reziprok-*

werte zur Fortpflanzungsgeschwindigkeit), *welche in der betreffenden Richtung ausschwingen*. Diese Indikatrix ist bei optisch einachsigen Kristallen ein einfaches Rotationsellipsoid. An Hand der Indikatrix kann man die optisch positiven und optisch negativen einachsigen Kristalle auch wie folgt definieren:

Optisch positiv sind einachsige Kristalle dann, wenn die optische Achse (und damit die kristallographische Hauptachse) *die Schwingungsrichtung des Strahles von kleinster Fortpflanzungsgeschwindigkeit und daher mit dem größten Brechungsexponenten ist.* Die Indikatrix stellt in diesem Fall ein nach der Rotationsachse gestrecktes Rotationsellipsoid dar (Abb. 68).

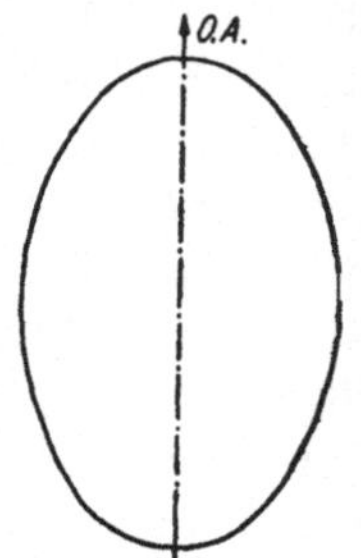

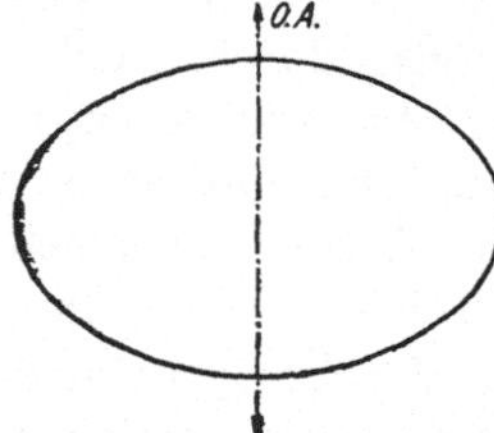

Abb. 68. Schnitt durch die Indikatrix eines einachsig positiven Kristalles.

Abb. 69. Schnitt durch die Indikatrix eines einachsig negativen Kristalles.

Optisch negativ sind einachsige Kristalle dann, wenn die optische Achse die Schwingungsrichtung des Strahles größter Fortpflanzungsgeschwindigkeit und daher mit dem kleinsten Brechungsexponenten ist. In diesem Fall ist die Indikatrix ein nach der Rotationsachse gestauchtes Rotationsellipsoid (Abb. 69).

Nun bezeichnet man die Schwingungsrichtung des Strahles von kleinster Fortpflanzungsgeschwindigkeit in der Regel mit c und den zugehörigen Brechungsexponenten mit n_γ (oder einfach γ), die Schwingungsrichtung des Strahles von größter Fortpflanzungsgeschwindigkeit mit a und den zugehörigen Brechungsexponenten mit n_α (oder einfach α). Es gilt somit:

Für optisch positive Kristalle: c (kristallographische Hauptachse) $= c = n_\gamma$;

für optisch negative Kristalle: $c = a = n_\alpha$.

Durch diese Bezeichnung lassen sich am besten die Beziehungen zu den optisch zweiachsigen Kristallen (S. 106) darstellen. Es sei noch einmal hervorgehoben, daß es sich nun nicht mehr um die Fortpflanzungsrichtungen, sondern um die dazu senkrecht stehenden Schwingungsrichtungen der polarisierten Strahlen handelt!

7. Polarisatoren und Erkennung der Doppelbrechung.

Wenn man von den Fällen besonders starker Doppelbrechung absieht, benötigt man zur Unterscheidung der Einfach- und Doppelbrechung besondere Einrichtungen, sogenannte *Polarisatoren*, die selbst polarisiertes Licht liefern. Die besten Polarisatoren werden unter Ausnutzung ihrer Doppelbrechung und sonstigen Eigenschaften aus bestimmten Kristallen hergestellt; bei der

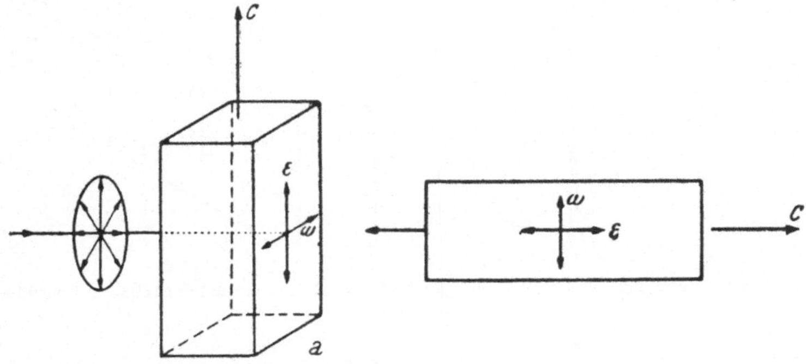

Abb. 70. Verteilung der Schwingungsrichtungen in einer parallel zur optischen Achse aus einem optisch einachsigen Kristall geschnittenen Platte. *c* = kristallographische Hauptachse, zusammenfallend mit der optischen Achse.

Herstellung der Polarisatoren aus Kristallen muß dafür gesorgt werden, daß der eine der beiden senkrecht aufeinander polarisierten Strahlen, die beim Durchgehen eines Lichtstrahles durch den Kristall entstehen, beseitigt wird. Das kann auf zweierlei Art erreicht werden:

1. *Durch Absorption.* Bei farbigen Kristallen fällt mit der Erscheinung der Polarisation die Verschiedenheit der Lichtabsorption, die wir unter dem Namen Pleochroismus kennengelernt haben (S. 68), eng zusammen. Wenn man z. B. aus dem Silikatmineral *Turmalin* eine Platte parallel zur optischen Achse *c* herausschneidet, so liegen bei Durchstrahlung der Platte die Schwingungen im Sinne der Abb. 70. Die dem ordentlichen Strahl entsprechende Schwingung ω, die senkrecht zur optischen

Achse erfolgt, wird sehr stark absorbiert, die dem außerordentlichen Strahl ε entsprechende Schwingung viel weniger stark und je nach der chemischen Zusammensetzung des verwendeten Kristalles erscheint diese Richtung farblos oder blaßfarbig. Durch Absorption wird also der ordentliche Strahl praktisch vollständig entfernt. Bei senkrechter Einstrahlung verläßt die Kristallplatte nur Licht mit der Schwingungsrichtung des außerordentlichen Strahles, also linear polarisiertes Licht mit einer fest gegebenen Schwingungsrichtung. Schaltet man zwei solche Turmalinplatten

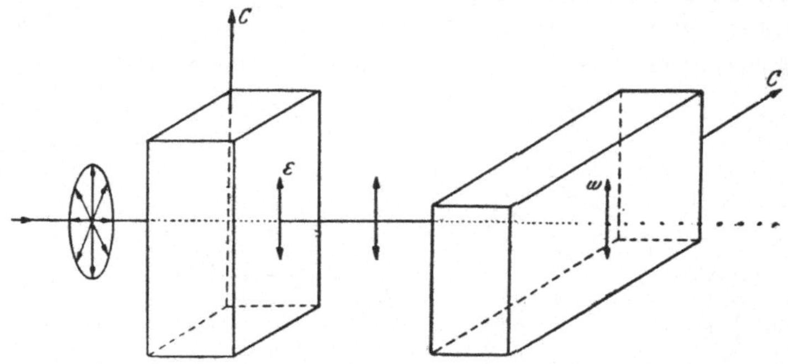

Abb. 71. Turmalinplatten parallel zur optischen Achse in gekreuzter Stellung; Gesichtsfeld dunkel.

derartig hintereinander, wie es in Abb. 71 dargestellt ist, so entspricht die Schwingungsrichtung des von der ersten Platte durchgelassenen außerordentlichen Strahles der Schwingungsrichtung des ordentlichen Strahles in der zweiten Platte; sie wird daher dort praktisch vollkommen absorbiert. Das Gesichtsfeld zwischen zwei derartigen „*gekreuzten*" Turmalinplatten erscheint deshalb dunkel und bleibt solange dunkel, als zwischen die Platten gelagerte isotrope Materie keine Änderung der Schwingungsrichtung hervorruft. Wenn man die beiden Turmalinplatten gegeneinander so verdreht, daß in beiden Platten die Schwingungsebenen der außerordentlichen Strahlen einander parallel liegen (Abb. 72), wird der polarisierte außerordentliche Strahl von den beiden Platten hindurchgelassen; das Gesichtsfeld erscheint in diesem Falle hell. Diese Aufhellung macht sich auch in den Zwischenstellungen bemerkbar, um so mehr, je mehr man sich der Parallelstellung der Schwingungsrichtungen nähert. — Ein derartiges, aus zwei gegeneinander verdrehbaren, parallel zur optischen

Achse geschnittenen Turmalinplatten hergestelltes Polarisations-
instrument heißt *Turmalinzange.*

Da das von den Turmalinplatten gelieferte polarisierte Licht
infolge unvollkommener Absorption des ordentlichen Strahles
nicht vollständig polarisiert ist und da der hindurchgelassene
außerordentliche Strahl wegen der farbigen Absorption kein
vollkommen weißes Licht liefert, verwendet man eine Turmalinzange heute nur mehr für einfache Prüfungen. Man stellt heute

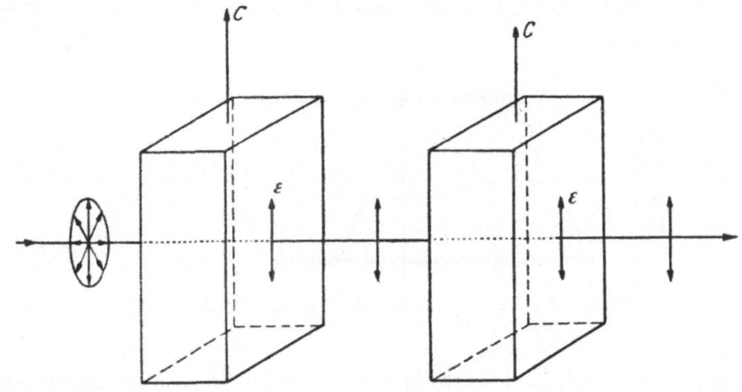

Abb. 72. Turmalinplatten parallel zur optischen Achse in paralleler Stellung; Gesichtsfeld hell.

künstlich unter Ausnutzung der Absorption andere Absorptions-
polarisatoren her, welche die Nachteile der Turmalinplatten zwar
nicht aufheben, aber stark zurücktreten lassen.

2. *Durch Totalreflexion.* Viel günstiger aber erweist sich die
Entfernung des einen der beiden im Kristall entstehenden polarisierten Strahlen durch Totalreflexion. Für diesen Zweck verwendet man den stark doppelbrechenden, nicht farbig absorbierenden und daher farbloses, polarisiertes Licht liefernden
Isländischen Doppelspat. In einer Richtung gestreckte Spaltrhomboeder, in bestimmter Weise zugerichtet und von zweck-
mäßigen Längen- und Breitenverhältnissen, werden schräg
durchgeschnitten und die beiden Hälften werden mit einem fest
anhaftenden Harz von bekanntem Brechungsexponenten (Kanada-
balsam mit $n = 1{,}54$) wieder zusammengekittet (Abb. 73).

Bei geeigneter Dimensionierung des gestreckten rhomboedrischen Körpers trifft der ordentliche Strahl ($n = 1{,}658$), der

6*

parallel zur Längskante des Prismas einfällt, mit seinem größeren Brechungsexponenten unter einem Winkel auf die Kanadabalsamschicht auf, der gegenüber dem kleineren Brechungsexponenten des Kanadabalsams in den Bereich der Totalreflexion fällt. Es handelt sich ja um eine Brechung vom Lot. Er wird daher vollständig an die seitliche Prismenwand geworfen und durch eine dort aufgetragene dunkle Masse vollständig absorbiert. Der außerordentliche Strahl tritt dagegen, da für die betreffende Fortpflanzungsrichtung sein Brechungsexponent gleich dem des Kanadabalsams ist, ohne Brechung in die Kanada-

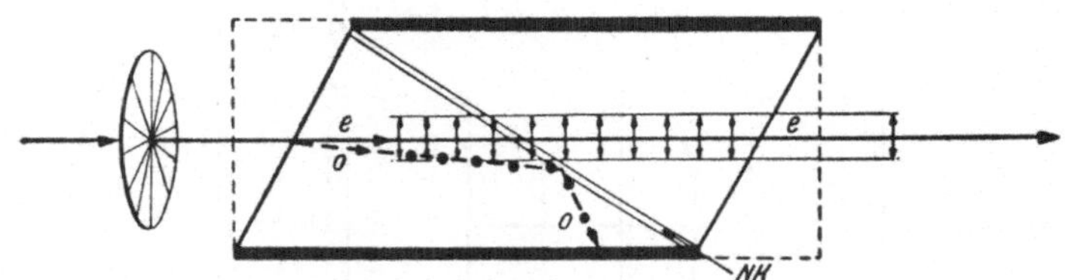

Abb. 73. Nicolsches Prisma. *NK* = Kanadabalsamschicht.

balsamschicht ein und verläßt diese wieder in seiner ursprünglichen Richtung; er kann somit das Prisma passieren. Das Licht, das also durch eine derartige Einrichtung hindurchgelassen wird, ist farblos und total linear polarisiert. Ein so zugerichtetes Kalkspatrhomboeder bezeichnet man als *Nicolsches Prisma* oder einfach als *Nicol*. In den Instrumenten, welche den kristalloptischen Untersuchungen dienen, vor allem in den sogenannten *Polarisationsmikroskopen*, werden heute als Polarisatoren zum Studium der kristalloptischen Erscheinungen fast ausschließlich derartige Nicolsche Prismen verwendet. Im Polarisationsmikroskop ist ein Nicolsches Prisma (der *Polarisator*) unter dem Objekt in den Beleuchtungsapparat eingeschaltet, ein zweites Nicolsches Prisma, das zum ersten in den meisten Fällen gekreuzt gestellt ist (der *Analysator*), kann im Mikroskoptubus oberhalb des Objektes bequem eingeschaltet oder entfernt werden. Die Nicolschen Prismen sind jene Bestandteile, welche in erster Linie das Polarisationsmikroskop von einem gewöhnlichen Mikroskop unterscheiden.

Wenn zwei Nicolsche Prismen so hintereinander geschaltet sind, daß in beiden die Schwingungsrichtungen der außerordentlichen Strahlen zusammenfallen, so wird vom zweiten Prisma der vom ersten Prisma durchgelassene außerordentliche Strahl ohne Veränderung der Schwingungsrichtung übernommen und er durchsetzt auch dieses als außerordentlicher Strahl. Das Gesichtsfeld zwischen zwei derartig gestellten Prismen bleibt hell *(parallele Nicols)*. Wenn man dagegen das zweite Prisma aus dieser Parallelstellung um 90° gegen das erste verdreht, so tritt der vom ersten Prisma gelieferte außerordentliche Strahl als ordentlicher Strahl in das zweite Prisma ein und erleidet dort Totalreflexion und Absorption. Da Licht mit der Schwingung des außerordentlichen Strahles nicht mehr in das zweite Prisma eintritt, erscheint das Gesichtsfeld zwischen derartig gestellten Nicolschen Prismen *(gekreuzte Nicols)* dunkel. Bei den polarisationsmikroskopischen

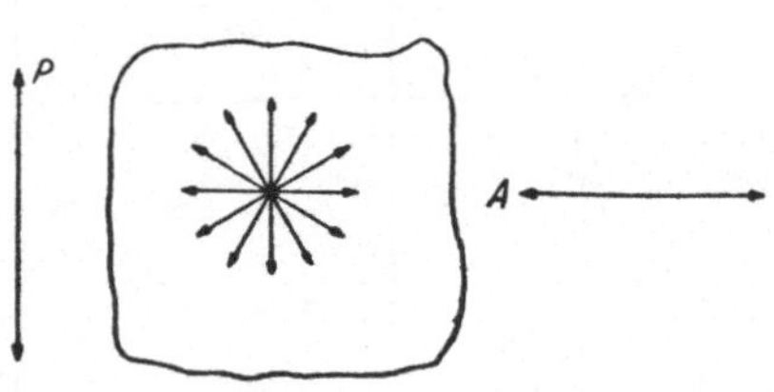

Abb. 74. Isotrope Materie zwischen gekreuzten Nicols.

Untersuchungen arbeitet man fast stets mit gekreuzten Nicols.

Die Verdunkelung des Gesichtsfeldes hält wie bei einer Turmalinzange mit gekreuzten Turmalinplatten solange an, als durch zwischen den Nicols befindliche isotrope Materie die Schwingungsrichtung des vom ersten Prisma gelieferten Strahles nicht verändert wird. Befindet sich somit (Abb. 74)[1] zwischen den gekreuzten Nicols isotrope Materie (einschließlich der kubischen Kristalle), so mag man das Präparat drehen wie man will, das Gesichtsfeld zwischen den Nicolschen Prismen bleibt dunkel. Anders ist es, wenn eine doppelbrechende Substanz zwischen die Nicolschen Prismen gebracht wird.

Jede doppelbrechende Platte besitzt ja charakteristische Schwingungsrichtungen, die bei einer beliebigen Einstellung der Platte in der Regel nicht mit den Schwingungsrichtungen von Polarisator und Analysator zusammenfallen (Abb. 75a).[2] Der vom

---

[1] In dieser und in folgenden Abbildungen deutet stets P die Schwingungsrichtung des Polarisators, A die des Analysators an.

[2] In den Abb. 70, 74 und 75 a—c, 78 und späteren Nummern ist die Fortpflanzungsrichtung senkrecht auf der Zeichenebene zu denken,

Polarisator gelieferte Strahl muß also in der doppelbrechenden Platte eine Umpolarisation auf die Schwingungsrichtungen der Kristallplatte erfahren. Die Umpolarisation erfolgt nach Abb. 75 b nach dem Prinzip des Kräfteparallelogrammes durch Zerlegung in zwei Komponenten, deren Schwingungsrichtungen durch die Schwingungsrichtungen der Kristallplatte gegeben sind. Die

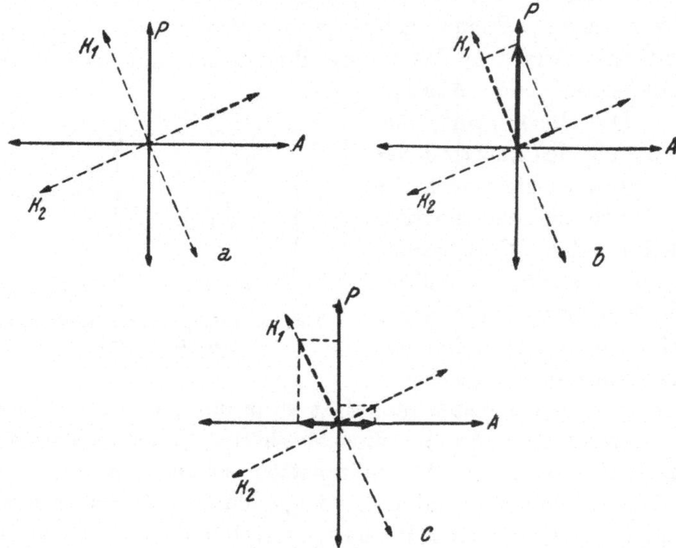

Abb. 75 a—c. Doppelbrechende Platte zwischen gekreuzten Nicols. a Lage der Schwingungsrichtungen K_1 und K_2 in der Kristallplatte. b Umpolarisation der Polarisatorschwingung P auf die Schwingungen in der Kristallplatte K_1 und K_2. c Umpolarisation dieser Schwingungen auf die Schwingungsrichtung des Analysators A, wobei die auf die Polarisatorschwingung P entfallenden Anteile verlorengehen.

beiden so entstehenden Strahlen, deren Intensitätsverhältnis durch den Winkel der beiden Schwingungsrichtungen zur Polarisatorschwingung bestimmt ist, durchsetzen die Kristallplatte und müssen dann beim Auftreffen auf den Analysator nach demselben Prinzip erneut umpolarisiert werden (Abb. 75 c). Dabei entfällt ein Teil der Intensität je nach der Neigung der Schwingungsrichtungen der Kristallplatte zur Analysatorschwingung auf die Schwingung des außerordentlichen Strahles des Analysators.

---

so daß sich nur die nun in der Zeichenebene liegenden Schwingungsrichtungen projizieren.

Dieser Teil wird vom Analysator durchgelassen, was zu einer mehr oder weniger kräftigen Aufhellung des Gesichtsfeldes Anlaß gibt. Der auf die Schwingung des ordentlichen Strahles im Analysator entfallende Anteil von K_1 und K_2 verfällt jedoch der Totalreflexion und Absorption. Daraus ergibt sich also, daß das Gesichtsfeld zwischen gekreuzten Nicolschen Prismen bei Einschalten einer doppelbrechenden Platte aufgehellt erscheint. Wenn man die Kristallplatte zwischen den Nicolschen Prismen dreht, kommt sie zeitweilig in Stellungen, in denen die Schwingungen K_1 und K_2 mit den Polarisator- und Analysatorschwin-

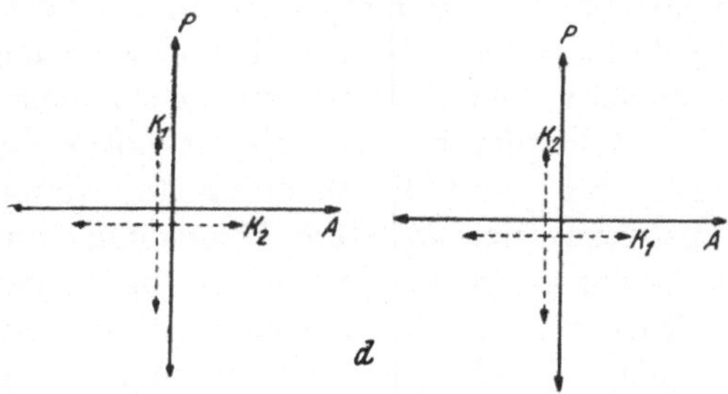

Abb. 75 d. Die beiden Auslöschungsstellungen einer doppelbrechenden Platte zwischen gekreuzten Nicols.

gungen zusammenfallen (Abb. 75d). In diesen Fällen tritt Verdunkelung des Gesichtsfeldes ein, weil nun die Polarisatorschwingung ohne Umpolarisation von der Kristallplatte übernommen wird und mit dieser Schwingungsebene auf dem gekreuzt gestellten Analysator auftrifft und dort als ordentlicher Strahl vernichtet wird. Diese Erscheinung muß sich bei einer Drehung des Präparates um 360° viermal wiederholen. *Eine doppelbrechende Platte erscheint somit im allgemeinen zwischen gekreuzten Nicols mehr oder weniger hell, beim Drehen um 360° um ihre Plattennormale tritt aber viermal Verdunkelung (= Auslöschung) ein. Durch isotrope Materie wird das Gesichtsfeld zwischen gekreuzten Nicolschen Prismen in keiner Stellung aufgehellt.* Ebenso verhält sich doppelbrechende und isotrope Materie zwischen den beiden gekreuzten Platten (Abb. 71) einer Turmalinzange.

Die Auslöschungsstellungen der doppelbrechenden Platte sind insofern wichtig, weil sie bei Bekanntsein der Schwingungsrichtungen der Nicolschen Prismen eine unmittelbare Aussage über die Lage der Schwingungsrichtungen in der doppelbrechenden Platte gestatten; denn diese müssen im Auslöschungsfall mit den Schwingungsrichtungen der Nicolschen Prismen zusammenfallen; man spricht in einem solchen Fall von einer Bestimmung der Schwingungsrichtungen in der Kristallplatte.

Mit Hilfe des Polarisators allein lassen sich im Mikroskop oder frei am bequemsten die Achsenfarben von pleochroitischen Kristallen festlegen. Zu diesem Zweck hat man nur die Kristallplatte so zu drehen, daß einmal die eine, dann die andere Schwingungsrichtung mit der Schwingungsrichtung des Nicolschen Prismas zusammenfällt. Die dabei auftretenden Farben sind als Achsenfarben festzuhalten. In den Zwischenstellungen treten Mischfarben zwischen den beiden, den Schwingungsrichtungen entsprechenden Achsenfarben auf. Es ist notwendig, daß die Achsenfarben in bezug auf die Richtung der Hauptbrechungsexponenten bestimmt werden. Ihre Ermittlung kann also nur in Schnitten erfolgen, die die Hauptbrechungsexponenten enthalten. Ein Turmalinkristall erscheint z. B. in einem Schnitt parallel zur optischen Achse, der die beiden Schwingungen mit dem Brechungsexponenten ω und ε enthält, wenn die optische Achse mit der Schwingungsrichtung des Polarisators zusammenfällt, je nach der Zusammensetzung in verschiedenen Farben blaßfarbig bis farblos; wenn die zur optischen Achse senkrechte Schwingung mit der Polarisatorschwingung zusammenfällt, erscheint der Kristall dagegen dunkelfarbig bis schwarz. Da die Richtungen senkrecht zur optischen Achse in jeder Beziehung physikalisch gleichwertig sind (Kreisschnitt des Rotationsellipsoids!), erscheint der Turmalin in Schnitten senkrecht zur optischen Achse ohne Rücksicht auf die Stellung zum Nicolschen Prisma dunkelfarbig bis schwarz; in dieser Schnittlage ist somit kein Pleochroismus zu bemerken.

8. Interferenz- oder Polarisationsfarben.

Die doppelbrechenden Kristallplatten erscheinen zwischen gekreuzten Nicols nicht nur in den meisten Stellungen hell, sondern sie zeigen auch dann, wenn der Kristall an sich farblos ist, eine besondere Farbe, die bei farbig absorbierenden Kristallen von der Absorptionsfarbe mehr oder weniger kräftig überlagert ist. Diese Farbe, die auch eine farblos doppelbrechende Kristallplatte zwischen gekreuzten Nicols zeigt, nennt man *Polarisations-* oder *Interferenzfarbe*. Ihre Entstehung ist wie folgt zu erklären: Die beiden die Kristallplatte in der Richtung der Plattennormale durchsetzenden Strahlen mit ihren senkrecht zueinander liegenden Schwingungsebenen durcheilen die Kristallplatte, da sie ja verschiedene Brechungsexponenten haben, mit verschiedener Geschwindigkeit, und es entsteht zwischen ihnen deshalb während des Weges durch die Kristallplatte eine sogenannte Weg- oder Phasendifferenz, auch *Gangunterschied* genannt. Dieser Gangunterschied ist um so größer, je verschiedener einerseits die beiden Brechungsexponenten sind und je länger anderseits der Weg durch die Platte, d. h. je dicker die Kristallplatte ist. Bei der Betrachtung der Folgen des Auftretens solcher Gangunterschiede soll zunächst von dem Unterschied in den Brechungsexponenten abgesehen werden, die Überlegung soll zunächst nur für zunehmende Dicke von Platten mit derselben Brechungsexponentendifferenz angestellt werden.

Bei einer bestimmten geringen Dicke der Platte wird beispielsweise der Gangunterschied zunächst gleich werden einer ganzen Wellenlänge der kurzwelligsten (violetten) Strahlung, während für die langwelligen Strahlen der Gangunterschied noch kleiner als eine Wellenlänge ist. Da nun die beiden am Analysator zur Zusammenlegung (Interferenz) kommenden Komponenten außerdem bei gekreuzten Nicols von vornherein (s. die Richtungen der dicken kurzen Pfeile in der Abb. 75c) entgegengesetzte Schwingungsamplituden haben, addiert sich zu dem durch die verschiedene Fortpflanzungsgeschwindigkeit hervorgerufenen Wegunterschied von $1\,\lambda$ für violett noch eine halbe Wellenlänge hinzu. Der gesamte Gangunterschied bei der Zusammenlegung der beiden Schwingungen durch den Analysator beträgt also $3\,\lambda/2$ für violett. Nach dem allgemeinen Gesetz für die Zusammenlegung von Schwingungen mit Phasendifferenz muß nun Auslöschung der violetten Strahlen eintreten; denn zwei Wellenbewegungen, die mit einer Phasendifferenz von einem ungeraden Vielfachen von Wellenlängen zur Interferenz kommen, vernichten sich bei gleicher Intensität gegenseitig nach Abb. 76 (Wellenberg kommt über Wellental zu liegen!).

Die Folge der Vernichtung der violetten Strahlen ist, daß sich die verbleibenden Spektralfarben zur Komplementärfarbe von Violett, also zum Gelb zusammensetzen; Gelb tritt somit als Interferenzfarbe auf.

Bei zunehmender Dicke der Platte wird dann zunächst für die blauen, dann für die grünen, weiter für die gelben, für die orangefarbenen und schließlich für die roten Strahlen ein Gangunterschied von 3 $\lambda/2$ erreicht. Wenn z. B. für blau der Gangunterschied einen Wert von 3 $\lambda/2$ hat, werden die violetten Strahlen, weil der Gangunterschied von 3 $\lambda/2$ für violett nun schon überschritten ist, wohl noch geschwächt, aber nicht durch Interferenz vernichtet. Für die größeren Wellenlängen, für die der Gangunterschied von 3 $\lambda/2$ noch nicht erreicht ist, tritt ebenfalls keine

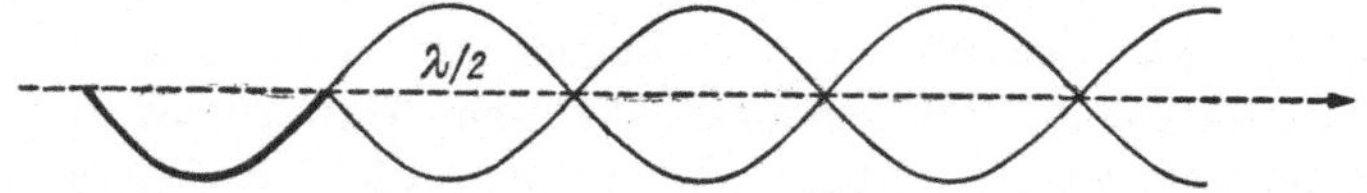

Abb. 76. Auslöschung zweier Wellenbewegungen durch Interferenz bei einem Gangunterschied von einem ungeraden Vielfachen von halben Wellenlängen.

Vernichtung durch Interferenz ein. Es muß also als Interferenzfarbe die Komplementärfarbe zum vernichteten Blau, also das Orange, sich geltend machen; dann tritt bei weiter zunehmender Dicke nach und nach die Komplementärfarbe zu grün, also rot, dann die zu gelb = violett, dann die zu orange = blau und schließlich die Komplementärfarbe zu rot = grün auf. Inzwischen hat sich der gesamte Gangunterschied einem Werte genähert, der fünf halben Wellenlängen für violett entspricht. Es wird nach dem Rot wieder das Violett durch Interferenz vernichtet; dann erscheint wieder die Interferenzfarbe gelb usw. Wenn der Gangunterschied bei sehr geringer Dicke so gering ist, daß auch für violett noch nicht der Gangunterschied von 3 $\lambda/2$ erreicht wird, so treten gelblichgraue und mit weiter abnehmendem Gangunterschied hellgraue und schließlich schwarzgraue Töne auf; sehr geringe Dicke, verbunden mit sehr schwacher Doppelbrechung der Platte, bringt eben die Erscheinung der Doppelbrechung zwischen gekreuzten Nicols den Verhältnissen bei isotropen Körpern nahe. Die Folge der Interferenzfarbe mit zunehmender Dicke der Kristallplatte ist, wie man am besten beim Durchschieben eines keilförmigen, d. h. an Dicke stetig

zunehmenden doppelbrechenden Kristallstückes, in der Aufhellungsstellung zwischen gekreuzten Nicols erkennen kann:

schwarzgrau — grau — weiß — gelblich — gelb — orange — rot,
violett — blau — grün — gelb — orange — rot,
violett — blau ..... weiß.

Die Interferenzfarben wiederholen sich somit mit zunehmender
Dicke. Man bezeichnet die Farben bis zum ersten Violett als
die Interferenzfarben I. Ordnung, die bis zum zweiten Violett
als die Farben II. Ordnung. Dann folgen die Farben III., IV.,
V. ..... Ordnung. Die farbgleichen Interferenzfarben der verschiedenen Ordnungen unterscheiden sich durch den Farbton;
die Farben der I. bis III. Ordnung sind die kräftigsten. In den
höheren Ordnungen blassen die Farben allmählich aus; etwa
von der VI. Ordnung an sind nur noch blaßrote und blaßgrüne
Töne unterscheidbar. Schließlich machen sich etwa von der
X. Ordnung ab bei zunehmender Dicke keine Farbunterschiede
mehr bemerkbar. Es erscheint als Interferenzfarbe ein weißliches
Grau, das man als das *Grau höherer Ordnung* bezeichnet, während
das Grau, das bei sehr geringer Dicke sich als Interferenzfarbe
bemerkbar macht, *Grau niedriger Ordnung* genannt wird. Die
Unterschiede der an sich gleich zu bezeichnenden Interferenzfarben in den verschiedenen Ordnungen erklären sich daraus,
daß bei großen Gangunterschieden neben den Hauptbereichen
auch noch weitere Bereiche des Spektrums vernichtet werden.
Beträgt z. B. der Gangunterschied für violett (λ etwa 4000 Å)
$6\,\lambda/2$ ($+\,\lambda/2$ wegen der entgegengesetzten Ausschwingung bei
der Zusammenlegung am Analysator), so entspricht dies etwa
einem Gangunterschied von $4\,\lambda/2 + \lambda/2$ für ein Rot von der
Wellenlänge 6000 Å. Es wird also nicht bloß das Violett durch die
Interferenz vernichtet, sondern gleichzeitig auch der um die
Wellenlänge von 6000 Å liegende Rotbereich. Je höher der Gangunterschied und damit die Ordnung der Interferenzfarben wird,
desto mehr, aber desto engere Spektralbezirke werden durch
Interferenz gleichzeitig vernichtet; dies führt zu einer Abschwä-
chung des Farbtones mit zunehmender Ordnung. Das Grau
höherer Ordnung kommt schließlich dadurch zustande, daß aus
allen Hauptspektralbereichen enge Wellenlängenbezirke (das Rot
erstreckt sich ja z. B. in verschiedenen Tönen über den Wellen-

längenbereich von 6000 und 7000 Å) durch Interferenz vernichtet werden, aber kein Hauptfarbbereich vollkommen; der Rest, der noch Teile aus allen Hauptfarbbereichen enthält, setzt sich wieder zu einem hellen Grauweiß zusammen, das sich nur wenig von der Farbe des eingestrahlten Lichtes unterscheidet.

Betrachtet man also ein keilförmiges Kristallstück, z. B. einen parallel zur optischen Achse geschnittenen Keil von Bergkristall zwischen gekreuzten Nicols unter Verwendung von weißem Licht, so zeigt er vom dünneren Ende nach dem dickeren Ende zu Interferenzfarben von zunehmender Ordnung. Verwendet man aber für die Untersuchung Licht bestimmter Wellenlänge (monochromatisches Licht, das auf verschiedene Weise hergestellt werden kann), so zeigen sich am Keil nur helle und dunkle Streifen. Die dunklen Streifen treten dort auf, wo am Keil der erreichte Gangunterschied für die verwendete

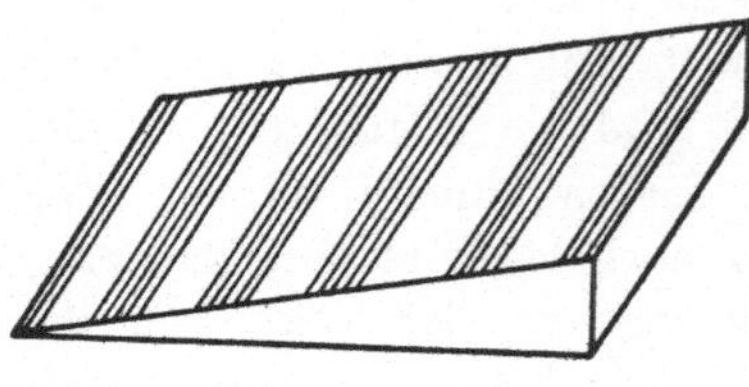

Abb. 77. Doppelbrechender Keil im monochromaten Licht zwischen gekreuzten Nicols.

Wellenlänge $\lambda/2$, $3\,\lambda/2$, $5\,\lambda/2$ usw. beträgt (Abb. 77), also dort, wo im weißen Licht die Komplementärfarbe zur verwendeten Farbe auftreten würde.

Im selben Sinne wie die Zunahme der Dicke wirkt auch die Zunahme der Differenz der Brechungsexponenten der die Platte durchsetzenden Strahlen. Sie soll, wie üblich, mit $\gamma'-\alpha'$ bezeichnet werden (S. 80). Eine Verdopplung der Differenz $\gamma'-\alpha'$ entspricht einer Verdopplung der Dicke. Mit anderen Worten, beim Vergleich von Platten von bekannter, gleicher Dicke von verschiedenen Kristallen kann aus der Interferenzfarbe ein quantitativer Schluß auf die Differenz $\gamma'-\alpha'$ gezogen werden. Damit kann auch die spezifische Doppelbrechung der betreffenden Kristallart ermittelt werden, aber natürlich nur unter der Voraussetzung, daß die Platte so geschnitten ist, daß ihre Schwingungsrichtung $\gamma'-\alpha'$ tatsächlich den Schwingungsrichtungen der Strahlen vom größten (γ) und kleinsten (α) Brechungsexponenten für die betreffende Kristallart entsprechen. Dann wird $\gamma'-\alpha'$ zu $\gamma-\alpha$ und $\gamma-\alpha$ gibt die für die Kristallart charakteristische Doppelbrechung an. Wenn man also für einen optisch einachsigen Kristall aus der Interferenzfarbe die Doppelbrechung bestimmen will, muß man den Schnitt durch den Kristall so legen, daß die optische Achse in ihm liegt. Dann entspricht die eine Schwingungsrichtung in der Platte dem Strahl mit größtem, die andere Schwingungsrichtung dem Strahl mit kleinstem Brechungsexponenten. Die Interferenzfarbe ändert sich eben bei ein und demselben Kristall nicht nur mit der Dicke der Platte, sondern auch mit der Schnittlage. Bei optisch einachsigen Kristallen erscheinen Schnitte senkrecht zur optischen Achse isotrop, Schnitte parallel zur optischen Achse zeigen bei gleicher Dicke die höchstmögliche Interferenzfarbe. In den Zwischenlagen findet man alle Übergänge im Sinne der Interferenzfarbenfolge von schwarz bis zu der durch die gewählte Dicke und Extremdifferenz $\gamma - \alpha$ bestimmten höchsten Interferenzfarbe der betreffenden Kristallart.

Sowohl die Werte für die Lichtbrechung wie auch die Werte für Doppelbrechung sind für die einzelnen Kristallarten von fester Zusammensetzung charakteristisch und werden zur Bestimmung der Mineralien im Mikroskop herangezogen. Jedoch ist zu beachten, daß diese Werte meist sehr scharf und kräftig auch auf kleine Änderungen in der chemischen Zusammensetzung der Kristalle reagieren. Das gilt für die meisten optischen Eigenschaften. Lichtbrechung und Doppelbrechung werden daher nicht nur zur Bestimmung der Mineralgattung und Kristallart herangezogen, sondern, vor allem in einfachen Fällen von isomorphen Mischkristallreihen (S. 176), auch zur Feststellung des chemischen Bestandes. Die Ordnung der Polarisationsfarbe und damit der Grad der Doppelbrechung wird im Mikroskop meist durch Vergleich mit keilförmigen Hilfsplatten *(Kompensatoren)* bestimmt; diese Kompensatoren sind so eingerichtet, daß der Gangunterschied an jeder Stelle leicht abgelesen werden kann. Unter Berücksichtigung der Dicke der zu untersuchenden Kristallplatte kann bei richtiger Orientierung derselben (die Schwingungsrichtungen müssen den Hauptbrechungsexponenten entsprechen) die Doppelbrechung quantitativ bestimmt werden.

9. Auslöschung.

Auf S. 87 ist auseinandergesetzt worden, daß eine doppelbrechende Kristallplatte zwischen gekreuzten Nicolschen Prismen in gewissen, von 90° zu 90° sich wiederholenden Stellungen dunkel erscheint. Man nennt diese Stellungen die *Auslöschungsstellungen*. Beim Herausdrehen der Platte aus der Auslöschungsstellung tritt eine allmählich zunehmende Aufhellung in der charakteristischen Interferenzfarbe auf. Die Helligkeit erreicht nach einer

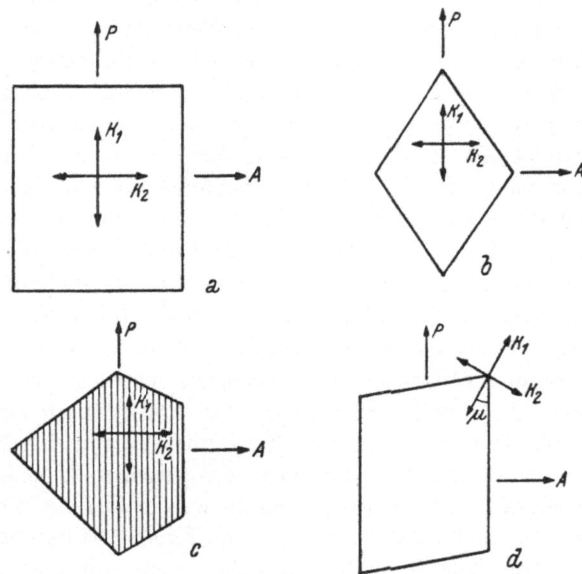

Abb. 78 a—d. Auslöschungsstellung. a Gerade Auslöschung zur Begrenzung. b Symmetrische Auslöschung. c Gerade Auslöschung zu den Spaltrissen. d Schiefe Auslöschung. $\mu =$ Winkel der Auslöschungsschiefe. K_1 und K_2 sind, wie in Abb. 75, die Schwingungsrichtungen des die Kristallplatte senkrecht durchsetzenden Strahles = Auslöschungsrichtungen.

Drehung um 45° das Maximum *(Diagonalstellung)*, sinkt dann bei weiterer Drehung wieder bis zur Auslöschungsstellung allmählich ab. Die Auslöschung tritt immer dann ein, wenn die Schwingungsrichtungen der beiden Strahlen (K_1 und K_2 der Abb. 78) in der Kristallplatte mit den Schwingungsrichtungen der Nicolschen Prismen zusammenfallen. Da letztere bei Verwendung eines Polarisationsmikroskops bekannt sind, sind durch Bestimmung der Auslöschungsstellungen auch die Schwingungsrichtungen der beiden die Kristallplatte durchsetzenden Strahlen bekannt. Wenn die Auslöschung dann erfolgt, wenn die kristallographischen Begrenzungskanten der Kristallplatte oder charakteristische Spaltrißrichtungen derselben zu den Schwingungsrichtungen der Nicols parallel stehen, so spricht man von *gerader Auslöschung* (Abb. 78a, c) zu der betreffenden Kante oder zu den betreffenden Spaltrissen; wenn dies nicht der Fall ist, so ist die Auslöschung *schief* (Abb. 78d). Der Grad der *Auslöschungsschiefe* kann durch Winkelmessungen am Mikroskop bestimmt werden und wird in vielen Fällen zur Bestimmung der Kristallart oder auch zur Ermittlung der Zusammensetzung von Mischkristallen (S. 170, vgl. auch S. 176) im Polarisationsmikroskop mitverwendet. Zum Zwecke der Durchführung von Winkelmessungen ist der Objekttisch des Polarisationsmikroskops drehbar eingerichtet und mit einer Ablesungsmöglichkeit für die Drehwinkel ausgestattet. Ferner ist das Okular zum Zwecke exakter Einstellungen bestimmter Richtungen mit einem Fadenkreuz versehen, dessen zueinander senkrechten Arme den Schwingungsrichtungen der beiden Nicolschen Prismen entsprechen. Die Auslöschung kann auch zu den Begrenzungskanten und Spaltrißsystemen *symmetrisch* sein. Gerade oder symmetrische Auslöschung (Abb. 78b) beobachtet man an den entsprechend orientierten Schnitten von hexagonalen, tetragonalen und rhombischen Kristallen, bei monoklinen nur in Schnitten senkrecht zur Symmetrieebene; schiefe Auslöschung ist sonst für monokline und für die triklinen Kristalle charakteristisch.

10. Das Interferenz- oder Achsenbild.

Die bisher erwähnten polarisationsmikroskopischen Untersuchungen erfolgen auf der Grundlage parallelen, linear polarisierten Lichtes, wie es durch den Beleuchtungsapparat des Mikroskops und durch den Polarisator geliefert wird. Dabei wird die zu untersuchende Platte nur in einer bestimmten Richtung, nämlich in der Richtung senkrecht zur Platte, durchstrahlt. Man spricht von Untersuchungen im *parallelen polarisierten* Licht oder auch von der *orthoskopischen* Untersuchung der Kristalle (Abb. 79a).

Durch Einschaltung einer Linse *(Kondensorlinse)* zwischen Polarisator und Objekt kann man das parallele polarisierte Licht in *konvergentes* verwandeln (Abb. 79b). Nun wird, wie die schematisierte Abbildung zeigt, das Präparat nicht nur allein in der Richtung senkrecht zur Plattenebene durchstrahlt, sondern auch in anderen dazu geneigten Richtungen. Wenn es sich z. B. bei der Kristallplatte um einen Schnitt senkrecht zur optischen Achse eines optisch einachsigen Kristalles handelt, so entspricht nun nur mehr der zentrale Strahl des konvergenten Strahlenbüschels der optischen Achse, während die dazu geneigten Strahlen den Kristall in zur Richtung der optischen Achse geneigten Richtungen durcheilen. Eine solche Platte, die im parallelen polarisierten Licht zwischen gekreuzten Nicols in jeder Stellung dunkel erscheint, weil die Durchstrahlungsrichtung ja der optischen Achse, also der Richtung der Isotropie, entspricht, wird bei Verwendung von *konvergentem Licht* (*konoskopische* Untersuchung) nicht mehr dunkel erscheinen können. Denn die von der Richtung der optischen Achse abweichenden Strahlen werden ja doppelt gebrochen, und zwar wegen der zunehmenden Neigung dieser Richtungen zur optischen Achse um so stärker, je weiter außen sie liegen. Dazu kommt noch, daß der Strahl in der Richtung der optischen Achse den kürzesten Weg durch die Kristallplatte

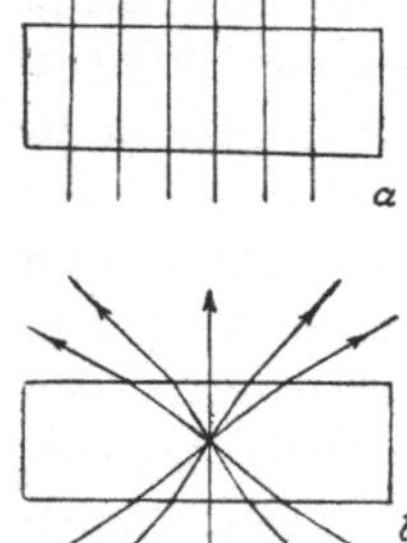

Abb. 79. Durchstrahlung eines Kristallpräparats mit parallelem (a) und konvergentem (b), polarisiertem Licht.

zurückzulegen hat, während die anderen, die Platte schräg durcheilenden Strahlen längere Wege haben, und zwar ist der Weg durch die Platte um so länger, je weiter außen die Strahlen liegen. Die Platte wird mit anderen Worten für die weiter nach außen liegenden und schräger einfallenden Strahlen immer dicker. Beide Faktoren wirken im gleichen Sinne einer Erhöhung des Gangunterschiedes und damit der Interferenzfarbe.

Die Lage der Schwingungsrichtungen für die an verschiedenen Stellen der Indikatrix eines optisch einachsigen Kristalles austretenden Strahlen sind in Abb. 80 schematisch angegeben. Wir wollen uns nun die Lage der Schwingungsrichtungen für die zur optischen Achse geneigten Strahlen in die Ebene eines Schnittes senkrecht zur optischen Achse projizieren (Abb. 81). Der Zentralstrahl erleidet keine Doppelbrechung. Für die zu ihm geneigten

Strahlen erfolgt stets eine Schwingung im optischen Hauptschnitt, also in der Projektion radial (außerordentlicher Strahl), die andere senkrecht dazu, also tangential (ordentlicher Strahl). Da die Schwingungen für jeden Punkt zwei Strahlen mit verschiedenen Brechungsexponenten angehören, machen sich in allen außerhalb des Zentrums liegenden Punkten die Doppelbrechungserscheinungen geltend. Es treten Interferenzfarben auf mit Ausnahme von jenen Strahlrichtungen, für die die Schwingungsebenen wie in

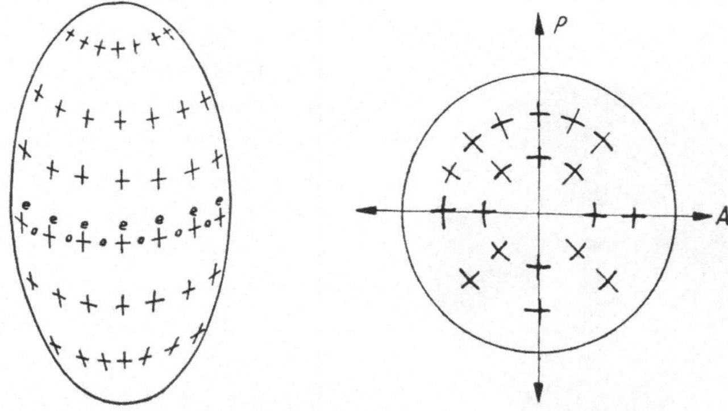

Abb. 80. Indikatrix eines optisch einachsigen Kristalles mit Angabe der Schwingungsrichtungen.

Abb. 81. Projektion von Abb. 80 in die Ebene senkrecht zur optischen Achse.

Abb. 81 angedeutet, mit der Polarisator- und Analysatorschwingung zusammenfallen; für letztere Richtungen muß damit Auslöschung eintreten. Alle übrigen Punkte des Gesichtsfeldes müssen aufgehellt erscheinen und diese Aufhellung muß sich um so kräftiger auswirken, je größer die Winkel zwischen den Schwingungsebenen der Strahlen und denen der beiden Nicols sind. Die der stärksten Aufhellung entsprechenden Durchstrahlungsrichtungen sind mit ihren Schwingungsebenen in die Abb. 81 eingetragen. Wir müssen also ein dunkles Kreuz erwarten und zwischen den Kreuzarmen zunehmende Aufhellung. Ferner ist zu beachten, daß die Punkte in der Nähe des Zentrums Durchstrahlungsrichtungen entsprechen, die noch einen verhältnismäßig geringen Gangunterschied aufweisen (geringe Neigung zur optischen Achse, relativ kurzer Weg durch die Platte). Je weiter man nach außen kommt, desto größer muß der Gangunterschied mit Rücksicht auf die Zunahme der Strahlenneigung zur optischen Achse werden. Die Aufhellung wird also nicht in gleichen Interferenzfarben erfolgen, sondern nach außen hin werden die Interferenzfarben zunehmen müssen. Da nun ein optisch einachsiger Kristall um die optische Achse konzentrisch gebaut ist, werden die Interferenzfarben in Form von konzentrischen Kreisen nach außen hin ansteigen.

Abb. 82 zeigt schematisch das für optisch einachsige Kristalle, undzwar für S chnitte senkrecht zur optischen Achse charakteristische *Achsenbild* oder *Interferenzbild*, wie es bei Verwendung des Polarisationsmikroskops als *Konoskop* oder einer sonstigen entsprechenden Polarisationseinrichtung (Achsenbildapparat) erhalten wird: Ein gleicharmiges schwarzes Kreuz *(Hauptisogyrenkreuz)* mit nach außen verbreiterten Balken, sich schneidend mit konzentrischen farbigen Kreisen (*isochromatische Kurven* oder *Kurven gleichen Gangunterschiedes*), die Farbenfolge von innen nach außen im Sinne der Interferenzfarbenfolge fortschreitend (S. 91).[1] Je nach den besonderen Verhältnissen können sich die Interferenzfarben als isochromatische Kurven in verschiedenen

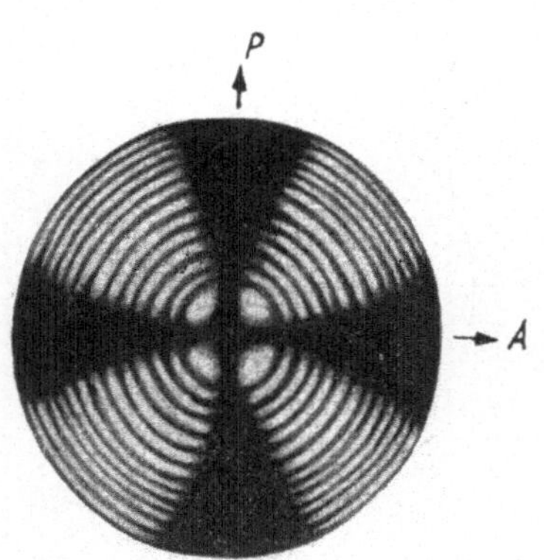

Abb. 82. Interferenzbild eines optisch einachsigen Kristalles; Schnitt senkrecht zur optischen Achse.

---

[1] In Abb. 82 entspricht jedes Paar dunkler und heller Kreiskurven einer Ordnung von Interferenzfarben. Zu innerst handelt es sich nach dem zentralen Graufeld um die Farben niedriger Ordnung, nach außen hin um die Farben höherer Ordnung, die dementsprechend mehr und mehr ausblassen und schließlich bei genügender Dicke und genügend hoher Doppelbrechung in das einheitliche Grau höherer Ordnung übergehen. Dasselbe gilt für die ebenfalls schwarz-weiß gehaltenen Interferenzbilder der Abb. 87, 92, 93 und 94; nur sind in den Abb. 92 bis 94 die isochromatischen Kurven keine Kreise, sondern Kurven komplizierterer Art. — Verwendet man monochromatisches (z. B. rotes) Licht, so wechseln farbige (rote) und schwarze Kurven miteinander ab; letztere kennzeichnen jene Richtungen, für welche für die verwendete Wellenlänge der Gangunterschied zwischen e' und o ein ungerades Vielfaches von halben Wellenlängen beträgt.

Ordnungen wiederholen und es kann auch noch das Grau höherer
Ordnung erscheinen. Wie viele Kurven erscheinen, hängt von zwei
Faktoren ab: 1. Von der spezifischen Doppelbrechung des Kristalles
$\gamma-\alpha$ $(\varepsilon-\omega)$ und 2. von der Dicke der Platte. Je dicker die Platte
und je größer der Absolutwert der Doppelbrechung der Kristallart
ist, desto reichhaltiger ist das Kurvenbild. Bei sehr schwacher
Doppelbrechung des Kristalles und bei Verwendung dünner Platten
erscheint neben dem breitarmigen Hauptisogyrenkreuz in dessen
Quadranten nur das Grau niedriger Ordnung. Bei sehr starker
Doppelbrechung und großer Plattendicke sind die isochromatischen

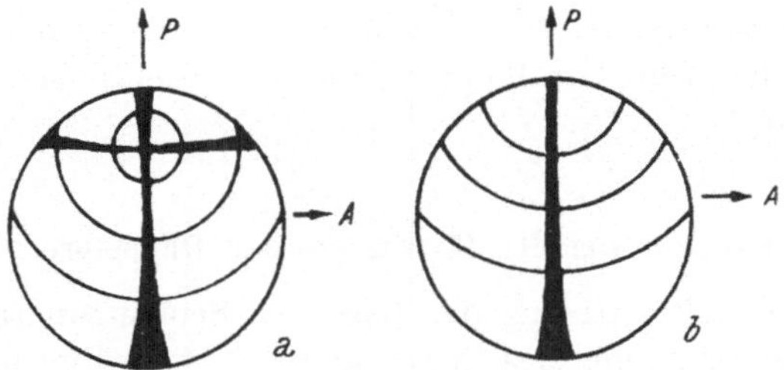

Abb. 83 a, b. Interferenzbilder von optisch einachsigen Kristallen in Schnitten, die
wenig (a) oder stark (b) schief zur optischen Achse geneigt sind.

Kurven eng geschart und gehen im äußeren Teil des Interferenzbildes in das Grau höherer Ordnung über. Bei bekannter Plattendicke kann aus der Zahl der isochromatischen Kurven quantitativ
ein Schluß auf die charakteristische Doppelbrechung der betreffenden Kristallart gezogen werden.

Beim Drehen des Präparates um die optische Achse zwischen
gekreuzten Nicols bleibt das Interferenzbild unverändert. Denn
nach Abb. 81 müssen sich bei dieser Drehung immer wieder neue
radiale und tangentiale Richtungen so einstellen, daß sie mit
der Polarisator- und Analysatorschwingung zusammenfallen;
damit kommen sie in Auslöschungsstellung. Es ist ein gutes
Merkmal zur Erkennung von optisch einachsigen Kristallen im
Interferenzbild, daß ihr Achsenbild in Schnitten senkrecht zur
optischen Achse beim Drehen um die zur optischen Achse parallele
Plattennormale unverändert bleibt. Schnitte von optisch einachsigen Kristallen, die mehr oder weniger stark von der Lage
senkrecht zur optischen Achse abweichen, zeigen exzentrische

Ausschnitte aus dem eben behandelten Interferenzbild, und zwar rückt der Ausschnitt immer weiter nach außen, je mehr die Schnittlage von jener senkrecht zur optischen Achse abweicht (Abb. 83). Beim Drehen solcher Präparate um die Plattennormale verändert sich auch das Interferenzbild insofern, als sich z. B. die Hauptisogyrenbalken verschieben; diese Verschiebung vollzieht sich aber immer so, daß letztere zu den Schwingungsrichtungen von Analysator und Polarisator parallel bleiben.

Schnitte parallel zur optischen Achse liefern kein klar deutbares Interferenzbild; die betreffenden Interferenzbilder ähneln entfernt jenen von optisch zweiachsigen Kristallen (S. 109).

Optisch isotrope Körper geben niemals Interferenzbilder, da hier ja alle Durchstrahlungsrichtungen Richtungen der Isotropie sind.

11. Bestimmung des Charakters der Doppelbrechung.

Unter Berücksichtigung der Lage der Schwingungsrichtungen kann die Bestimmung des Charakters der Doppelbrechung leicht mit Hilfe eines sogenannten *Kompensators* oder einer *Hilfsplatte* erfolgen:

Bei optisch positiven Kristallen entspricht nach der auf S. 80 gegebenen Definition jede radiale Schwingung (Schwingung im optischen Hauptschnitt) dem außerordentlichen Strahl ε, und ε ist hier größer als ω. Die zugehörige Fortpflanzungsgeschwindigkeit ist daher kleiner (oder $\mathfrak{c}'$), die tangentialen Schwingungen entsprechen damit dem Werte $\mathfrak{a}$. Wenn man eine Gipsplatte von einer Dicke, daß sie als Interferenzfarbe das Rot der I. Ordnung zeigt, als Hilfsplatte verwendet und bei bekannter Orientierung der Schwingungsrichtungen in der Aufhellungsstellung durch den über dem Objekt im Tubus des Konoskops angebrachten Schlitz so über das Präparat schiebt, wie in Abb. 84 angedeutet, kommen nun in den Interferenzbildquadranten I und III die rascheren Schwingungen der Gipsplatte über die langsameren des Präparates ($\mathfrak{a}$ über $\mathfrak{c}$) und die langsameren Schwingungen der Gipsplatte über die rascheren des Präparates ($\mathfrak{c}$ über $\mathfrak{a}$) zu liegen. Damit tritt eine einer Verdünnung der Platte entsprechende Veränderung des Gangunterschiedes ein; denn die langsamere Schwingung im Präparat wird zur schnelleren in der Hilfsplatte und umgekehrt. Diese Verringerung des Gangunterschiedes hat eine Herabsetzung der Interferenzfarbe zur Folge, die sich am auffälligsten darin äußert, daß im inneren Graufeld des Interferenzbildes anschließend an das durch die Doppelbrechungswirkung der Gipsplatte nun rote Interferenzfarben zeigende Hauptisogyrenkreuz anstatt rot die niedrigere gelbe Interferenzfarbe auftritt.

In den Quadranten II und IV muß das Umgekehrte eintreten; denn hier fallen nach Abb. 84 überall die rascheren Schwingungen

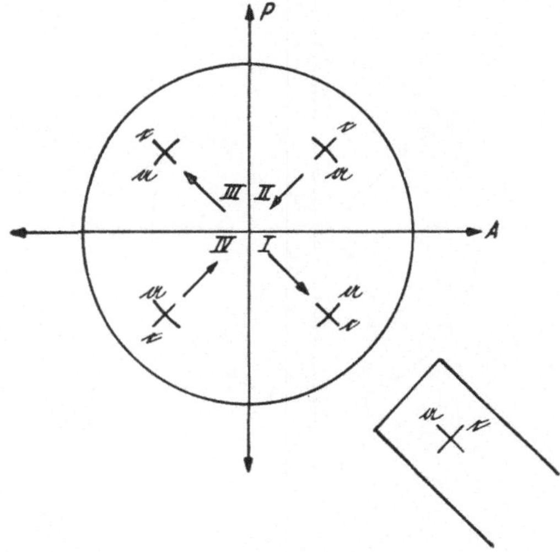

Abb. 84. Interferenzbild eines optisch positiv einachsigen Kristalles bei Verwendung einer Hilfsplatte oder eines Hilfskeiles von bekannter Orientierung. Die Hilfsplatte aus der Stellung von rechts unten über die Interferenzbildplatte geschoben.

im Präparat mit den rascheren in der Hilfsplatte zusammen und die langsameren mit den langsameren der Hilfsplatte. Der Gangunterschied vergrößert sich dadurch und die Interferenzfarben werden höher, d. h. sie schlagen im Graufeld am Isogyrenkreuz vom Rot der Hilfsplatte in das Blau um.

Bei optisch negativen Kristallen ist ε kleiner als ω. Die im Hauptschnitt erfolgenden, radialen Schwingungen ε' entsprechen somit der Fortpflanzungsgeschwindigkeit a', die tangentialen Schwingungen mit dem Brechungsexponenten ω der Fortpflanzungsgeschwindigkeit c (Abb. 85). Beim Einschieben der Hilfsplatte mit der üblichen Orientierung der Schwingungsrichtungen tritt nun in allen Quadranten das Umgekehrte wie im Fall der optisch positiven Kristalle ein. Im Graufeld des Interferenzbildes macht sich im I. und III. Quadranten durch Vergrößerung des Gangunterschiedes ein blauer Interferenzfarbenton bemerkbar, im II. und IV. Quadranten durch Verminderung des Gangunterschiedes ein gelber.

Vielfach wird an Stelle der Gipsplatte zur Bestimmung des optischen Charakters auch ein gleichartig orientierter Quarzkeil

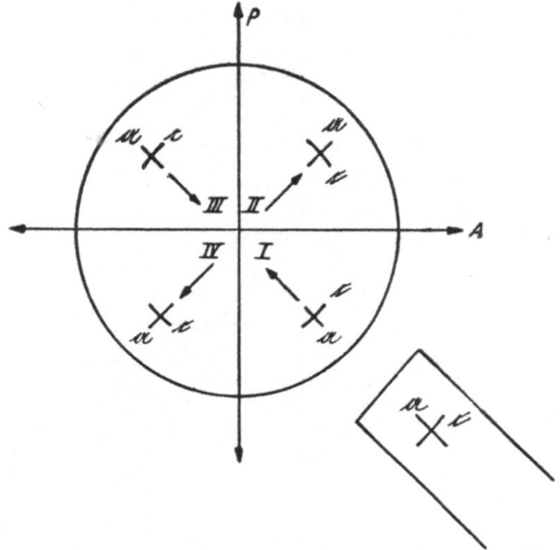

Abb. 85. Wie Abb. 84, aber optisch negativer Kristall.

verwendet. Die bei Verwendung eines Keiles stetige Zunahme oder Abnahme des Gangunterschiedes je nach der Überlagerung der Schwingungsrichtungen äußert sich dann im Falle einer Vergrößerung des Gangunterschiedes in einem Engerscharen der Isochromaten und ihrer Wanderung zum Zentrum des Interferenzbildes, oder bei einer Verringerung des Gangunterschiedes in einem Auseinandertreten der Isochromaten und damit einer Wegwanderung vom Zentrum; dies ist in Abb. 84 und 85 durch Pfeile angedeutet.

Durch Festlegung der Farbänderungen im Graufeld des Interferenzbildes oder durch Beobachtung der Veränderungen im Isochromatenbild kann somit bei Verwendung von Kompensatoren bekannter optischer Orientierung der optische Charakter eines optisch einachsigen Kristalles eindeutig festgelegt werden; das ist auch noch in Schnitten, die nicht völlig senkrecht zur optischen Achse stehen, möglich. Man muß in solchen Fällen nur über die Lage des im Gesichtsfeld befindlichen Quadranten in bezug auf das vollständige Achsenbild unterrichtet sein, d. h. man muß sich letzteres aus dem Verlauf der Hauptisogyrenbalken und Isochromaten ergänzen.

12. Zirkularpolarisation.

Gewisse optisch einachsige Kristalle erscheinen zwischen gekreuzten Nicols in Schnitten senkrecht zur optischen Achse nicht, wie man erwarten müßte, dunkel, sondern sie hellen das Gesichtsfeld in einer von der Dicke der Platte und der Kristallart abhängigen Farbe auf. Diese Aufhellung bleibt unverändert bei einer Drehung der Platte um die Plattennormale bestehen; eine Auslöschung, wie sie sonst für doppelbrechende Platten charakteristisch ist, tritt somit nicht ein. In Schnitten, die um mehrere Grade von der Schnittrichtung senkrecht zur optischen Achse abweichen, macht sich diese Erscheinung nicht mehr bemerkbar; solche Schnitte verhalten sich schon wie normal doppelbrechende Schnitte. Dieselbe Erscheinung ist auch bei einigen kubischen Kristallen zu beobachten, und zwar hier in allen Schnittlagen.

Bei dieser Erscheinung handelt es sich um die Zerlegung des vom Polarisator gelieferten, linear polarisierten Lichtstrahles in einen rechts- und einen linkssinnig kreisförmig polarisierten Strahl, die sich bei einachsigen Kristallen mit (nur wenig) verschiedener Geschwindigkeit in der Richtung der optischen Achse fortpflanzen und sich beim Austritt wieder zu einem linear polarisierten Strahl zusammensetzen. Da der eine Strahl gegenüber dem andern verzögert ist, kommt diese Zusammensetzung unter einem gewissen Gangunterschied zustande, der von dem Grad der Verzögerung des einen Strahls einerseits abhängt,[1] anderseits proportional zur Dicke der Platte ist. Die Folge dieses Gangunterschiedes ist das

---

[1] Die Differenz für die Geschwindigkeiten der beiden kreisförmig polarisierten Strahlen ist wie der Grad der Doppelbrechung für die Kristallart charakteristisch.

Auftreten von zu den Auslöschungsfarben komplementären Interferenzfarben. Weiterhin bewirkt diese Erscheinung, daß die Schwingungsebene des polarisierten Lichtes nach der erneuten Zusammenlegung gegenüber der ursprünglichen Schwingungsebene gedreht erscheint. Je nachdem, ob in der Kristallplatte der rechtssinnig kreisförmig polarisierte Strahl dem linkssinnig kreisförmig polarisierten Strahl vorauseilt oder ob es umgekehrt ist, erfolgt die Drehung der Schwingungsebene entweder nach rechts hin (im Uhrzeigersinn) oder nach links hin (entgegengesetzt dem Uhrzeigersinn). Dementsprechend unterscheidet man *rechtsdrehende* und *linksdrehende* Körper. Die ganze Erscheinung bezeichnet man als *Zirkularpolarisation*.

Wie in Abb. 86 angedeutet, ist die Drehung der Schwingungsebene für langwellige Strahlen stets wesentlich kleiner als für kurzwellige. Die Drehung der Schwingungsebene für die violetten Strahlen ist rund dreimal so stark als die für die roten Strahlen. Die Folge dieses verschiedenen Drehungsgrades ist, daß das Gesichtsfeld zwischen gekreuzten Nicols in einer bestimmten Farbe aufgehellt erscheint; denn Auslöschung tritt nur für jene Wellenlängen ein, für welche die Drehung der Schwingungsebene so stark ist (180°), daß sie wieder senkrecht auf der Analysatorschwingung steht. Bei verschiedener Dicke trifft dies für immer andere Wellenlängen zu; daher wechselt die Interferenzfarbe zirkular polarisierender Platten derselben Art mit der Dicke.

Einige Zahlenwerte für die Drehung von Platten von 1 mm Dicke:

λ	Quarz	Natriumchlorat
6900 Å	15,6°	2,2°
4000 Å	51,0°	7,2°

Verdunkelung zwischen gekreuzten Nicols kann bei zirkular polarisierenden Körpern in den entsprechenden Schnitten nur dann hervorgebracht werden, wenn man monochromatisches Licht verwendet und den Analysator so weit gegen die Ausgangsstellung verdreht, daß seine Schwingung senkrecht auf der gegen die Polarisatorschwingung gedrehten Schwingung der benutzten Wellenlänge steht. Auf diese Weise kann für Platten bekannter Dicke leicht der Grad der Drehung für die verschiedenen Wellenlängen bestimmt werden.

Zirkularpolarisation tritt nur in Kristallklassen ohne Symmetrieebenen auf, die enantiomorphe Formen aufweisen (S. 38). Sie muß nicht immer sehr auffällig sein; stets ist sie an eine besondere

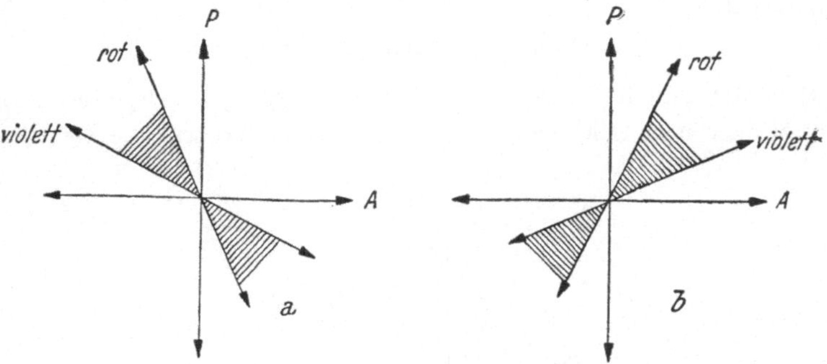

Abb. 86 a, b. Linksdrehung (a) und Rechtsdrehung (b) der Schwingungsebenen des Lichtes durch optisch aktive Körper.

Anordnung der Atome im Kristallgitter gebunden, nämlich an eine Anordnung in Form von rechts- oder linksgewundenen Schrauben. Ein Mineral von noch stärkerer Zirkularpolarisation als der *Quarz* ist z. B. der hexagonal kristallisierende *Zinnober* HgS. Auch Lösungen von organischen Molekülen können zirkularpolarisierend sein *(optisch aktive Lösungen)*. In diesen Lösungen ist die Erscheinung auf die Wirkung von rechts- oder linkssinnig gebauten Molekülen zurückzuführen.

Im Interferenzbild optisch einachsiger Kristalle macht sich die Zirkularpolarisation dadurch geltend, daß das Hauptisogyrenkreuz bei genügender Dicke des Präparates im Zentrum unterbrochen ist (dem kleinen wirksamen Winkelbereich der Zirkularpolarisation entsprechend; Abb. 87). Das Zentralfeld erscheint in derselben Interferenzfarbe wie die Platte im parallelen, polarisierten Licht.

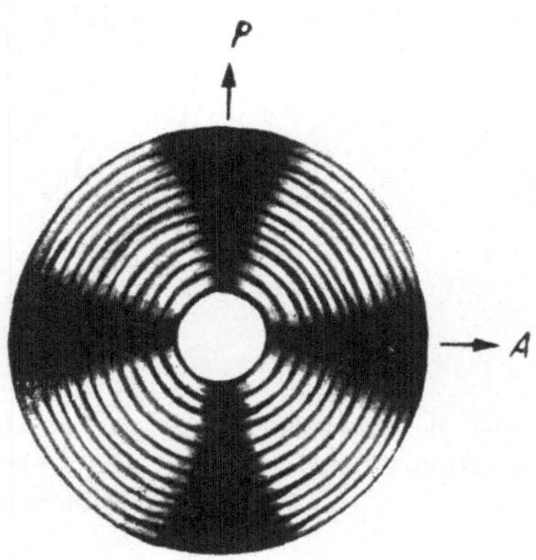

Abb. 87. Interferenzbild eines zirkular polarisierenden, optisch einachsigen Kristalles im Schnitt senkrecht zur optischen Achse.

Auch bei optisch zweiachsigen Kristallen tritt in einzelnen Fällen Zirkularpolarisation in der Richtung der optischen Achsen auf. Nur ist sie hier aus verschiedenen Gründen viel schwieriger nachweisbar.

13. Optisch zweiachsige Kristalle.

Bei den niedriger symmetrischen Kristallen (rhombisches, monoklines und triklines System) hat die Indikatrix die Gestalt

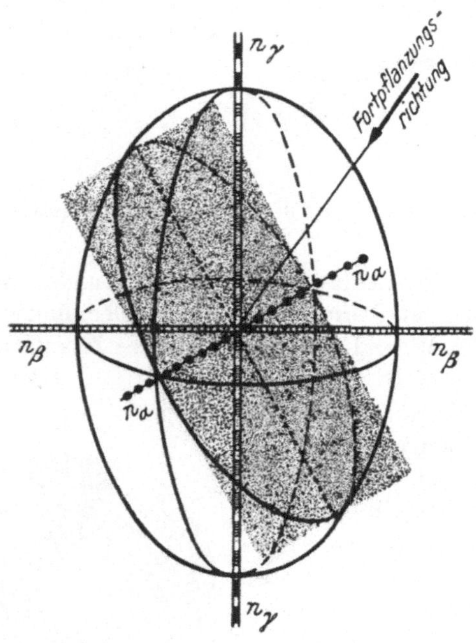

Abb. 88. Dreiachsiges Ellipsoid als Indikatrix optisch zweiachsiger Kristalle. n_α, n_β und n_γ Schwingungsrichtungen der Strahlen mit den Hauptbrechungsexponenten (*Elastizitäts-achsen*) (nach P. NIGGLI).

eines *dreiachsigen Ellipsoides*. Dieses ist durch drei ungleichwertige, aufeinander senkrecht stehende Achsen gekennzeichnet, von denen zwei den Schwingungen der Strahlen mit kleinstem (n_α) und größtem (n_γ) Brechungsindex entsprechen; die dritte dem mittleren Brechungsexponenten n_β (oder einfach β). n_β stellt aber nicht das arithmetische Mittel zwischen n_α und n_γ dar. n_β liegt einmal näher bei n_α, einmal näher bei n_γ; das hängt von der besonderen Form der Indikatrix ab. Die drei Haupt-

achsen des Ellipsoides werden auch als *Elastizitätsachsen* bezeichnet. Der in Abb. 88 angedeutete Schnitt durch die Indikatrix,
der die Richtungen n_α und n_γ enthält, wird als *optische Achsenebene* bezeichnet, die Richtung senkrecht dazu (n_β) als die *optische
Normale*. In Abb. 89 sind für die wichtigen Schnittlagen senkrecht
zu den drei Achsen des Ellipsoides die Schwingungsrichtungen
angegeben. Schnitte durch das
Zentrum eines dreiachsigen Ellipsoides sind wie beim Rotationsellipsoid im allgemeinen elliptische
Schnitte. Die zu jeder Fortpflanzungsrichtung gehörigen Schwingungsrichtungen findet man aus
der Indikatrix, indem man den
zur Fortpflanzungsrichtung senkrecht stehenden elliptischen Schnitt
aufsucht (Abb. 88); dessen Ellipsenachsen entsprechen den Schwingungsrichtungen des betreffenden
Strahles. Zwei der Schnitte durch
das Zentrum des dreiachsigen Ellipsoides, die symmetrisch zu den
Richtungen der Hauptbrechungsexponenten n_α und n_γ gelegen sind,
sind, wie Abb. 90 zeigt, Kreisschnitte. Diese Kreisschnitte liegen
senkrecht zur optischen Achsenebene. Strahlen, die sich senkrecht
zu diesen Kreisschnitten fortpflan

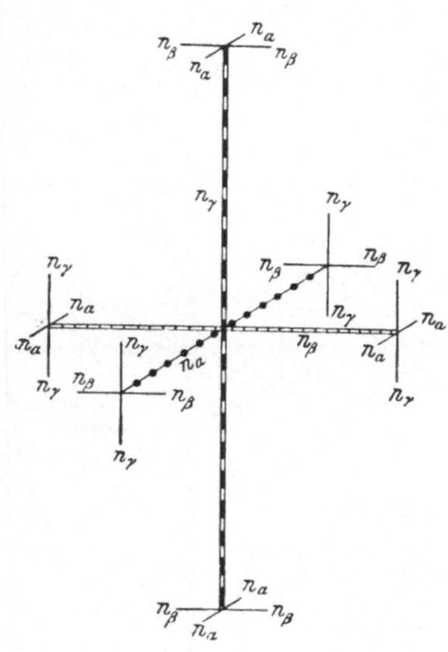

Abb. 89. Schwingungsrichtungen für
die Fortpflanzungsrichtungen parallel
zu den Achsen der Indikatrix von optisch zweiachsigen Kristallen (nach P.
NIGGLI).

zen, erleiden keine Doppelbrechung, alle Schwingungsrichtungen
im Kreisschnitt entsprechen hier dem Brechungsexponenten n_β.
Man bezeichnet diese Normalen zu den Kreisschnitten des
Ellipsoides als *optische Achsen*. Da zwei Kreisschnitte vorliegen,
gibt es zwei optische Achsen; die derartige optische Verhältnisse
zeigenden Kristalle bezeichnet man daher als *optisch zweiachsig*.
Den Winkel, den die optischen Achsen miteinander einschließen,
bezeichnet man als den *optischen Achsenwinkel 2 V* (Abb. 91).
Es wird immer der spitze Achsenwinkel angegeben. Die Winkelhalbierenden des spitzen und stumpfen Achsenwinkels heißen

Mittellinien; die Halbierende des spitzen Achsenwinkels die *spitze* oder *I. Mittellinie (Bisektrix)*, die andere die *stumpfe oder II. Mittellinie*. Die Mittellinien sind somit die Richtungen der größten und kleinsten Elastizitätsachse der Indikatrix. Der optische Achsenwinkel wechselt von Kristallart zu Kristallart und ist auch für Änderungen in der chemischen Zusammensetzung einer Kristallart (in isomorphen Mischkristallreihen) sehr empfindlich, ebenso gegen Einwirkung von Temperatur und Druck.

Die Mittellinien n_γ und n_α und die optischen Achsen liegen nach Abb. 91 in der optischen Achsenebene.

Als optisch positiv bezeich-

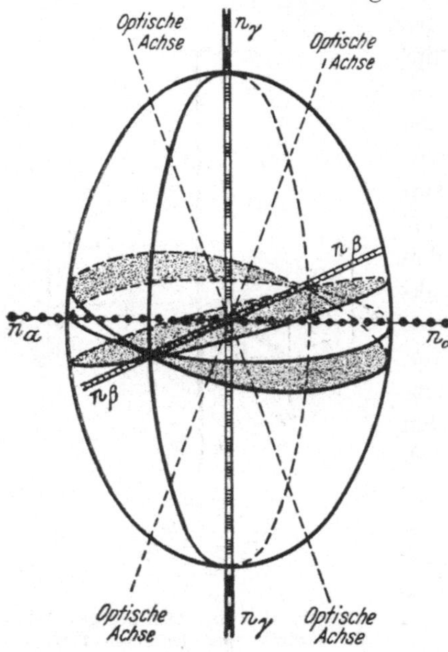

Abb. 90. Die Kreisschnitte durch die Indikatrix optisch zweiachsiger Kristalle und die Lagen der optischen Achsen (nach P. NIGGLI).

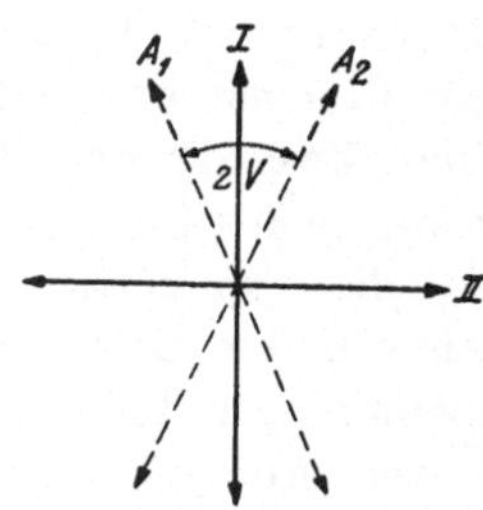

Abb. 91. Lage der optischen Achsen A_1 und A_2 und der Mittellinien I und II in der optischen Achsenebene; diese fällt mit der Zeichenebene zusammen.

net man einen optisch zweiachsigen Kristall dann, wenn die spitze Mittellinie die Schwingungsrichtung des Strahles von kleinster Fortpflanzungsgeschwindigkeit ($\mathfrak{c}$) *und dementsprechend größtem Brechungsexponenten* (n_γ) *ist:*

I. Mittellinie $= \mathfrak{c} = n_\gamma$, optisch positiv.

Als optisch negativ bezeichnet man einen optisch zweiachsigen Kristall dann, wenn die spitze Mittellinie die Schwingungsrichtung des Strahles von größter Fortpflanzungsgeschwindigkeit ($\mathfrak{a}$) *und dementsprechend kleinstem Brechungsexponenten* (n_α) *ist:*

I. Mittellinie $= \mathfrak{a} = n_\alpha$, optisch negativ.

Schnitte senkrecht zu einer optischen Achse von optisch zweiachsigen Kristallen erscheinen aber im parallelen polarisierten
Licht zwischen gekreuzten Nicols im Gegensatz zu den Achsen-
schnitten von einachsigen Kristallen niemals vollständig dunkel,
sondern sie sind aufgehellt, und diese Aufhellung verschwindet
auch bei Drehung um die Plattennormale nicht. Für derartige
Schnitte gibt es also keine Auslöschungsstellung. Dieses Ver-

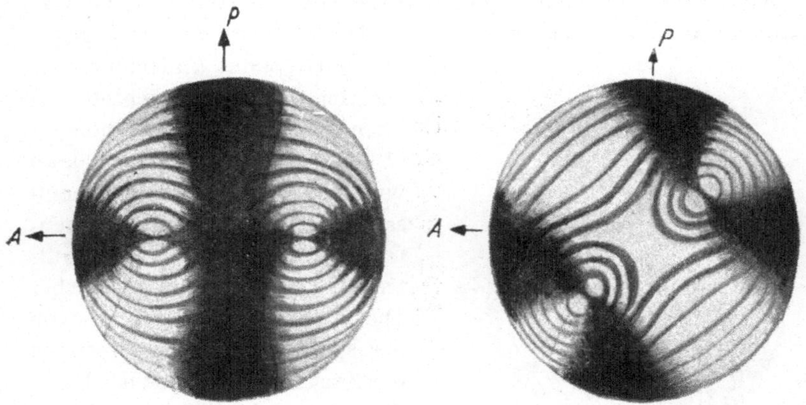

Abb. 92. Interferenzbild eines optisch zweiachsigen Kristalles im Schnitt senk-recht zur I. Mittellinie; Normalstellung.

Abb. 93. Wie Abb. 92, jedoch Diagonal-stellung.

halten hängt mit dem komplizierten Aufbau der zweischaligen
optischen Bezugsflächen, z. B. der Strahlengeschwindigkeitsfläche
zusammen.

In Schnitten parallel zur optischen Achsenebene mit den
Schwingungsrichtungen n_γ und n_α treten die höchsten, für die
Doppelbrechung des Kristalles charakteristischen Interferenz-
farben auf.

Das im konvergenten Licht bei zweiachsigen Kristallen erscheinende Interferenzbild ist dem komplizierteren und weniger
symmetrischen optischen Aufbau entsprechend bei keiner Durchstrahlungsrichtung mehr zentrosymmetrisch. Die klarsten Interferenzbilder liefern Schnitte senkrecht zur spitzen Mittellinie und
solche senkrecht zu einer optischen Achse.

Abb. 92 gibt das Interferenzbild eines optisch zweiachsigen
Kristalles senkrecht zur spitzen Mittellinie schematisch wieder,

und zwar für den Fall, daß die Schwingungsrichtungen in der Kristallplatte mit den Schwingungsrichtungen von Polarisator und Analysator zusammenfallen. Man bezeichnet diese Stellung als *Normalstellung*. Das Isogyrenkreuz besteht aus einem breiten und einem schmalen Balken; beide Balken sind nach außen verbreitert. Der schmale Balken entspricht der optischen Achsenebene, auf der der Schnitt ja senkrecht steht. Die isochromatischen Kurven sind zweiseitig um die Achsenaustrittsstellen A_1 und A_2 entwickelt. Die innersten Kurven sind eiförmig mit der Spitze gegen den Mittelpunkt (Mittellinie) des Interferenzbildes gerichtet, die isochromatischen Kurven höherer Ordnung vereinigen sich dann von beiden Seiten her zu gemeinsamen, eingedrückten Kurven. Ob isochromatische Kurven auftreten oder nicht und in welcher Dichte, das hängt wieder von der spezifischen Doppelbrechung der Kristallart und von der Dicke der Platte ab. Wird die Platte um ihre Normale gedreht, so erleidet das skizzierte Interferenzbild unter Auflösung des Hauptisogyrenkreuzes in zwei Hyperbeln eine allmähliche Veränderung, die nach einer Drehung um 45° in der sogenannten *Diagonalstellung* am ausgeprägtesten ist. Die Scheitelpunkte der Hyperbelbalken stellen die Austrittsstellen der optischen Achsen dar (Abb. 93). Um diese Punkte ordnen sich wieder die isochromatischen Kurven an. Die Entfernung der Hyperbelscheitelpunkte, die bei Verwendung eines bestimmten optischen Systems von der Dicke der Platte unabhängig ist, wird zur Bestimmung des optischen Achsenwinkels verwendet. Je größer dieser ist, desto weiter treten die Hyperbelbalken in der Diagonalstellung auseinander.

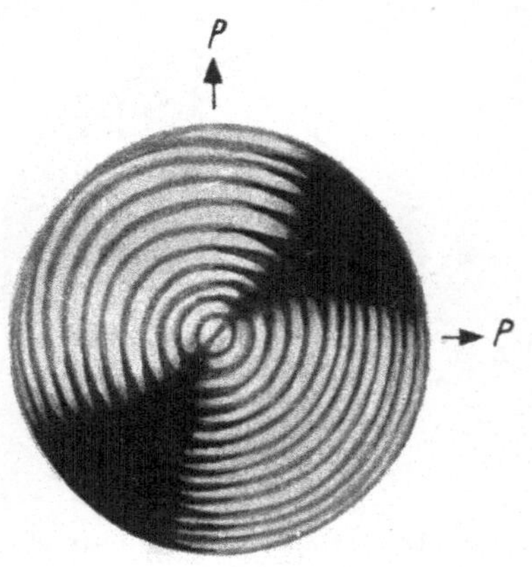

Abb. 94. Interferenzbild eines Schnittes senkrecht zu einer optischen Achse eines optisch zweiachsigen Kristalles.

Im Schnitt senkrecht zu einer optischen Achse haben die Isoheromaten fast kreisförmige Gestalt. Das Isogyrenbild ist durch einen einzigen, nach außen hin beiderseits verbreiterten Balken gegeben (Abb. 94); dieser erscheint entweder gestreckt oder je

nach der Stellung und je nach der Größe des optischen Achsenwinkels mehr oder weniger gekrümmt. Beim Drehen des Präparates
dreht sich nämlich auch dieser Balken im entgegengesetzten
Sinne um seinen Scheitel (Abb. 95). Die Isogyre zeigt die stärkste
Krümmung in der Diagonalstellung; wenn sie parallel zur Polarisator- oder Analysatorschwingung steht, erscheint sie gestreckt.
Auch die Stärke der Krümmung der Isogyre in der Diagonalstellung ist ein Maß für die Größe des optischen Achsenwinkels.
Dieser ist um so kleiner, je stärker gekrümmt die Isogyre in der
Diagonalstellung erscheint.

Die Bestimmung des optischen Charakters erfolgt auch bei
zweiachsigen Kristallen mit Hilfe von Hilfsplatten oder Kompensatoren. Dazu werden die Interferenzbilder der beiden geschil

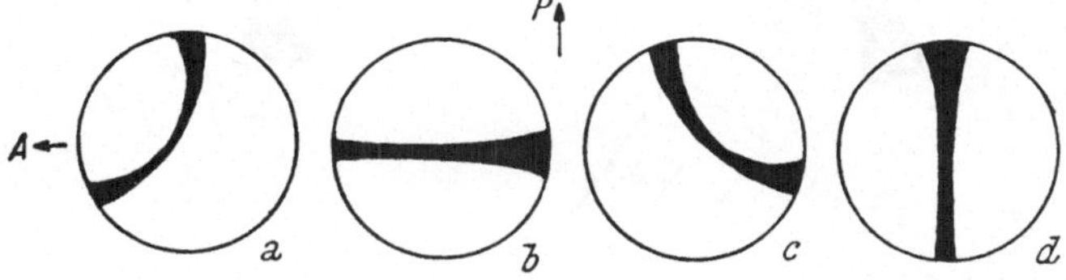

Abb. 95 a—d. Verschiedene Stellungen des Isogyrenbalkens beim Drehen eines Schnittes
senkrecht zu einer optischen Achse eines optisch zweiachsigen Kristalles um die Plattennormale zwischen gekreuzten Nicols.

derten Schnittlagen meist in der Diagonalstellung verwendet.
Bei Verwendung der Gipsplatte vom Rot I. Ordnung ist wieder
die Verfärbung des Graufeldes innerhalb der Isochromaten an
den Isogyrenscheiteln zu beachten. Bei optisch positiven Kristallen
liegen bei der in Abb. 96 skizzierten Stellung die Gelbflecke an
der von der Mittellinie abgekehrten Seite der Isogyrenscheitel,
die Blauflecke an der der Mittellinie zugekehrten Seite. Bei
optisch negativen Kristallen ist es umgekehrt (Abb. 97). Bei
Verwendung des in der üblichen Weise orientierten Keilkompensators wandern bei seinem Einschieben in den Schlitz des Mikroskops über dem Objekt mit zunehmender Dicke die Isochromaten
bei positiven Kristallen von der ersten Mittellinie weg, bei optisch
negativen Kristallen auf sie zu, und zwar gilt das für die rechte
untere und die linke obere Hälfte des Interferenzbildes; dies ist
in den Abb. 96 und 97 durch Pfeile angedeutet. Die in diesen
Abbildungen angegebenen Stellungen sind streng einzuhalten, es

darf nicht etwa die um 90° verwendete Diagonalstellung eingestellt werden, sonst treten mit den Hilfsplatten die umgekehrten Effekte auf. Die Schwingung a des Kompensators muß also immer mit der Verbindungslinie der Hyperbelscheitelpunkte, die die Lage der optischen Achsenebene angibt, zusammenfallen.

Bei Schnitten senkrecht zu einer optischen Achse ist die Er-

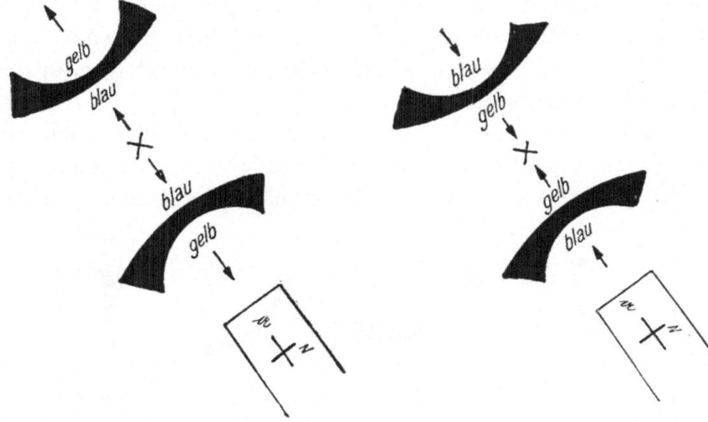

Abb. 96. Interferenzbild eines optisch zweiachsig positiven Kristalles im Schnitt senkrecht zur I. Mittellinie bei Verwendung einer Hilfsplatte oder eines Hilfskeiles. Austrittsstelle der Mittellinie.

Abb. 97. Wie Abb. 96, aber für zweiachsig negative Kristalle.

scheinung prinzipiell gleich. Man verwendet dieselbe Diagonalstellung und kann sich dann immer leicht vorstellen, nach welcher Richtung hin die Austrittsstelle der I. Mittellinie liegen muß. Auch Schnitte, die von den skizzierten Schnittlagen nicht allzu stark abweichen, können gut zur Bestimmung des optischen Charakters verwendet werden.

Schnitte senkrecht auf die stumpfe Mittellinie geben grundsätzlich dasselbe Interferenzbild wie die Schnitte senkrecht zur spitzen Mittellinie, nur ist das Isogyrenkreuz stark verbreitert und dieses selbst sowie auch die isochromatischen Kurven sind stark verschwommen. Bei der Drehung aus der Normalstellung öffnet sich das Kreuz sehr rasch und schon nach geringer Drehung verschwinden, der Größe des stumpfen Achsenwinkels entsprechend, die Isogyren aus dem Gesichtsfeld, innerhalb dessen sie in der Diagonalstellung niemals zu beobachten sind. Der optische Charakter der stumpfen Mittellinie ist naturgemäß entgegengesetzt zu dem der spitzen Mittellinie, die für den optischen Charakter des Kristalles selbst maßgeblich ist.

Die Schnitte parallel zur optischen Achsenebene geben ein stark verwaschenes Interferenzbild ähnlich dem von optisch einachsigen Kristallen in Schnitten parallel zur optischen Achse; ein solches Interferenzbild ist schwierig zu deuten.

14. Optische und kristallographische Orientierung bei optisch zweiachsigen Kristallen.

Auf S. 76 wurde auseinandergesetzt, daß bei optisch einachsigen Kristallen die optische Achse, also die Hauptachse des Rotationsellipsoides, mit der kristallographischen Hauptachse Z zusammenfällt.

Die optischen Verhältnisse müssen auch bei optisch zweiachsigen Kristallen mit der Symmetrie der Kristalle im Einklang stehen. Daher fallen im rhombischen Kristallsystem die beiden Mittellinien und die optische Normale, also die Hauptachsen des dreiachsigen Ellipsoides, mit den drei aufeinander senkrecht stehenden, zweizähligen Symmetrieachsen des rhombischen Achsenkreuzes zusammen. Die optische Achsenebene entspricht hiermit einer der drei Symmetrieebenen. Die beiden optischen Achsen liegen in dieser Symmetrieebene symmetrisch zu den in ihr enthaltenen zweizähligen Symmetrieachsen.

Bei monoklinen Kristallen liegt die optische Achsenebene entweder parallel oder senkrecht zur Symmetrieebene des monoklinen Achsenkreuzes. Im ersteren Falle entspricht die optische Normale der zweizähligen Symmetrieachse des monoklinen Achsenkreuzes, während die Mittellinien und die optischen Achsen irgendwie in der dazu senkrechten Symmetrieebene liegen; im letzteren Falle fällt entweder die spitze oder die stumpfe Mittellinie mit der zweizähligen Symmetrieachse zusammen, die andere Mittellinie und die optische Normale liegen in der dazu senkrechten Symmetrieebene, die beiden optischen Achsen rechts und links symmetrisch zur Symmetrieebene.

Da trikline Kristalle weder Symmetrieachsen noch Symmetrieebenen besitzen, können hier die Hauptrichtungen des dreiachsigen Ellipsoides beliebig liegen.

Die optischen Hauptrichtungen zweiachsiger Kristalle müssen

nur dann für alle Wellenlängen gleich liegen, wenn dies die Symmetrie des Kristalles erfordert. Im anderen Falle spricht man von einer *Dispersion der optischen Hauptrichtungen*.

a) Es kann z. B. der optische Achsenwinkel für die verschiedenen Wellenlängen verschieden sein *(Dispersion des optischen Achsenwinkels)*, dann haben die optischen Achsen für die verschiedenen Wellenlängen verschiedene Lagen; das ist sowohl im rhombischen wie auch im monoklinen und triklinen Kristallsystem möglich, denn die optischen Achsen zweiachsiger Kristalle fallen nicht mit Symmetrieachsen zusammen. Dabei kann der

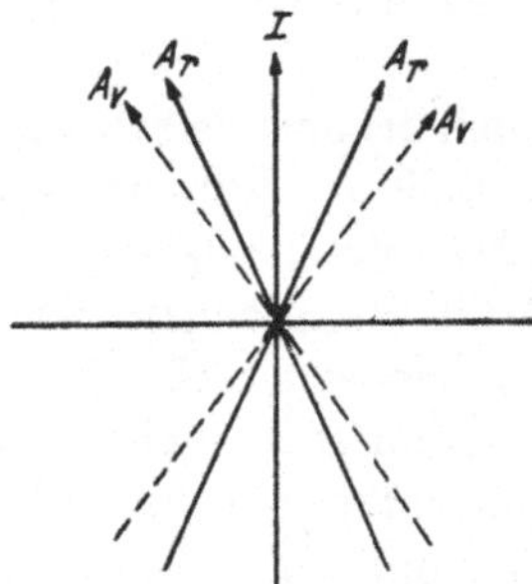

Abb. 98. Dispersion des optischen Achsenwinkels $v > r$.

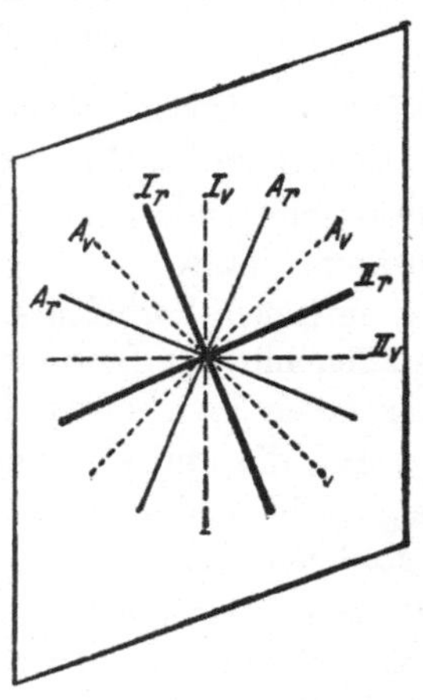

Abb. 99. Geneigte Dispersion der Mittellinien I und II.

Achsenwinkel für die langwelligen Strahlen (rot $= r$) größer sein als für die kurzwelligen (violett $= v$) oder umgekehrt ($v > r$ oder $r > v$) (Abb. 98). Der Achsenwinkel für bestimmte Wellenlängen kann sogar 0° sein; dann sind die Kristalle für die betreffende Wellenlänge optisch einachsig. Starke Dispersion des optischen Achsenwinkels gibt wie andere Formen der Dispersion, so z. B. wie die Dispersion der Doppelbrechung, Anlaß zu sogenannten anomalen Interferenzbildern und auch zu anomalen Erscheinungen im parallelen polarisierten Licht.

b) Es können die Mittellinien dispergiert sein. Das ist bei rhombischen Kristallen nicht möglich, weil hier die Mittellinien mit den Symmetrieachsen zusammenfallen und daher für die verschiedenen Farben nicht gegeneinander geneigt sein können. Diese Dispersion der Mittellinien ist ohne weiteres möglich bei triklinen Kristallen, bei monoklinen Kristallen aber nur dann, wenn die optische Achsenebene parallel zur Symmetrieebene liegt. Man spricht in diesem Falle von der *geneigten Dispersion der Mittellinien* (Abb. 99).

c) *Dispersion der Achsenebene.* Eine schiefe Kreuzung der optischen Achsenebenen (Abb. 100a) für die verschiedenen

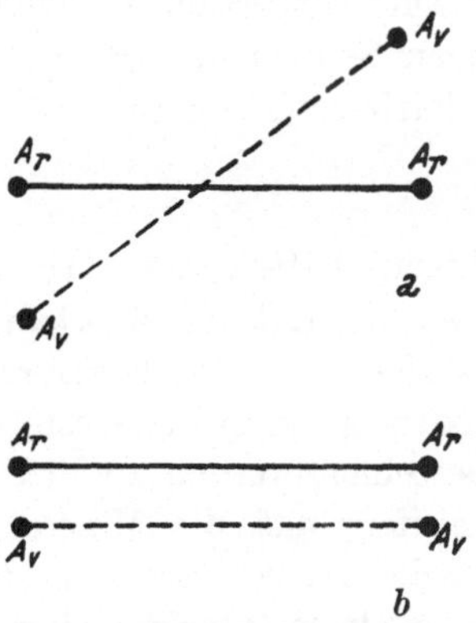

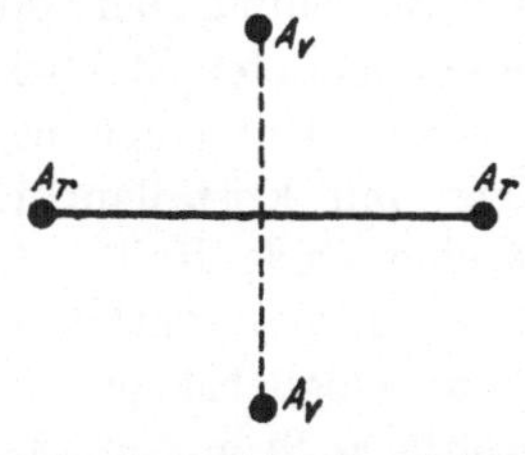

Abb. 100. a Gekreuzte Dispersion der Achsenebene, b horizontale Dispersion der Achsenebene.

Abb. 101. Senkrecht gekreuzte Dispersion der Achsenebene.

Wellenlängen kann bei triklinen Kristallen auftreten, bei monoklinen Kristallen nur dann, wenn die optische Achsenebene senkrecht zur Symmetrieebene des monoklinen Achsenkreuzes steht. Bei rhombischen Kristallen ist, da die Achsenebene mit einer der drei aufeinander senkrechten Symmetrieebenen zusammenfallen muß, nur senkrecht gekreuzte Dispersion der optischen Achsenebene (Abb. 101) möglich; auch diese gibt Anlaß zu besonderen Erscheinungen im Interferenzbild.

Die *gekreuzte Dispersion* der *Achsenebenen* ist immer mit der *horizontalen Dispersion der Achsenebene* (Abb. 100b) um die

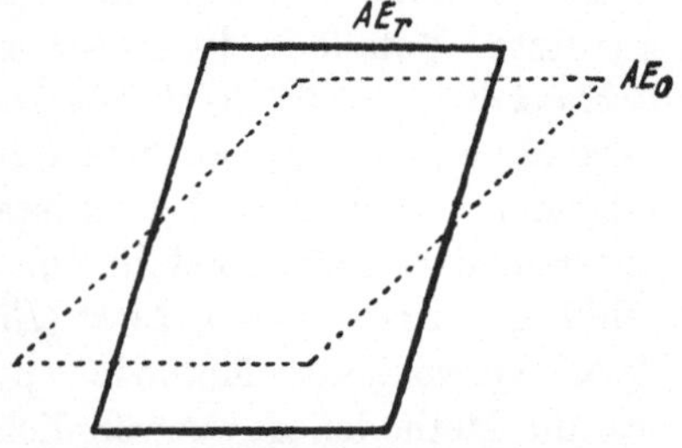

Abb. 102. Zwangsläufige Verbindung von gekreuzter und horizontaler Dispersion der Achsenebene.

andere Mittellinie verbunden, wie dies aus Abb. 102 hervorgeht.

Alle übrigen Dispersionen können mit der Dispersion des Achsenwinkels verbunden sein. Am besten können die verschiedenen Formen der Dispersionen in den Interferenzbildern beob-

achtet werden. Die verschiedenen Formen der Dispersionen
können, wenn die kristallmorphologischen Untersuchungen aus
irgendwelchem Grund versagen, zur Bestimmung des Kristallsystems mit herangezogen werden. Die Dispersionen erkennt
man im Interferenzbild an den farbigen Säumen der Hyperbelbalken und an der asymmetrischen Farbverteilung in den isochromatischen Kurven.

Die Erforschung der optischen Eigenschaften der Kristalle
gibt uns einen tiefen Einblick in das Wesen der Kristalle überhaupt.
Die optische Untersuchung der Mineralien und die Erkennung
derselben mit kristalloptischen Methoden spielt in der Gesteinskunde eine große Rolle. Aus den Gesteinen werden zu diesem
Zweck so dünne Platten herausgeschliffen, daß die Mineralien
nicht nur möglichst gut lichtdurchlässig werden, sondern daß
gleichzeitig auch gut unterscheidbare, niedrige Interferenzfarben
erreicht werden. Die Schliffdicke beträgt dann nur wenige Hun-
dertstel Millimeter; Kristalle von einer Doppelbrechung $\gamma - \alpha \sim$
0,01 (Quarz, Feldspäte) zeigen dann als höchste Interferenzfarbe das Weiß niedriger Ordnung.

Sofern es sich um Mineralien handelt, die auch in sehr dünnen
Schliffen undurchsichtig oder opak bleiben — das ist bei sehr
vielen Erzmineralien der Fall, die bei metallischem Glanz vollkommen undurchsichtig und die Träger der vom Menschen
genutzten Metalle in der Natur sind —, muß an Stelle der *Durch-
lichtmikroskopie* die *Auflichtmikroskopie* treten. Solche Gesteine
oder Mineralien oder auch Metallproben können nicht im durchfallenden Licht auf ihre kristalloptischen Eigentümlichkeiten
untersucht werden, sondern nur in Form von glattpolierten An-
schliffen im *reflektierten Licht* (*Erz-* oder *Metallmikroskopie*). Die
dabei verwendeten Methoden passen sich denselben Zielen an
wie die Methoden der gewöhnlichen Kristallmikroskopie. In das
Mikroskop wird für derartige Untersuchungen ein sogenannter
Opakilluminator eingebaut, der Licht auf den polierten Anschliff
wirft, das als reflektiertes Licht den Weg durch das Okular in
das Auge findet; die Untersuchungen stützen sich also in diesem
Falle nicht auf das durchgehende (gebrochene), sondern auf das
reflektierte Licht.

IV. Kristallchemie.

A. Aus der Kristallstrukturtheorie; Beschreibung der Raumgitter.

Die Beobachtung, daß Kalkspatkristalle beim Zerschlagen ohne Rücksicht auf ihre mannigfaltige Kristallgestalt im Rahmen der Symmetrie der trigonal skalenoedrischen Klasse immer in gleichgestaltete Spaltungsrhomboeder zerfallen, brachte im Jahre 1770 den schwedischen Forscher T. BERGMANN zur Auffassung, daß die kleinsten Baueinheiten der Kristalle (Moleküle oder kleinste Molekülgruppen) selbst schon eine der Spaltform entsprechende polyedrische Gestalt besitzen müßten. BERGMANN und dann vor allem der französische Forscher R. J. HAÜY dehnten diese Vorstellung auf die gesamte Kristallwelt aus. Sie nahmen an, daß alle Kristalle aus kleinsten, kongruenten, lückenlos aneinandergereihten, polyedrischen Bausteinen von einer für jede Kristallart charakteristischen Gestalt bestünden. Durch diese Aufbautheorie der Kristalle ließen sich schon sehr gut die zu Beginn des 19. Jahrhunderts erkannten kristallographischen Grundgesetze erklären.

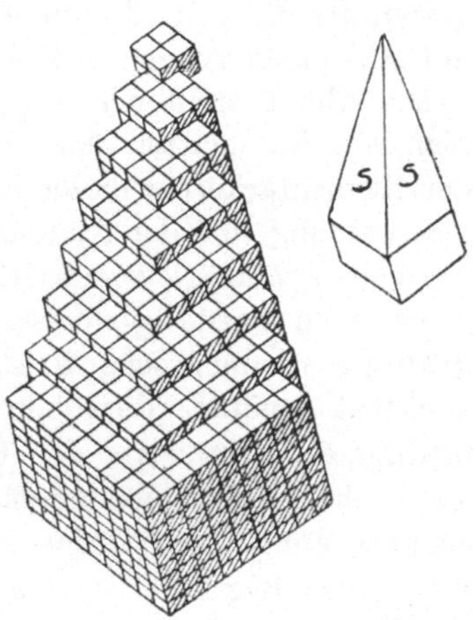

Abb. 103. Aufbau eines steilen Skalenoeders aus kleinsten, flacheren Spaltrhomboedern.

Wie sich BERGMANN und HAÜY den Aufbau eines steilen Kalkspatskalenoeders aus kleinsten Einheiten von der Gestalt des Spaltrhomboeders vorstellen, geht aus Abb. 103 hervor.

Diese um die Wende des 18. und 19. Jahrhunderts herrschende Auffassung mußte unter dem Druck der physikalischen Erkenntnisse über den Aufbau der Materie im 19. Jahrhundert nach und nach abgeändert werden. Es erschien vor allem die lückenlose Aneinanderreihung der kleinsten Materieteilchen zu festen Körpern mit den physikalischen Erkenntnissen nicht verträglich; so dachte man sich schließlich die gesetzmäßig angeordneten Polyeder durch ihre Schwerpunkte unter Beibehaltung der gesetzmäßigen

Anordnung ersetzt. Damit kam man zur Vorstellung des *Raumgitters*; dieser Begriff wurde erstmalig von L. A. SEEBER in Freiburg im Jahre 1824 streng gekennzeichnet. Nach der SEEBERschen Raumgittertheorie befinden sich die kleinsten Kristallbausteine, durch gesetzmäßige Abstände voneinander getrennt, in Gleichgewichtslagen, die durch die zwischen ihnen wirkenden anziehenden und abstoßenden Kräfte bestimmt sind; d. h. die kleinsten Bausteine befinden sich an den Schnittpunkten dreier Scharen paralleler, durch gleiche Abstände voneinander getrennter Ebenen. Damit war der Begriff des *Raumgitters*, der auf S. 6 näher gekennzeichnet wurde, eindeutig festgelegt.

Die Abb. 5 stellt den allgemeinsten Typus eines sogenannten *einfachen* Raumgitters dar. Die verschiedenen Symmetrieformen der Elementarkörper dieser Raumgitter sind in Abb. 22 in Übereinstimmung mit der Systemsymmetrie dargestellt; danach gibt es sieben symmetrieverschiedene Raumgittertypen. Da innerhalb eines jeden Kristallsystems in den meroedrischen Klassen noch niedriger symmetrische Kristallformen auftreten, sah man sich zunächst genötigt, diese niedrigeren Symmetrieformen aus der niedrigeren Symmetrie der Gitterbausteine selbst zu erklären; als solche Gitterbausteine mußte man Moleküle oder Molekülgruppen annehmen. Gegen die Mitte des 19. Jahrhunderts aber wurde der Begriff der *zusammengesetzten Raumgitter* geschaffen. Ein Punkt des einfachen Gitters wurde ersetzt durch eine größere oder geringere Anzahl von Punkten, die in ihrer Verteilung, ohne die geometrische Symmetrie des Elementarkörpers zu ändern, infolge ihrer eigenen Punktgruppensymmetrie weitere, in den Rahmen der Systemsymmetrie fallende, niedrigere Symmetriearten der Punktverteilung zulassen. Die an Stelle eines Punktes des einfachen Gitters tretenden Punktgruppen wiederholen sich selbst durch das ganze Gitter immer wieder in gleichem Aufbau und gleicher Orientierung. Derartig aufgebaute Raumgitter nennt man zusammengesetzte (Abb. 106); in einem solchen erscheinen wenige oder viele kongruente einfache Gitter parallel ineinandergeschoben.

Nach Einführung dieser Vorstellung erfuhr in der zweiten Hälfte des 19. Jahrhunderts die Raumgittertheorie ihren abschließenden Ausbau zur kristallographischen Strukturtheorie. E. v. FEDOROW (1887) und A. SCHÖNFLIES (1891) zeigten schließlich unabhängig voneinander, daß mit dem Begriff des zusammengesetzten Raumgitters 230 symmetrieverschiedene Gitter verträglich sind, die man als *Raumsysteme* oder *Raumgruppen* bezeichnet. Jeder Kristallklasse müssen eine größere oder kleinere Anzahl von symmetrieverschiedenen Raumgruppen zugeordnet werden, die dieselbe der Klassensymmetrie entsprechende Kristallsymmetrie ergeben.[1] Für die Punktverteilung der zusammengesetzten Raumgitter wurden zusätzliche Symmetrieelemente aufgedeckt; z. B.

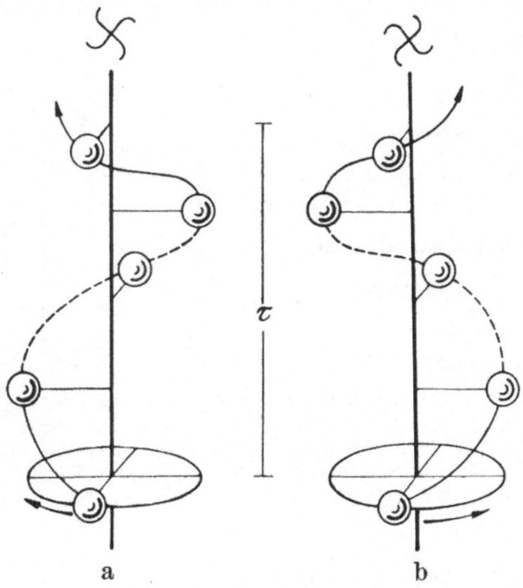

Abb. 104 a, b. Rechts- und linkssinnige vierzählige Schraubenachsen (nach RAAZ-TERTSCH).

können an die Stelle von Drehachsen sogenannte *Schraubenachsen* treten, an Stelle von Symmetrieebenen sogenannte *Gleitspiegelebenen*. In Abb. 104 ist eine rechts- und eine linkssinnige vierzählige Schraubenachse schematisch dargestellt. Ein im Makrokristall in bestimmter Richtung verlaufendes Symmetrieelement ist im unabgegrenzten Raumgitter stets durch eine Parallelschar von solchen Symmetrieelementen oder von Raumgittersymmetrieelementen, die mit bestimmten Symmetrieelementen des Makrokristalls gleichwertig sind, ersetzt. So können z. B. an Stelle von Symmetrieachsen im Raumgitter Parallel-

---

[1] Das Raumgittersymbol ergibt sich aus dem Klassensymbol (Tab. 1, S. 28) durch Hinzusetzen einer Indexziffer, z. B. V_h^1, $V_h^2 \ldots V_h^{16}$.

scharen von Schraubenachsen auftreten. Einen Ausschnitt aus einer Netzebene eines Raumgitters mit den auf ihr senkrecht stehenden Parallelscharen von Symmetrieelementen gibt Abb. 105.

Ein zusammengesetztes Gitter kommt durch die Ineinanderstellung einer wechselnden Anzahl kongruenter einfacher Gitter zustande (Abb. 106). Während die Elementarzelle des einfachen Gitters außer den acht Eckpunkten kein weiteres Massenelement besitzt, enthält die Elementarzelle eines zusammengesetzten

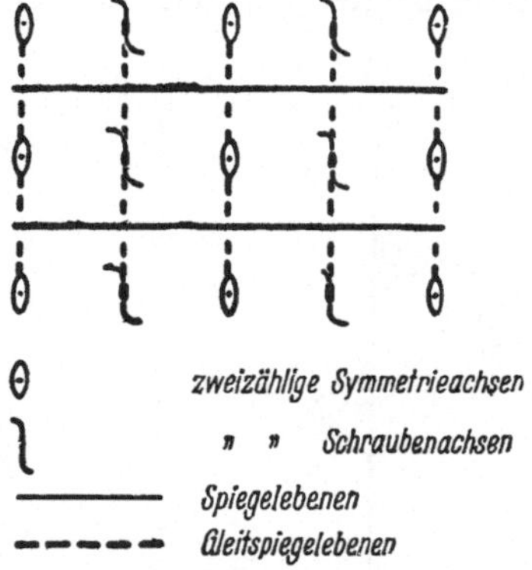

Abb. 105. Verteilung der Symmetrieelemente im Raumgitter; am Makrokristall stehen in diesem Fall auf der Zeichenebene eine zweizählige Symmetrieachse und zwei Symmetrieebenen senkrecht.

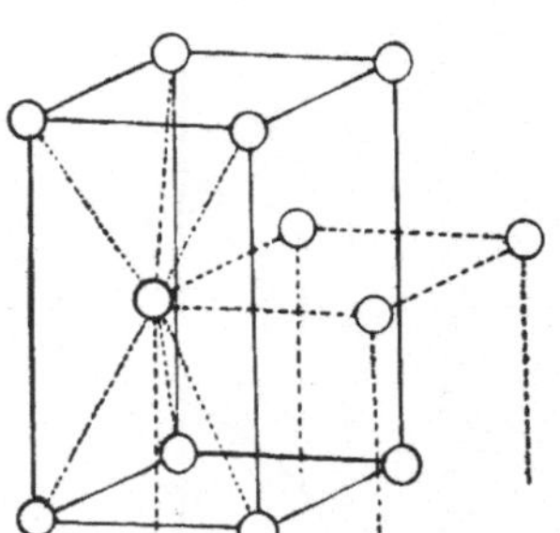

Abb. 106. Ausschnitt aus einem zusammengesetzten Raumgitter; zwei einfache, kongruente, hexagonale Gitter sind parallel ineinandergeschoben.

Raumgitters für jedes eingeschobene kongruente Gitter ein weiteres Massenteilchen. Die acht Eckpunkte der Elementarzelle des einfachen Gitters stellen aber in ihrer Gesamtheit auch nur *ein* Massenteilchen dar. Denn eine solche Zelle ist ja nur ein kleinster Ausschnitt aus einem unabgegrenzten Gitter, das aus einer sehr großen Zahl von Zellen besteht. An jedem Eckpunkt der Zellen stoßen, wie aus Abb. 5 hervorgeht, acht Elementarzellen zusammen. Jeder einzelne Eckpunkt des einfachen Gitters gehört also acht Zellen an, so daß sich der Stoffbestand der einzelnen einfachen Zelle trotz der acht Massenpunkte in den Ecken auf *ein* Massenteilchen verringert. Das zusammengesetzte Gitter enthält somit so viele Massenteilchen, als einfache Gitter ineinandergestellt sind.

Die vollständige Beschreibung eines *einfachen* Gitters erfordert die Kenntnis der räumlichen Gestalt seiner Elementarzelle. Diese ist gegeben durch die drei Winkel α, β, γ, die die Kanten der Zelle miteinander einschließen und durch die absoluten Längen der Kanten der Elementarzelle a, b, c (Abb. 6). Diese Größen bezeichnet man als die *Gitterkonstanten*. Ihre Zahl reduziert sich mit zunehmender Systemsymmetrie und beschränkt sich im kubischen System z. B. auf den Wert a. Die Winkel α, β, γ fallen nach S. 7 mit den kristallographischen Achsenwinkeln α, β, γ zusammen, können also mit kristallographischen Methoden bestimmt werden. Die Absolutwerte für die Kantenlängen a, b, c müssen mit anderen Methoden ermittelt werden; denn aus den kristallographischen Messungen ist nur das Verhältnis $a : b : c$ bekannt und das nur für den Fall, daß die gewählte kristallographische Einheitsfläche tatsächlich ihrer Lage nach der Netzebene mit den Indizes (111) entspricht, also jener Netzebene, welche die drei Elementarkörperkanten in ihren kürzesten Punktabständen *(Identitätsabständen)* schneidet (vgl. Abb. 11).

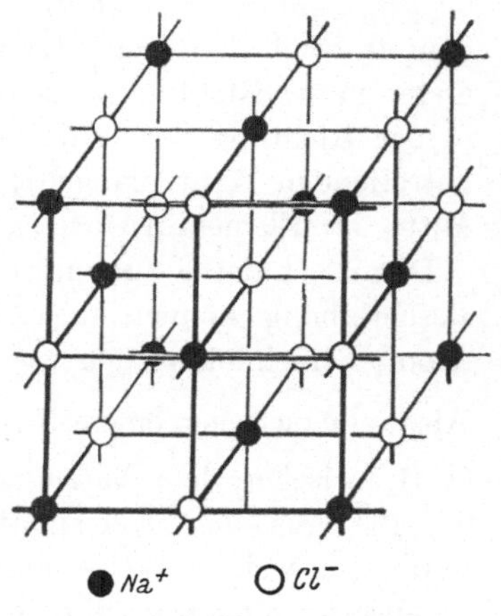

Abb. 107. Ausschnitt aus dem Kristallgitter des Steinsalzes.

Die Beschreibung eines *zusammengesetzten* Gitters erfordert aber auch die Angabe der Zahl der ineinandergestellten einfachen Gitter und der Art der gegenseitigen Verschiebung dieser kongruenten Gitter. Für diesen Zweck wird wieder eine Elementarzelle aus dem zusammengesetzten Gitter herausgegriffen und es werden die Koordinaten der in ihr befindlichen Punkte der eingeschobenen kongruenten Gitter (für jedes eingeschobene Gitter die Koordinaten *eines* Punktes!) in bezug auf einen, als Ursprung gewählten Eckpunkt angegeben. Diese Lagenangaben erfolgen in Bruchteilen der betreffenden Kante, entlang welcher die Verschiebung erfolgt, und zwar bezieht sich die erste Koordinatenangabe stets auf die X-Achse, die zweite auf die Y-Achse und die dritte auf die Z-Achse. In Abb. 107 ist der Kristallbau des Steinsalzkristalles dargestellt. Die ausgefüllten Kreise stellen die Natriumatome dar, die unausgefüllten Kreise die Chloratome.

Der Elementarkörper enthält vier „Moleküle" NaCl, somit vier Natriumatome und vier Chloratome. Die Beschreibung des Gitters lautet wie folgt:

$$\alpha = \beta = \gamma = 90°$$
$$a = b = c = 5{,}628 \text{ Å}$$

(Steinsalz kristallisiert kubisch, der Elementarkörper ist somit ein Würfel). 4 Na in 000 (Koordinaten des Ursprungs), $^1/_2\,^1/_2\,0$, $0\,^1/_2\,^1/_2$ und $^1/_2\,0\,^1/_2$ (unter den Koordinaten erscheint immer eine 0, weil die drei letzteren Natriumatome gegenüber dem ersten in der Richtung einer Achse nicht verschoben sind, dagegen in der Richtung der beiden anderen Achsen um die Hälfte der betreffenden Kantenlängen); 4 Cl in $^1/_2\,^1/_2\,^1/_2$ (das Atom in der Mitte des Elementarwürfels), $^1/_2\,00$, $00\,^1/_2$ und $0\,^1/_2\,0$.

Damit ist das Raumgitter erschöpfend beschrieben. Aus der Beschreibung können die Absolutwerte für die Abstände der Atome berechnet werden; sie ergeben sich z. B. für die kürzesten Abstände zwischen einem Na- und einem Cl-Atom zu $\dfrac{a}{2} = 2{,}814\,\text{Å}$ (z. B. zwischen dem Natriumatom in 000 und dem Chloratom in $0\,^1/_2\,0$). Aus den Koordinatenwerten kann auch entnommen werden, in welcher Weise sich die verschiedenen Atome des Gitters gegenseitig umgeben, d. h. es können die Koordinationsverhältnisse festgelegt werden.

B. Die Röntgeninterferenzen an den Kristallgittern.

Zur Ermittlung der Einzelheiten des Aufbaues der Raumgitter der Kristalle *(Kristallgitter)* reichen die kristallographischen und kristallphysikalischen Untersuchungen nicht aus, wenn auch besonders die ersteren die Voraussetzung für alle weitergehenden Untersuchungen, die uns einen Einblick in den Aufbau der festen Stoffe, also in ihre Konstitution gewähren sollen, darstellen.

Die Möglichkeit zu einem Einblick in den tatsächlichen Aufbau der Kristalle wurde erst 1912 dadurch geschaffen, daß M. v. Laue die Kristallstrukturtheorie mit der damals vermutungsweise bestehenden Auffassung über die Natur der von W. Röntgen im Jahre 1895 entdeckten Strahlen in Verbindung brachte. Man konnte nämlich bis 1912 nur vermuten, daß die Röntgenstrahlen transversale Schwingungen von der Art der Lichtstrahlen, jedoch von sehr viel geringerer Wellenlänge, seien. Der Beweis dafür konnte bis dahin nicht erbracht werden, weil die für einen derartigen Nachweis notwendigen feinsten Beugungsgitter fehlten. Von Laue ging von dem Gedanken aus, daß, wenn die Röntgenstrahlen transversale Wellenbewegungen von sehr kleiner Wellenlänge seien, es möglich sein könnte, daß die Massenzentrenabstände in den Raumgittern der Kristalle von ähnlichen Dimensionen seien und daß dann die Kristallgitter abbeugend auf die Röntgenstrahlen einwirken müßten, so wie ein optisches Strich- oder Kreuzgitter abbeugend auf die Lichtstrahlen einwirkt. Der auf

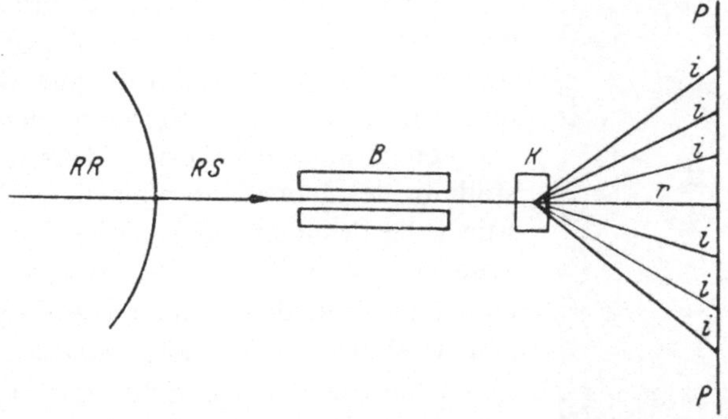

Abb. 108. Entstehung des Lauediagramms.

dieser Grundlage angestellte Versuch ergab sofort die Richtigkeit dieser genialen Gedankenverbindung. Ein Kristall, von einem parallelen Röntgenstrahlbündel durchleuchtet, gibt auf einer dahinter aufgestellten photographischen Platte außer der Schwärzungsstelle, die durch den den Kristall unabgelenkt durchsetzenden Strahlenanteil hervorgerufen wird *(Primärfleck)*, eine größere Anzahl von abseits liegenden Schwärzungsflecken wechselnder Intensität *(Sekundärflecke)*. Wenn die Durchstrahlungsrichtung einer Symmetrierichtung des Kristalles z. B. einer Symmetrieachse entspricht, so weist auch die Punktverteilung auf der photographischen Platte hinsichtlich der Lagen und Intensitäten der Punkte die entsprechende Symmetrie auf.

Durch diesen erstmalig angestellten Versuch war zweierlei bewiesen: 1. der transversale Wellencharakter der Röntgenstrahlen und 2. die kristallographische Strukturtheorie, die bis dahin ja auch nur eine scharfsinnig und erschöpfend abgeleitete Theorie war, während ein unmittelbarer Beweis für ihre Richtigkeit noch nicht vorlag; ein Einblick in die Kristallgitter selbst war bis dahin noch verwehrt.

Ein nach dem genannten Prinzip erhaltenes Beugungsbild der Röntgenstrahlen an Kristallgittern nennt man *Lauediagramm*. In Abb. 108 ist die Entstehung des Lauediagramms schematisch dargestellt. Von der Antikathode der Röntgenröhre *RR* werden die Röntgenstrahlen *RS* nach verschiedenen Richtungen hin ausgestrahlt. Durch die Bleiblende *B* wird ein möglichst paralleles Strahlenbündel ausgeblendet. Dieses trifft auf die Kristallplatte *K* auf; ein großer Teil der Strahlung *r* durchsetzt die Kristallplatte unabgelenkt und ruft auf der dahinter aufgestellten photographischen Platte *PP* den Primärfleck hervor. (Bei der Herstellung des Lauediagramms der Abb. 109 wurde der Primärstrahl durch Vorlegen einer absorbierenden Bleischeibe unwirksam gemacht.) Neben dem Primärstrahl verlassen den Kristall zahlreiche abgebeugte Strahlen *i*, die die zusätzlichen Schwärzungspunkte auf der photographischen Platte hervorrufen. Abb. 109 gibt ein Lauediagramm, das durch senkrechte Einstrahlung auf die basische Endfläche (001) eines monoklinen Kristalles erhalten wurde, wieder. Auf dieser Fläche steht eine Symmetrieebene senkrecht. Diese macht sich auch im Lauediagramm bemerkbar; die rechte und linke Hälfte des Diagramms sind zueinander spiegelsymmetrisch.

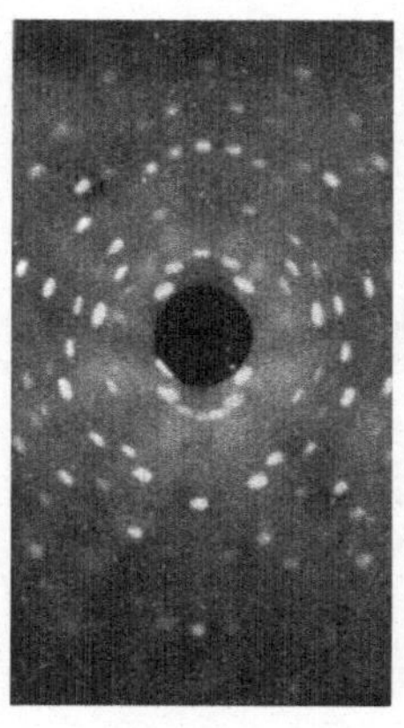

Abb. 109. Lauediagramm. (Negativ.)

Das ursprüngliche Laueverfahren wurde in der Folgezeit vielfach abgewandelt, um der Aufgabe gerecht werden zu können, nicht nur den Nachweis der Raumgitternatur der kristallinen Körper zu erbringen, sondern zu möglichst quantitativen Aussagen über den Aufbau der kristallinen Stoffe hinsichtlich der Atomanordnung und der Atomabstände zu kommen.

Die v. LAUEsche Entdeckung brachte anderseits die Möglichkeit, mit Hilfe bekannter Kristallgitter die Wellenlängen der Röntgenstrahlen zu vermessen und darüber hinaus weitgehend das Wesen dieser Strahlung zu erforschen; damit erfuhr wiederum die atomphysikalische Forschung außerordentliche Förderung.

Dies alles ist ein Beispiel dafür, wie man durch Verbindung von Theorien, die verschiedenen Wissenschaftsgebieten entstammen, einen gar nicht absehbaren Einfluß auf die Gesamtentwicklung des naturwissenschaftlichen Weltbildes nehmen kann.

Hinsichtlich des Aufbaues der Kristalle hat v. LAUES Entdeckung zur allgemeinen Erkenntnis geführt, daß die Bausteine der Kristallgitter Atome oder Ionen sind, die in kleinen, aber im Vergleich zu ihren eigenen Dimensionen bedeutenden Abständen in den zusammengesetzten Raumgittern der Kristalle gesetzmäßig angeordnet sind. Die Atomabstände in den Kristallgittern bewegen sich in den Dimensionen von etwa 1 bis 4 Å. Von der gleichen Größenordnung sind die Wellenlängen der Röntgenstrahlen; sie sind daher etwa 1000mal kleiner als die Wellenlängen der sichtbaren Lichtstrahlen.

Während v. LAUE die Abbeugung der Röntgenstrahlen aus ihrer ursprünglichen Richtung durch die Kristallgitter durch Entwicklung der Theorie der Beugung an dreidimensionalen Gittern erklärte, haben W. und W. L. BRAGG in leichter zu überblickender Weise die Abbeugung der Röntgenstrahlen durch die Kristallgitter als Reflexion an den einzelnen Netzebenen dieser Gitter gedeutet. Die beiden Darstellungsarten widersprechen sich aber keineswegs, sondern lassen sich leicht ineinander überführen. Hier soll die letztere Darstellung kurz behandelt werden.

Ein Raumgitter kann man sich in beliebiger Weise in Parallelscharen von Netzebenen zerlegt denken, die sämtliche Punkte des betreffenden Raumgitters erfassen. In Abb. 110 ist eine derartige Schar *paralleler* und *in gleichen Abständen* befindlicher Netzebenen mit irgendwelchen Indizes (*hkl*) herausgegriffen. Die Abstände zwischen den hintereinanderliegenden Netzebenen betragen einige wenige Å, sind also von der Größenordnung der Wellenlängen der Röntgenstrahlen. Ein unter einem von $0°$ abweichenden Winkel auf die oberste Netzebene E_1 auftreffendes paralleles Röntgenstrahlbündel wird dort zu einem kleinen Teil reflektiert; der größere Teil der Strahlung dringt (ohne Brechung!) tiefer in den Kristall ein und erleidet an jeder der hintereinanderliegenden Netzebenen E_2, E_3 usw. ebenfalls eine teilweise Reflexion. Die von den hintereinander liegenden Netzebenen reflektierten Strahlen setzen sich nur für jene Einfallswinkel zu einem Reflexionsstrahl im Sinne der Darstellung von BRAGG zusammen, für welche der *Gangunterschied* zwischen den von den aufeinander folgenden Netzebenen reflektierten Strahlen ein ganzzahliges Vielfaches der Wellenlänge beträgt. Für eine bestimmte Wellenlänge erfolgt somit die Reflexion nicht unter beliebigen Einfallswinkeln (wie z. B. die optische Reflexion an einer spiegelnden Platte), sondern es muß das BRAGGsche Reflexionsgesetz erfüllt sein. Dieses ist auf folgende Weise abzuleiten:

Der Gangunterschied für zwei von hintereinanderliegenden Netzebenen reflektierten Strahlungsanteile ist nach Abb. 110

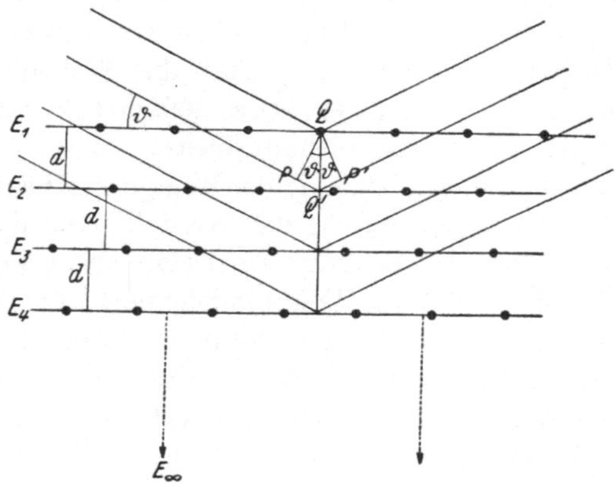

Abb. 110. BRAGGsches Reflexionsgesetz.

gegeben durch die Streckensumme $\overline{Q'P} + \overline{Q'P'}$; darin ist $\overline{Q'P} = \overline{Q'P'}$ dem Produkte $\overline{QQ'} \sin \vartheta$ gleichzusetzen ($\vartheta =$ Winkel zwischen einfallender Strahlung und Netzebene; er ist als Normalenwinkel gleich dem Winkel PQQ'; denn die Strecken QP und QP' stellen die auf den Fortpflanzungsrichtungen senkrecht stehenden Wellenfronten des einfallenden und des reflektierten Strahles dar). Da der Gesamtgangunterschied ein ganzes Vielfaches der Wellenlänge der verwendeten Strahlung betragen muß, gilt folgende Forderung:

$$2\,\overline{Q'P} = n\,\lambda \quad \text{oder,} \quad \text{da } \overline{Q'P} = \overline{Q'Q} \sin \vartheta = d \sin \vartheta,$$

$$n\,\lambda = 2\,d \sin \vartheta.$$

d wird üblicherweise als *Netzebenenabstand*, ϑ als *Glanzwinkel* bezeichnet.

Bei Nichterfüllung des obigen Gesetzes kommt es unter der Voraussetzung eines wirklich parallelen Strahlenbündels mit ganz bestimmter Wellenlänge (*monochromate* Röntgenstrahlung) zur Auslöschung der von den hintereinanderliegenden Netzebenen reflektierten Strahlen durch Interferenz; es liegen ja eine sehr große Anzahl von wirksamen, parallelen Netzebenen in jedem Kristall hintereinander. Schon bei einem nur wenig von einem ganzzähligen n-Wert abweichenden Gangunterschied der von den beiden ersten Netzebenen reflektierten Strahlen führt diese Abweichung dazu, daß zwischen den von der 1. und x. Netzebene reflektierten Strahlenanteilen Gangunterschiede von einem ungeraden Vielfachen von halben Wellenlängen auftreten; zwei solche Strahlen heben sich dann durch Interferenz auf, da der Wellenberg der einen Welle mit dem Wellental der anderen Welle zusammenfällt. Ebenso heben sich dann die Reflexionswirkungen der 2. und (x. + 1.) Netzebenen auf usw.

Die Reflexion an einer bestimmten Netzebenenschar muß aber auch dann, wenn man nur Röntgenstrahlung von einer bestimmten Wellenlänge verwendet, nicht nur unter einem einzigen Winkel ϑ stattfinden, sondern sie kann unter mehreren Winkeln, für die die obige Gleichung erfüllt ist, stattfinden; denn n kann ja verschiedene ganzzahlige Werte annehmen. n ist nach der Gleichung proportional mit sin ϑ; wenn sin ϑ also so groß wird, daß $n = 2$ wird, ist die Gleichung ebenfalls erfüllt, ebenso, wenn $n = 3$ wird usw. Die dem kleinsten Glanzwinkel ϑ an einer Netzebenenschar entsprechende Reflexion (mit $n = 1$) nennt man Reflexion 1. Ordnung von der Netzebene (*hkl*); ist die Gleichung mit $n = 2$ erfüllt, so hat man die Reflexion 2. Ordnung von der betreffenden Netzebene usw.

Auf Grund der Deutung der Röntgeninterferenzen an den Kristallgittern, wie sie von v. LAUE und von BRAGG gegeben wurde, sind zahlreiche, den verschiedenen Aufgaben und durch die Kristallisation gegebenen Möglichkeiten angepaßte Methoden ausgearbeitet worden, die zu einem weitgehenden Einblick in den Aufbau der kristallinen Materie geführt haben. Nach diesen Methoden können die Absolutabmessungen der Elementarkörperkonstanten durchgeführt werden. Damit kann bei Kenntnis des spezifischen Gewichtes des Stoffes der stoffliche Inhalt des Elementarkörpers, der eine verschiedene Anzahl von Atomen umfassen kann, bestimmt werden; ferner kann unter Berücksichtigung der zur Reflexion kommenden Netzebenen, der beobachtbaren Reflexionsordnungen und der wechselnden Intensität der reflektierten Strahlen die gegenseitige Gruppierung der im Elementarkörper vorhandenen Atome, deren Zahl der Zahl der ineinandergeschobenen Gitter entspricht, ermittelt werden.

Letztere Aufgabe gestaltet sich meist ziemlich schwierig und nimmt sehr viel Zeit in Anspruch. Der stoffliche Inhalt des Elementarkörpers kann leicht bestimmt werden: mit Hilfe der Röntgenmethoden kann man die Absolutabmessungen des Elementarkörpers, also seine Konstanten a, b, c und die meist schon aus kristallographischen Messungen bekannten Winkelwerte α, β, γ ermitteln (Abb. 6). Damit kennt man auch das Volumen des Elementarkörpers. Dieser muß nun die verschiedenen, am Aufbau des Stoffes beteiligten Atome in ganzer Anzahl, und zwar in dem durch die chemische Formel gegebenen Verhältnis, enthalten. Man kann daher auch sagen, der Elementarkörper müsse eine ganze Anzahl von Molekülen enthalten; denn die ein Kristallgitter aufbauenden, parallel orientierten Elementarkörper müssen nicht nur geometrisch kongruent sein, sondern sie müssen auch stofflich gleichartig sein. Das absolute Gewicht des Elementarkörpers ist also einerseits gleich seinem Volumen, multipliziert mit dem spezifischen Gewicht; anderseits muß es dem absoluten Gewicht einer ganzen Anzahl von Molekülen jener Verbindung, der der Kristall angehört, gleich sein.

Es ist also: $n \times$ absolutes Molekulargewicht = Volumen des Elementarkörpers $\times$ spezifisches Gewicht. Die Unbekannte n muß eine ganze Zahl sein; sie entspricht der Anzahl der Moleküle im Elementarkörper.

C. Haupttypen der Kristallgitter.

Auf den Ergebnissen der in Verbindung mit den kristallographischen und kristallphysikalischen Untersuchungen ausgeführten röntgenographischen Untersuchung der Kristalle beruhen die Lehren der modernen Kristallchemie. Im Laufe der letzten 30 Jahre wurden viele Tausende von kristallinen Stoffen auf ihren Aufbau hin untersucht; aus den Ergebnissen konnten die Hauptgesetze der Kristallchemie abgeleitet werden; auf dem an-

organischen Gebiete hatte an der Herausarbeitung dieser Gesetze
V. M. GOLDSCHMIDT auf Grund der mit seinen Mitarbeitern durchgeführten systematischen Untersuchung zahlreicher einfacherer
Stoffe hervorragenden Anteil.

*Die Kristallchemie ist die Lehre von der Anordnung der Atome
in den kristallinen Körpern, die durch die zwischen ihnen wirkenden
Kräfte in gesetzmäßigen Lagen gehalten werden.* Aus diesem Aufbau der Kristalle heraus hat die Kristallchemie die allgemeinen
Gesetzmäßigkeiten, die den Aufbau der kristallinen Stoffe beherrschen, abzuleiten und die kristallmorphologischen und kristallphysikalischen Beobachtungen zu erklären. Da der Zustand der
festen Körper fast ausschließlich der kristalline ist, kann man
die Kristallchemie auch als die Lehre vom Aufbau der festen
Körper schlechthin bezeichnen. Bei den anorganischen Stoffen
wird die Kristallchemie, da hier vielfach der Molekülbegriff seinen
Sinn verliert, gleichzeitig zur Konstitutionslehre.

1. Einteilung der Kristallgitter.

Die Kristallgitter können zunächst in zwei große Gruppen
eingeteilt werden:

a) Molekülgitter. Kristallgitter, die abgeschlossene, aus einer
bestimmten Anzahl von Atomen bestehende Komplexe, die
elektrisch ausgeglichen sind, also Moleküle erkennen lassen,
bezeichnet man als *Molekülgitter.* Die Moleküle selbst bestehen
aus einer bestimmten Anzahl von Atomen, die im allgemeinen
wegen der gegenseitigen Durchdringung ihrer äußeren Elektronenschalen stark miteinander verbunden sind *(homöopolare Bindung):*
sie stellen elektrisch abgesättigte (neutrale) Gebilde dar. Die
Kräfte, welche die Moleküle selbst wieder im Kristallgitter gesetzmäßig zusammenhalten, sind die schwachen *van der Waalsschen
Kräfte.* Unter *van der Waalsschen Kräften* versteht man Bindungskräfte, die sich dadurch erklären, daß von den Atomkernen der
elektrisch abgesättigten Moleküle noch gewisse Anziehungskräfte
auf die Elektronenschalen der benachbarten Moleküle ausgeübt
werden. Stoffe, die nach dem Prinzip der Molekülgitter aufgebaut
sind, zeigen wegen der geringen Bindungskräfte zwischen den
Molekülen geringe Härte, niederen Schmelz- und niederen
Siedepunkt. Nach dem Prinzip der Molekülgitter sind vor allem

die Kristalle der organischen Verbindungen aufgebaut, die unter
den Mineralien nur eine geringe Rolle spielen; unter den anorganischen Stoffen sind eine Anzahl von Grundstoffen, die sich
meist bei gewöhnlicher Temperatur und gewöhnlichem Druck

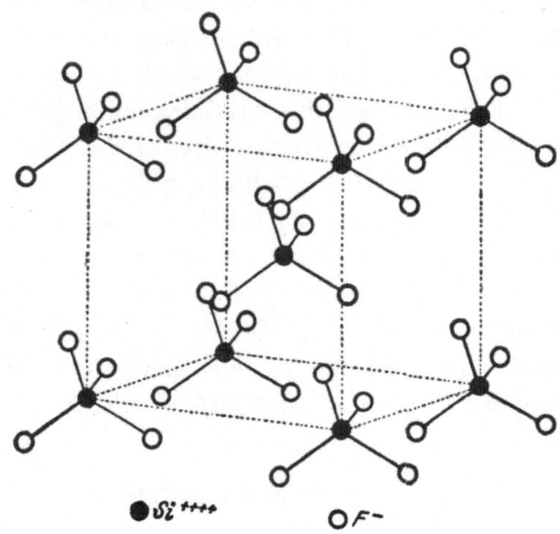

Abb. 111. Molekülgitter von SiF₄.

im gasförmigen Zustand befinden (Sauerstoff, Stickstoff, Wasserstoff, Fluor, Chlor und Brom, aber auch Jod und Schwefel),
nach dem Prinzip der Molekülgitter aufgebaut; ferner sind noch
als Verbindungen mit Molekülgittern einige tiefer schmelzende
anorganische Verbindungen zu nen-
nen, z. B. das Arsentrioxyd As_2O_3
(Mineral Arsenolith) oder das Siliziumtetrafluorid SiF_4 (Abb. 111), das
schon bei — 90° bei Atmosphärendruck schmilzt. In Abb. 112 ist das
aus acht Atomen bestehende ring-
förmige Schwefelmolekül dargestellt,
das in geschlossener Form und

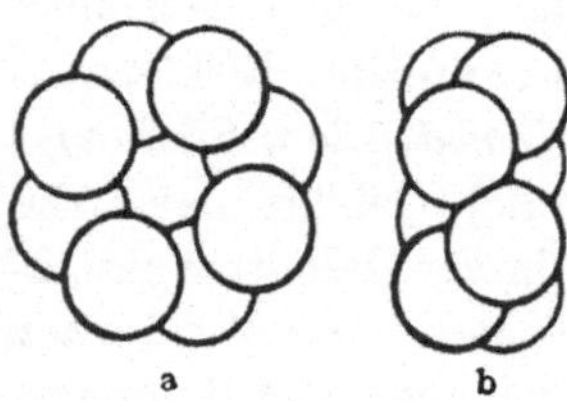

Abb. 112.   Schwefelmolekül S₈ im
Grund- und Aufriß.

gesetzmäßiger Anordnung im Kristallgitter des Schwefels auftritt.
Die Moleküle der übrigen hier genannten Grundstoffe bestehen
jeweils nur aus zwei Atomen; in den Kristallgittern sind diese
zweiatomigen Moleküle hoch symmetrisch mit beträchtlichen
Abständen voneinander gruppiert. Der Abstand der Moleküle

ist im Vergleich zum Abstand zwischen den beiden Atomen eines
Moleküls sehr groß; das Molekül zeichnet sich dadurch im Kristallgitter als geschlossene Einheit ab (Abb. 111, 113, 135). In Abb. 113
ist der Elementarkörper des (*Urotropins Hexamethylentetramin*
$C_6N_4H_{12}$) ohne Eintragung der schwer bestimmbaren Positionen
der Wasserstoffatome dargestellt; diese Struktur diene als Beispiel
für die Molekülgitter organischer Verbindungen. Die Molekülschwerpunkte bilden ein kubisch körperzentriertes Gitter (S. 145)
wie beim Siliziumtetrafluo-
rid. Analog sind übrigens
die Moleküle des früher erwähnten *Arsenoliths* (As_2O_3
oder besser As_4O_6) aufgebaut
(in diesem Falle stellen die
größeren Ringe die Arsen-,
die kleineren die Sauerstoff-
atome dar); nur bilden hier
die Molekülschwerpunkte ein
doppeltes kubisch flächenzentriertes Gitter (S. 144)
nach Art des Diamantgitters
(Abb. 118); gleich gebaut
sind Moleküle und Kristalle
des *Senarmontits* Sb_4O_6; auch
das *Eis* hat ein Molekülgitter.

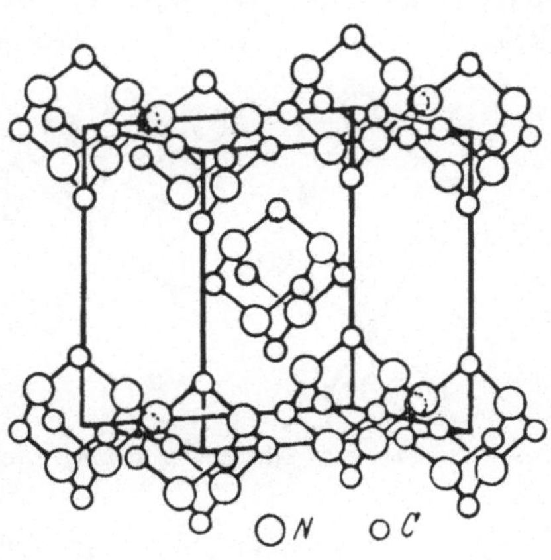

Abb. 113. Kubisches Molekülgitter des Hexa-
methylentetramins $C_6N_4H_{12}$.

b) Koordinationsgitter. Die übrigen Kristallgitter sind sogenannte
Koordinationsgitter. Zu Molekülen zusammengefaßte Atomgruppen
sind in diesen Gittern nicht erkennbar. Ein bestimmtes An-
ordnungsprinzip *(Koordinationsprinzip)* zieht sich in gleichbleibender Weise durch den eine sehr große Anzahl von Atomen
fassenden Kristall hindurch (ein Steinsalzwürfel von 1 mm
Kantenlänge oder ein Diamantwürfel von derselben Größe enthält z. B. mehrere hundert Trillionen Atome). Das unabgeschlossene und in seiner Größe unbestimmte Molekül ist bei diesen
Stoffen im kristallinen Zustand erst durch den Kristall mit seiner
wechselnden Größe gegeben. Wenn man z. B. das in Abb. 107
durch seinen Elementarkörper dargestellte Steinsalzgitter näher
betrachtet, so erkennt man, daß man hier von einem Molekül-
verband nicht sprechen kann. Jedes Natriumatom des Gitters

ist von sechs Chloratomen hochsymmetrisch umgeben (die Chloratome nehmen gegenüber dem als Zentrum des Körpers gedachten
Natriumatom die Eckpunkte eines Oktaeders ein); ebenso ist
jedes Chloratom von sechs Natriumatomen oktaedrisch umgeben.
Es ist daher nicht möglich, in einem solchen Gitter ein Natrium-
und ein Chloratom zu einem bestimmten Molekül zusammen-
zufassen oder eine größere Anzahl von Natrium- und Chloratomen zu einem größeren abgeschlossenen Molekül. Der ganze
Kristall stellt ein „Molekül" unbestimmter Größe dar. Im nicht-
kristallinen Zustand (z. B. in Dampfform) haben aber aus einem

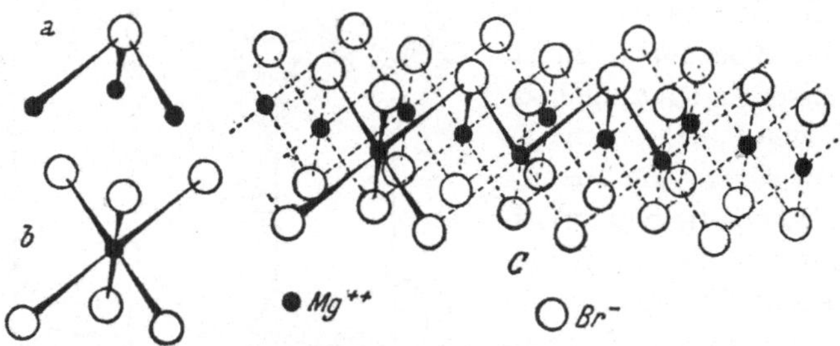

Abb. 114. Schichtgitter von MgBr$_2$ und ähnlichen Verbindungen.

Natrium- und einem Chloratom bestehende Moleküle eine gewisse
Beständigkeit. Dies ist aber längst nicht bei allen nach dem
Prinzip der Koordinationsgitter aufgebauten Stoffen der Fall,
vor allem bei den komplizierter zusammengesetzten nicht. Hier
verliert dann der Begriff des Moleküls im Sinne einer geschlossenen,
aus einer bestimmten Anzahl von Atomen bestehenden kleinsten
Stoffeinheit nicht nur für den festen Zustand, sondern überhaupt
seinen Sinn.

α) *Dreidimensionale Koordinationsgitter.* Beim Steinsalz erstreckt sich das Koordinationsprinzip über alle Richtungen des
Raumes hin; so ist es bei der größeren Anzahl der Koordinationsgitter der Fall; wir haben es mit dreidimensional unendlichen
Koordinationsgittern oder mit räumlichen Koordinationsgittern
zu tun.

β) *Schichtgitter.* In anderen Fällen erstreckt sich das endlose
Koordinationsprinzip nur über zwei Richtungen des Raumes hin.
Wir haben es dann mit ebenen, unabgeschlossenen „Molekülen"
zu tun; Kristallgitter, in denen solche zweidimensionale, unab-

geschlossene Moleküle gesetzmäßig und parallel übereinander gelagert sind, nennt man *Schichtgitter*. Die Bindungskräfte zwischen den einzelnen Schichten sind wieder in der Regel die sehr schwachen van der Waalsschen Kräfte. Die Schichten können aus einer oder mehreren Atomlagen bestehen. Kristalle, aufgebaut nach dem Prinzip der Schichtgitter, spalten ausgezeichnet nach der Schichtebene, da ja zwischen den einzelnen Schichten sehr geringe Bindungskräfte wirksam sind; solche Kristalle neigen auch sehr zur dünntafeligen bis blättrig-schuppigen Ausbildung. Ein Beispiel für ein Schichtgitter liefern das Magnesiumbromid $MgBr_2$ und viele analoge Verbindungen der Erdalkalien [z. B. MgJ_2, CaJ_2, $Mg(OH)_2$]. Das Kristallgitter des Magnesiumbromids und der übrigen eben genannten Verbindungen ist aus Schichten aufgebaut, die je aus drei Atomlagen bestehen (Abb. 114). Eine zentrale Lage von Mg-Atomen ist beiderseits von einer Lage von Br-Atomen begleitet. Innerhalb der Schicht ist jedes Magnesiumatom wieder hoch symmetrisch (oktaedrisch) von sechs Br-Atomen umgeben (Abb. 114b); jedem Br-Atom sind drei Mg-Atome einseitig zugeordnet (Abb. 114a). Diese Koordinationspolyeder treten miteinander derartig in Verbindung, daß sich die Summenformel[1] $MgBr_2$ ergibt, und zwar in der Weise, daß sie sich zu den unendlich, durch Abb. 114c im Ausschnitt dargestellten Schichten zusammenlegen. Unter den Mineralien, deren Kristalle Schichtgitter besitzen, sind vor allem zu nennen: Graphit (Abb. 124), Talk, die verschiedenen Glimmer.

γ) *Kettengitter*. In noch anderen Fällen erstreckt sich das Koordinationsprinzip nur auf eine Richtung des Raumes. Es liegen eindimensionale Moleküle vor, die parallel zueinander gestellt und im allgemeinen wieder nur durch schwache van der Waalssche Kräfte seitlich miteinander gesetzmäßig zum Kristall verbunden sind. Derartige Kristallgitter nennt man *Kettengitter*. Nach dem Prinzip der Kettengitter aufgebaute Kristalle zeigen meist eine ausgezeichnete Spaltbarkeit nach einer oder mehreren Flächen parallel zur Kettenrichtung. Sie neigen zur prismatischen bis feinfaserigen Ausbildung. Kettengitter besitzt z. B. die Zellulose, deren Riesenmoleküle durch kettenartigen Zusammenschluß einer unbestimmten Anzahl von Glukoseresten dargestellt

---

[1] S. Fußnote 2, S. 168.

sind; dasselbe gilt von vielen anderen organischen Gerüststoffen. Unter den anorganischen Stoffen sind nach dem Prinzip der Kettengitter die Kristalle der kompliziert zusammengesetzten Asbeste (Abb. 145) mit ihrer faserigen Ausbildung aufgebaut, unter den Grundstoffen das Selen und das Tellur; bei den Kristallen von Selen und Tellur sind die Atome zu spiralig gewundenen Ketten gruppiert; in Abb. 115 ist dargestellt, wie derartige einfache Atomketten in Kristallen gesetzmäßig zueinander orientiert sind.

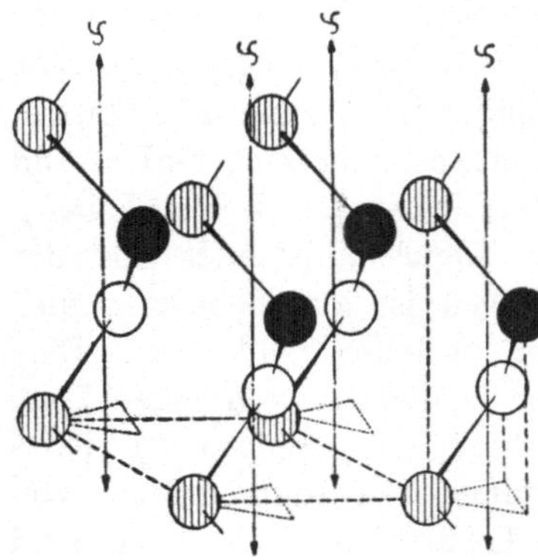

Abb. 115. Kettengitter von Selen und Tellur.

2. Die Bindungsarten in den Koordinationsgittern.

Während zwischen den Atomen innerhalb der Moleküle der Molekülgitter die starke homöopolare Bindung vorliegt, ist die Bindung zwischen den Bestandteilen der Koordinationsgitter verschiedener Art. Hier werden nur die charakteristischen Bindungsarten genannt; sie sind nicht scharf voneinander zu trennen. Es gibt Übergänge und es gibt Kristallarten, in denen verschiedene Bindungsarten zwischen den verschiedenen Bestandteilen auftreten.

a) Ionenkoordinationsgitter (Ionengitter). Die Bestandteile des Gitters werden durch positive und negative Ionen dargestellt, also durch Atome, die ihre elektrische Neutralität durch Abgabe von Elektronen *(Kationen)* oder durch Aufnahme von zusätzlichen Elektronen *(Anionen)* verloren haben. In den Gittern wechseln positive und negative Ionen ab. Die Bindung erfolgt durch die elektrostatischen Anziehungskräfte der benachbarten, entgegengesetzt aufgeladenen Ionen. Zu einer Berührung der äußeren Elektronenschalen der Ionen kommt es dabei nicht, da diese sich wegen der gleichsinnigen negativen Aufladung gegenseitig abstoßen. Der Abstand zwischen den Kationen und Anionen ist also, wenn man von ihren eigenen, durch den Bau bedingten Durchmessern absieht, einerseits bestimmt durch die zwischen ihnen wirkenden elektrostatischen Anziehungskräfte, anderseits durch die abschirmende Wirkung der elektronegativ aufgeladenen Elektronenschalen. Diese Art von Bindung wird *heteropolare* Bindung genannt. Jedes positive Ion ist in charakteristischer Weise in der Regel hochsymmetrisch von einer bestimmten Anzahl von Anionen umgeben, und umgekehrt ist auch jedes Anion von einer bestimmten Anzahl von Kationen umgeben. Die Umgebungszahlen *(Koordinationszahlen)* der Kationen und Anionen entsprechen keineswegs dem durch die Formel gegebenen Verhältnis; sie sind aber so aufeinander abgestimmt, daß der gesamte Ionenbestand des Koordinationsgitters das der Formel entsprechende Kationen-Anionenverhältnis aufweist. Die Umgebungszahl der Kationen richtet sich keineswegs nach deren Wertigkeit, sondern nach deren Größe (S. 158 ff.). So gilt die Regel: Je größer das Kation ist, desto mehr Anionen lagert es sich ohne Rücksicht auf seine Wertigkeit an. Die Zahl der angelagerten Ionen entgegengesetzter Aufladung bezeichnet man als *Koordinationszahl*. An Stelle von Anlagerung von Ionen kann es auch zu einer Anlagerung von elektrostatisch abgesättigten Molekülen kommen. Die Unabhängigkeit der Koordinationszahl von der Wertigkeit des Kations äußert sich darin, daß hochwertige Kationen, die durchschnittlich kleiner sind als die ein- oder zweiwertigen Kationen, in der Regel mit niedrigeren Koordinationszahlen auftreten als letztere.

Bei den komplexer zusammengesetzten Ionenkoordinationsgittern kommt es besonders bei Gegenwart kleiner, hochwertiger Kationen vor, daß diese sich mit den umgebenden Anionen zu engeren Komplexen zusammenschließen, innerhalb derer die heteropolare Bindung mehr oder weniger eindeutig in die homöopolare Bindung übergeht. Solche Komplexe, die bei hoher Beständigkeit auch Radikale genannt werden, haben im allgemeinen größere Beständigkeit als das übrige Kristallgitter. Sie bleiben nach Zerstörung des Kristallgitters oft als geschlossene Verbände erhalten. In der Regel haben diese Komplexe eine elektronegative Überschußladung, weil die Aufladung des Kernkations unter der Aufladung der es umgebenden Anionen liegt; es kommt aber auch das Umgekehrte vor. Solche Komplexe, die in den Kristallgittern wieder durch die weiteren (großen und niedriger aufgeladenen) Kationen in der zur elektrischen Absättigung notwendigen Anzahl zusammengefügt sind, nennt man *Komplex-*

ionen oder auch *Radikalionen*. Beispiele von solchen Komplexen oder Radikalen in Kristallgittern sind: das $[CO_3]^{-2}$-Ion, das die Gestalt eines gleichseitigen Dreieckes besitzt (Abb. 116b); das tetraedrisch gebaute (Abb. 116c) $[SO_4]^{-2}$-Ion oder auch noch, wenn es auch einen Komplex geringerer Stabilität darstellt, das oktaedrisch gebaute $[PtCl_6]^{-2}$-Ion (Abb. 116d). Derartige Ionenkoordinationsgitter nennt man auch *Komplex-* oder *Radikalionengitter*. Die Komplexe sind mit den übrigen Kationen hetero-

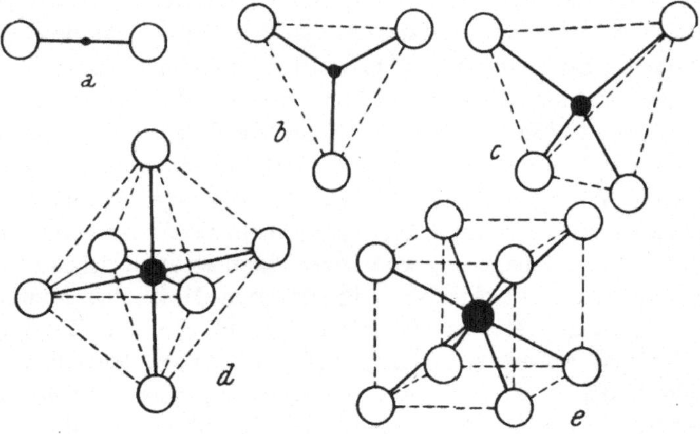

Abb. 116. Häufige Koordinationspolyeder in Kristallgittern; mit der Zunahme des Kationenradius nimmt die Koordinationszahl zu.

polar verbunden. Die homöopolare Bindung innerhalb der Komplexe äußert sich in einer zunehmenden Verkleinerung der Atomabstände innerhalb derselben gegenüber den bei heteropolarer Bindung zu erwartenden Atomabständen; es kommt ja bei der homöopolaren Bindung zu einer Vereinigung der äußeren Elektronenschalen der Bestandteile des Komplexes. Im Kristallgitter des Kalkspates, aus dem ein dem Spaltrhomboeder entsprechender Ausschnitt in Abb. 117 wiedergegeben[1] ist, sind die $[CO_3]$-Komplexe als geschlossene Einheiten gut zu erkennen. Ja, man kann das Kalkspatgitter als ein Steinsalzgitter (Abb. 107) auffassen, dessen Na-Positionen von Ca-Ionen und dessen Cl-Positionen (Kantenmitten und Elementarkörpermitte) von drei-

---

[1] Der wahre Elementarkörper von $CaCO_3$ (Kalkspat) hat die Gestalt eines viel steileren Rhomboeders.

eckigen [CO$_3$]-Gruppen eingenommen werden. Die Ebenen der CO$_3$-Gruppen liegen alle zueinander parallel. Die auf diesen Ebenen senkrecht stehende Achse führt als Stauchungsachse (ursprüngliche Körperdiagonale des Würfels) den Würfel in das Rhomboeder über. Es ist dies die sechszählige Drehspiegelungsachse (Hauptachse und optische Achse) des rhomboedrischen Kalkspatkristalles.

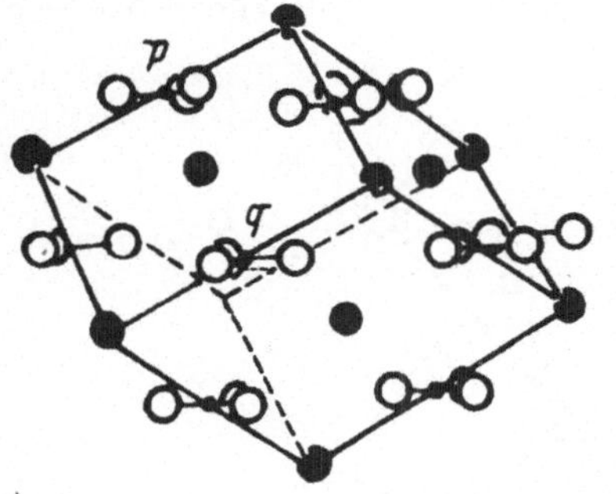

Abb. 117. Aufbau des Raumgitters von Kalkspat; die [CO$_3$]$^{-2}$-Ionen treten als geschlossene Komplexe hervor. Der Übersichtlichkeit halber sind die auf den Mitten der verdeckten Kanten sitzenden CO$_3$-Gruppen nicht eingezeichnet; kleine schwarze Scheiben C^{+4}; große schwarze Scheiben Ca^{+2} (oder auch Mg^{+2}, Fe^{+2}, Zn^{+2}, Mn^{+2} usw., Ringe O^{-2}.

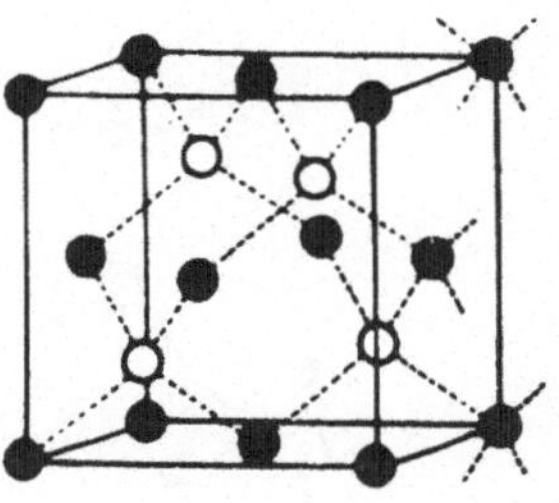

Abb. 118. Elementarkörper des Diamants; volle und leere Kreise Kohlenstoffatome. Bei der gleichgebauten Zinkblende ZnS stellen die vollen Kreise Zn-Atome, die leeren Kreise S-Atome dar.

Ionenkristalle besitzen geringes elektrisches und thermisches Leitvermögen. Sie sind farblos oder farbig durchsichtig.

b) Atomkoordinationsgitter. *Koordinationsgitter mit homöopolarer Bindung*, auch *Atomkoordinationsgitter* oder einfach *Atomgitter* genannt. In diesem Falle vereinigen sich die äußeren Elektronenschalen der einander koordinativ benachbarten Bausteine des Kristalles. Die Bindung nach jeder Richtung hin erfolgt in der Regel über Elektronenpaare. Es ist dies dieselbe Art von Bindung, die in den Molekülgittern zwischen den Bestandteilen des Moleküls in der Regel auftritt. Das einfachste Beispiel für ein Koordinationsgitter mit homöopolarer Bindung stellt der reine Kohlenstoff C in der Form des *Diamanten* dar. Im Kristallgitter des kubisch kristallisierenden Diamanten, dessen Elementarkörper in Abb. 118 dargestellt ist, ist jedes C-Atom von vier anderen tetraedrisch umgeben. Dieses Koordinationsprinzip setzt sich durch den ganzen Kristall fort. Die einzelnen Kohlenstoffatome haben in der äußeren Schale vier Elektronen; die bestehende Tendenz,

diese äußere Schale auf eine komplette Achterschale aufzufüllen,
wird nicht wie bei der Ionenbindung dadurch eingelöst, daß
unter Abgabe von vier Elektronen C^{+4}-Ionen entstehen würden
oder durch Aufnahme von vier Elektronen von benachbarten
Atomen C^{-4}-Ionen, sondern dadurch, daß sich im Sinne der
Abb. 119 die äußeren Elektronenschalen der benachbarten Atome
miteinander vereinigen. Nach jeder der vier Tetraederrichtungen

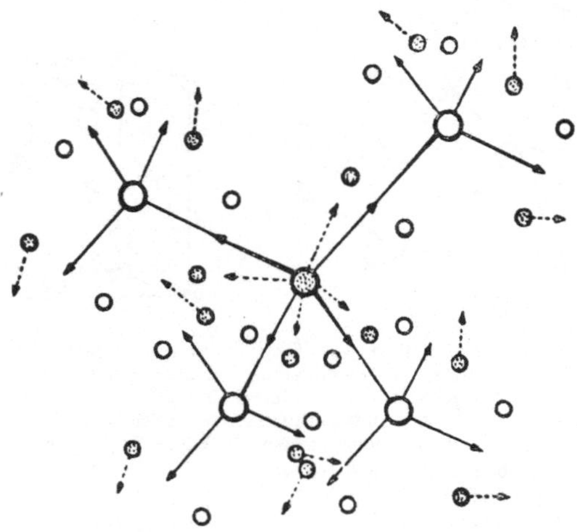

Abb. 119. Elektronenpaarbindung der Kohlenstoffatome im Diamantgitter.

hin erfolgt dadurch die Bindung über zwei Elektronen hinweg,
von welchen je eines den beiden dort aneinanderstoßenden Atomen
ursprünglich angehört;[1] auf diese Weise wird erreicht, daß jedes
Atom — abgesehen von den an der Oberfläche des Kristalles

---

[1] Es handelt sich dabei um eine bildhafte Darstellung, mit Hilfe
derer wir die unanschaulichen Verhältnisse in den der direkten Er-
fassung nicht zugänglichen Bereichen innerhalb eines Atoms zu ver-
anschaulichen versuchen. Die Elektronen, die einerseits die Eigenschaften von kleinsten Masseteilchen zeigen, anderseits sich als
Energieteilchen erweisen, nehmen bekanntlich im Atom keine festen
Lagen ein; sie umkreisen den mit einem Zentralgestirn vergleichbaren Atomkern nach Art eines Planetensystems auf verschiedenen
Bahnen. Wenn wir also von einer Elektronenpaarbindung zwischen
den Kohlenstoffatomen im Diamantgitter oder sonst zwischen den
Atomen eines Moleküls sprechen, so handelt es sich dabei nicht um
eine starre Lagerung der Elektronen zwischen den Nachbaratomen
an der Verbindungslinie zwischen diesen, sondern dieses Bild ist

liegenden — eine komplette Außenschale von acht Elektronen hat. Atomkoordinationsgitter haben eine sehr große Festigkeit, die Kristalle sind oft sehr hart. Der Diamant ist der härteste Körper, den wir kennen.

Übergänge von Ionengittern zu Atomgittern treten bei Verbindungen besonders dort auf, wo ein Anion im elektrischen Feld der umgebenden Kationen leicht deformierbar ist. Die Bahnen seiner Außenelektronen deformieren sich dann im elektrischen Feld der Kationen und verlagern sich nach Richtung der Kationen hin. Solche Anionen nennt man *deformiert* oder *polarisiert*. Die Verschiebung der Elektronenbahnen nähert den Bindungscharakter mehr oder weniger stark dem der Atombindung. Es handelt sich dabei um dieselbe Erscheinung, die im Verband der Komplexionen zur Geltung kommt. Leicht deformierbare Anionen neigen auch infolge der Elektronenbahnverschiebungen zu einseitiger Anlagerung der Kationen; diese fördert wieder die Bildung von Schichtgittern (Abb. 114); die leicht deformierbaren Brom-Ionen im Gitter des $MgBr_2$ sind einseitig an die Mg-Ionen gebunden. Besonders niedrigwertige, große Anionen sind leicht polarisierbar, und kleine, hoch aufgeladene Kationen üben eine stark deformierende Feldwirkung aus, jedoch werden auch große, niedrigwertige Kationen durch kleinere Anionen mehr oder weniger polarisiert.

c) Koordinationsgitter mit metallischer Bindung (Metallgitter). In den Metallen bevorzugen die Atome eine Anordnung, die man als dichteste Kugelpackung bezeichnet. In diesen dichtesten Kugelpackungen, die kubische oder hexagonale Symmetrie besitzen können, hat jedes Atom 12 nächste Nachbarn in gleicher Entfernung. Die Bindung in den Metallgittern ist dadurch gekennzeichnet, daß die Metallatome ihre äußeren Elektronen nicht an bestimmte Nachbaratome wie bei der Ionenbildung abgegeben haben, sondern daß die freigewordenen Elektronen, an kein bestimmtes Atom und keinen bestimmten Platz im Gitter gebunden, in den Zwischenräumen zwischen den zu Kationen gewordenen Metallatomen frei beweglich sind. Bildlich kann man das wie folgt ausdrücken: Metallkationen sind in gesetzmäßiger

---

dahin zu verstehen, daß sich in der Verbindungslinie zweier Nachbaratome die Bahnen der beiden, verschiedenen Atomen angehörigen Elektronen schneiden oder daß diese beiden Elektronen die beiden Atomkerne gemeinsam umkreisen.

Anordnung in einem beweglichen Elektronenbrei suspendiert. Hervorstechende Eigenschaften der Kristallgitter mit Metallbindung sind: Großes elektrisches und thermisches Leitvermögen, Undurchsichtigkeit, verbunden mit mehr oder weniger kräftigem Metallglanz an den glatten Oberflächen. Bei Legierungsverbindungen, die mehrere Atomarten enthalten, macht sich die Bedeutung der frei beweglichen Elektronen für die Struktur sehr häufig durch die Art der Anordnung bemerkbar; bestimmte Strukturformen sind an ein bestimmtes Verhältnis von Atomzahl zur Zahl der freien Elektronen gebunden.

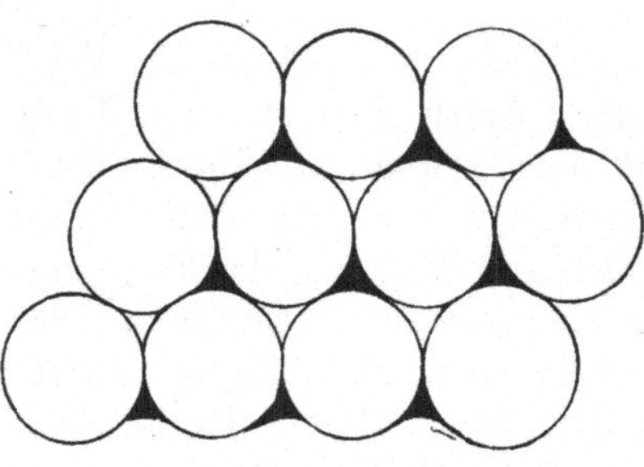

Abb. 120.   Lage dichtest gepackter Kugeln.

In den dichtesten Kugelpackungen sind die Atome in bestimmten Ebenen nach Art der Abb. 120 dichtest gepackt. In jeder der-

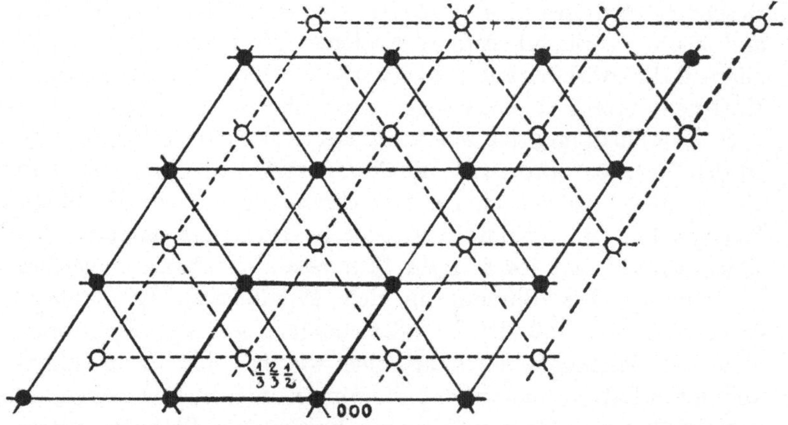

Abb. 121.   Schema der hexagonal dichtesten Kugelpackung, von oben gesehen (Ineinanderstellung von zwei einfachen hexagonalen Gittern).

artigen Ebene hat jedes Atom sechs nächste Nachbarn, je drei weitere nächste Nachbarn liegen in der gleichartig aufgebauten darüber und darunter befindlichen Ebene; die Koordinationszahl ist somit 12. Die nächste Atomlage kommt über die in der Abb. 120 dargestellte so zu liegen, daß ihre Atome über den in der Abb. 120

ausgefüllten Lücken zwischen den Atomen der gezeichneten
Schicht liegen. Wenn sich die Atome der dritten Ebene wieder
genau über die Atome der ersten Schicht legen, hat das Gitter
hexagonale Symmetrie (*hexagonal dichteste Kugelpackung*,
Abb. 121, 122); die Atome der vierten Schicht legen sich dann
über die der zweiten, die der fünften wieder über die der
dritten und ersten Schicht usw. Wenn sich aber die Atome der
dritten Schicht über die nicht ausgefüllten Zwischenräume
zwischen den Atomen der in der Abb. 120 gezeichneten ersten

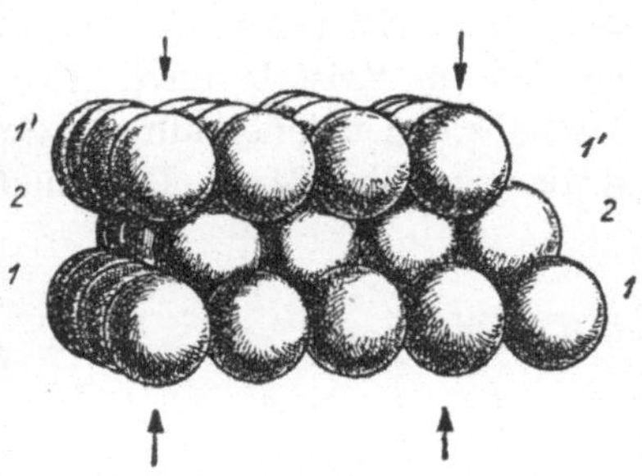

Abb. 122. Hexagonal dichteste Kugelpackung, von vorne gesehen.

Schicht lagern und erst die Atome der vierten Schicht wieder
unmittelbar über die Atome der ersten Schicht zu liegen kommen,
die der fünften Schicht über die der zweiten, die der sechsten
Schicht über die der dritten, die der siebenten Schicht über die
der vierten und ersten usw.,
so erhält das Gitter kubische
Symmetrie (*kubisch dichteste
Kugelpackung*, Abb. 123).

Den Kohlenstoff kennt man
nicht nur in der Form des
harten, durchsichtigen, stark
lichtbrechenden, kubisch kristallisierenden Diamanten, sondern auch in der Form des
weichen, schmierenden und
abfärbenden, schwarzen, metallisch glänzenden *Graphits*,

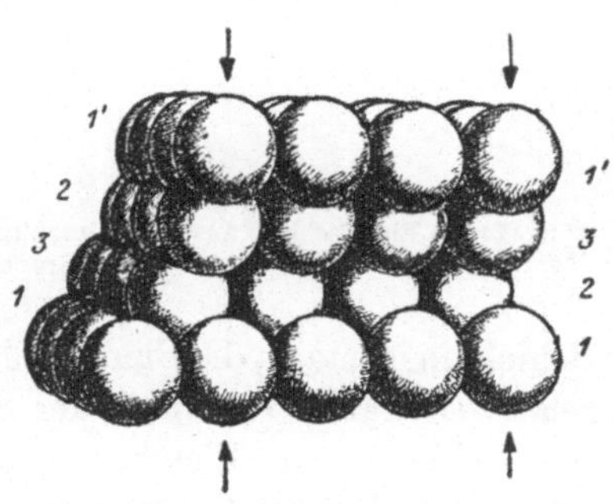

Abb. 123. Kubisch dichteste Kugelpackung, ebenso.

dessen schuppig-blättrige Kristalle hexagonale Symmetrie besitzen. Diese grundsätzlich verschiedenen Eigenschaften sind
durch die Verschiedenheit der Atomanordnung im Kristallgitter
bedingt; dies ist ein Zeichen dafür, daß die Eigenschaften eines
Stoffes keineswegs an die chemische Zusammensetzung allein
gebunden sind, sondern daß vor allem auch die Anordnung der
Atome im Kristall und die Bindungsart für die Eigenschaften

eine entscheidende Rolle spielt. Der Graphit hat ein ausgesprochenes Schichtgitter (Abb. 124) von hexagonaler Symmetrie. Die
einzelnen Schichten sind aus zusammenhängenden, regelmäßig
sechsseitigen Ringen von Kohlenstoffatomen aufgebaut (Abb. 124a);
sie sind im Kristall durch Abstände, die im Vergleich zu den
Atomabständen innerhalb der Schichten groß sind, voneinander
getrennt (Abb. 124b). Die Bindung der Atome innerhalb der

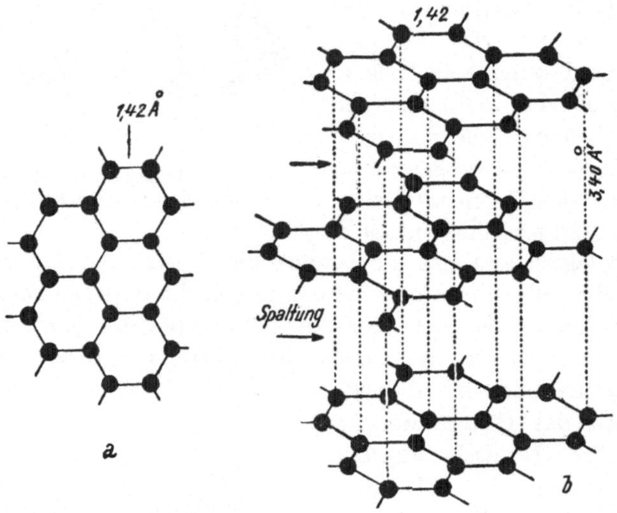

Abb. 124. a Einzelschicht aus dem Graphitgitter, b Übereinanderlagerung der Schichten
im Graphitkristall.

Schichten ist stark, die Bindung der einzelnen Schichten aneinander
relativ schwach. Innerhalb der Schichten sind die Atome homöopolar über je zwei Elektronen mit den drei Nachbaratomen verbunden; das vierte Valenzelektron eines jeden Atoms ist offenbar
frei beweglich und vermittelt die Bindung zwischen den Schichten
in Form der metallischen Bindung. Daher stammen die metallischen
Eigenschaften des Graphites: Sein gutes Leitvermögen für Wärme
und Elektrizität, seine Undurchsichtigkeit und der metallartige
Glanz. Man kann das Graphitgitter auffassen als bestehend aus
riesigen, eindimensionalen, durch Elektronenabgabe ionisierten
Molekülen, die durch die freien Elektronen metallisch aneinander
gebunden sind. Die Spaltbarkeit der Graphitkristalle nach den
Schichtebenen ist eine hervorragende.

D. Einige einfache Kristallgittertypen.

1. Elementgitter.

Der Aufbau der beiden Formen des Kohlenstoffes wurde im vorigen Abschnitt geschildert. Dieselbe Kristallstruktur wie der *Diamant*, nur mit anderen Zelldimensionen und damit anderen Atomabständen, haben unter den Grundstoffen noch das Silizium, das Germanium und das Zinn in seiner sogenannten „Grauen" Form. Es sind dies also solche Grundstoffe, deren Atome vier Elektronen in der äußeren Schale enthalten. Das Diamantgitter ist ein achtfach zusammengesetztes Gitter. Die acht Atome des Elementarkörpers haben folgende Koordinaten (Abb. 118):

$$000, \ ^1/_2\,^1/_2\,0, \ 0\,^1/_2\,^1/_2, \ ^1/_2\,0\,^1/_2,$$
$$^1/_4\,^1/_4\,^1/_4, \ ^3/_4\,^1/_4\,^3/_4, \ ^3/_4\,^3/_4\,^1/_4 \text{ und}$$
$$^1/_4\,^3/_4\,^3/_4.$$

Da jedes Atom im Gitter vier hochsymmetrisch (tetraedrisch) angeordnete Nachbarn hat, kennzeichnen wir die Diamantstruktur durch das Symbol $E^{[4]}k$.

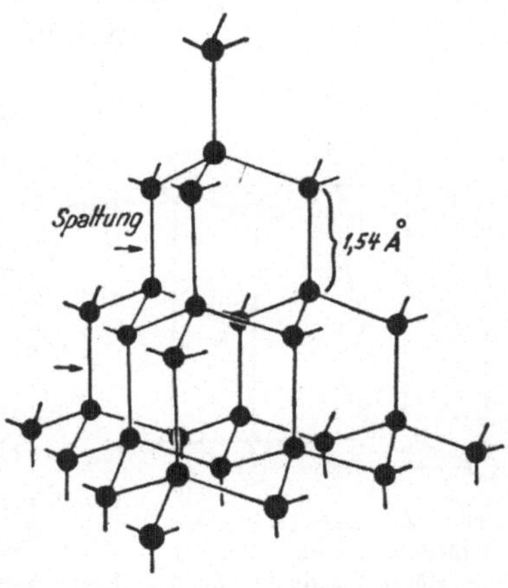

Abb. 125. Spaltbarkeit des Diamanten parallel zu den Oktaedernetzebenen.

Dieses Symbol bedeutet: Elementgitter (E) mit der Koordinationszahl 4 und kubischer Symmetrie (k).

Der Diamant spaltet sehr gut nach den Flächen des Oktaeders {111}. Die nähere Untersuchung des Kristallgitters zeigt, daß die den Oktaederflächen entsprechenden Netzebenen (Abb. 125) zu Paaren zusammengefaßt sind. Der Abstand zwischen zwei solchen aufeinander folgenden, mit Atomen dicht besetzten Paaren von Netzebenen ist größer als irgendein sonstiger Netzebenenabstand im Diamantgitter; daraus erklärt sich die gute Spaltbarkeit nach den Oktaederflächen. Die Netzebenenpaare parallel zu den Oktaederflächen kann man übrigens auch als zusammenhängend aufgebaut aus *gebuckelten* Sechserringen auffassen, die aber nicht so weit voneinander abstehen wie die aus glatten Sechserringen aufgebauten Schichtebenen des Graphits.

Das Symbol für das Graphitgitter ist, da innerhalb jeder Schicht jedes Kohlenstoffatom drei nächste Nachbarn hat, folgendes:

$E^{[3]}h$Sch oder auch $\underset{\infty}{\overset{2}{\infty}}\,E^{[3]}h$. Mit dem Zeichen $\underset{\infty}{\overset{2}{\infty}}$ oder mit dem Zusatz Sch ist angedeutet, daß es sich um ein (zweidimensionales) Schichtgitter handelt.

Die größte Zahl der metallischen Grundstoffe gehört drei verschiedenen Gittertypen an:

a) Der Elementarkörper des *kubisch flächenzentrierten Gitters* oder der *kubisch dichtesten Kugelpackung* ist in Abb. 126 dargestellt. Man nennt derartige Gitter flächenzentriert, weil außer den Eckpunkten auch noch die Flächenmitten der Elementarkörper mit Atomen besetzt sind. Das Gitter ist ein vierfach zusammengesetztes Gitter. Die Atomkoordinaten sind:

$$000,\ {}^1/_2\,{}^1/_2\,0,\ 0\,{}^1/_2\,{}^1/_2 \text{ und } {}^1/_2\,0\,{}^1/_2.$$

Das Symbol der Struktur ist wegen der für dichteste Kugelpackung charakteristischen Koordinationszahl 12: $E^{[12]}k$. Von den in der Natur als Mineralien vorkommenden reinen Metallen besitzen diese Struktur mit verschiedenen Gitterdimensionen: Kupfer, Silber, Gold, Platin, Blei; ferner tritt diese Struktur auf bei: Nickel, Eisen (bei Temperaturen von 906° bis 1404°), Aluminium usw.

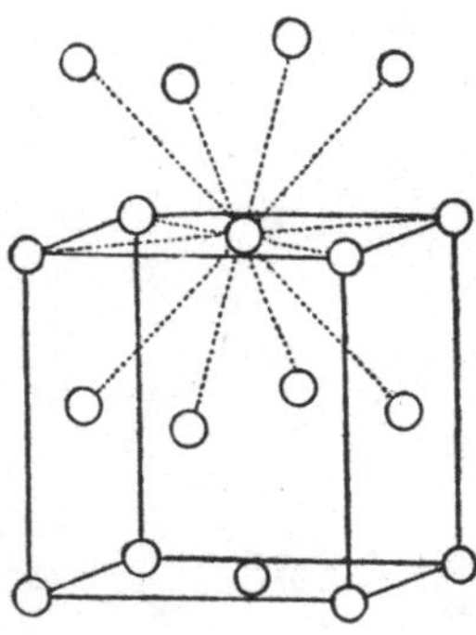

Abb. 126. Kubisch flächenzentriertes Gitter (Cu, Au, Ag, γ-Fe, He usw.).

b) *Hexagonal dichteste Kugelpackung.* Zwei einfache hexagonale Gitter sind im Sinne der Abb. 106 ineinander geschoben. Die beiden Atome des Elementarkörpers haben die Koordinaten 000 und ${}^1/_3\,{}^2/_3\,{}^1/_2$. Ein größerer Ausschnitt aus dem Gitter ist in Abb. 121 durch Projektion auf die Basisfläche dargestellt. Die durch ausgefüllte Kreise gekennzeichneten Atomschwerpunkte liegen in der Zeichenebene und haben damit die Vertikalkoordinate 0, die durch leere Kreise dargestellten Atome liegen in halber Höhe der c-Achse über und unter der Zeichenebene und haben dementsprechend die Vertikalkoordinate ${}^1/_2$. Das Symbol der Struktur ist $E^{[12]}h$. Beispiele für diese Struktur: Zink, Beryllium, Magnesium usw.

c) Der dritte, bei elementaren Metallen häufige Kristallbautyp ist durch Abb. 127 dargestellt. Es ist das *kubisch körperzentrierte Gitter*, so genannt, weil außer den Ecken des Elementarkörpers noch dessen Körpermitte von einem Atom besetzt ist. Es handelt sich also um ein zweifach zusammengesetztes Gitter mit den Atomkoordinaten 000 und $\frac{1}{2}\frac{1}{2}\frac{1}{2}$. Jedes Atom ist von acht anderen in gleichen Abständen umgeben, die, wie Abb. 127 zeigt, die Eckpunkte eines Würfels bilden. Das Symbol der Struktur ist daher: $E^{[8]}k$. In diesem Gittertyp kristallisieren z. B. das Eisen (bis zu einer Temperatur von 906° und bei Temperaturen über 1404°), das Chrom, das Vanadium und die Alkalimetalle.

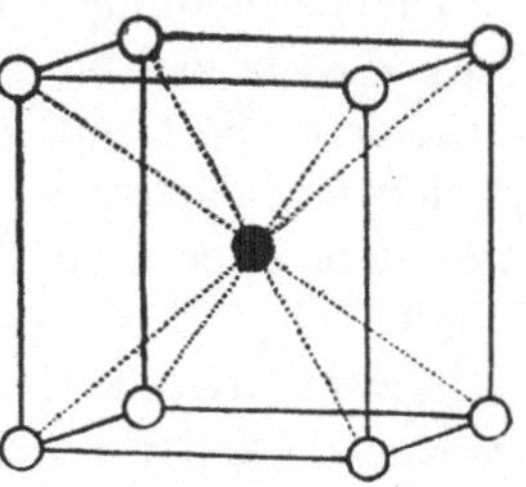

Abb. 127. Kubisch körperzentriertes Gitter (Na, K, Li, α-Fe usw.); bei CsCl und analog aufgebauten Verbindungen stellen die ausgefüllten Kreise die Anionen dar, die leeren die Kationen.

Außer diesen Strukturtypen kennt man unter den Grundstoffen noch eine Reihe anderer, die weniger weit verbreitet sind. Je größer die Elektronenzahl des einzelnen Atoms in der äußeren Schale wird, desto mehr macht sich die Tendenz bemerkbar, von hochsymmetrischen Koordinationsgittern mit hohen Koordinationszahlen und metallischen Eigenschaften zu schichtartig oder kettenartig aufgelösten Gittern und schließlich zu Molekülgittern überzugehen. Einige dieser Gittertypen (Schwefel, Selen, Tellur) wurden schon auf S. 130 und 134 kurz erwähnt. Die schichtartige Auflösung des Koordinationsgitters ist am ausgeprägtesten beim Graphit (S. 142), weniger ausgeprägt bei Phosphor, Arsen, Antimon und Wismut. Ausgesprochene Molekülgitter besitzen, abgesehen vom Schwefel mit seinen achtatomigen Molekülen, noch Sauerstoff, Stickstoff, Wasserstoff und die Halogene. In allen diesen Fällen sind die Moleküle zweiatomig; bei Sauerstoff und Wasserstoff bilden sie im Kristallgitter die Schwerpunkte von dichtesten Kugelpackungen. Formel z. B. $[O_2]^{12}$ k. M.[1] Auch die Kristallgitter der Edelgase sind nach dem Prinzip der kubisch dichtesten Kugelpackung aufgebaut (Abb. 123, 126); man kann die Baueinheit hier als einatomiges Molekül betrachten; denn bei den Atomen der Edelgase handelt es sich

---

[1] k. M. = kubisches Molekülgitter.

wie bei den Molekülen um elektrisch neutrale Gebilde mit abgeschlossenen äußeren Elektronenschalen. Dies ist auch die Ursache für den tief liegenden Schmelzpunkt der Kristalle der Edelgase. Im Kristallgitter werden die Atome der Edelgase so wie die Moleküle der Molekülgitter nur durch die schwachen van der Waalsschen Kräfte in ihrer gesetzmäßigen Anordnung zusammengehalten.

2. Verbindungen.

Die Verbindungen lassen sich nach dem Formeltypus einteilen; aus diesem ist zu entnehmen, wieviele kristallchemisch verschiedene Bestandteile in der Verbindung vorkommen und in welchem Zahlenverhältnis sie zueinander stehen. Für Verbindungen mit zwei kristallchemisch verschiedenen Bestandteilen im Verhältnis 1 : 1 gilt somit der Formeltypus AB; für Verbindungen mit zwei kristallchemisch verschiedenen Bestandteilen im Verhältnis 1 : 2 der Formeltypus AB_2. In den Bereich eines jeden Formeltypus fallen verschiedene Strukturtypen:

α) *Formeltypus AB.* Die Struktur des *Steinsalzes* NaCl ist in Abb. 107 dargestellt und wurde auf S. 121 ff. besprochen. Die Strukturformel ist unter Berücksichtigung der Koordinationsverhältnisse $\overset{3}{\infty}[A^{[6]}B^{[6]}]k$; das bedeutet, jeder der Gitterbestandteile A und B ist von sechs Atomen anderer Art umgeben; die Struktur ist kubisch, und zwar handelt es sich, was durch das vorgesetzte Zeichen $\overset{3}{\infty}$ angedeutet ist, um ein dreidimensionales Koordinationsgitter ohne abgeschlossene Moleküle.[1] Die Steinsalzkristalle und die analog aufgebauten Kristalle spalten ausgezeichnet nach den Flächen des Würfels {100}. Es sind dies die am dichtesten besetzten und dementsprechend am weitesten voneinander entfernten Netzebenen des Kristallgitters. Dieselbe Struktur wie das Steinsalz, nur mit anderen Gitterkonstanten und dementsprechend anderen Ionenabständen, besitzen zahl-

---

[1] Da dreidimensionale Koordinationsgitter bei anorganischen Stoffen die Regel sind, erübrigt es sich, das Zeichen $\overset{3}{\infty}$ der Strukturformel vorauszusetzen; es genügt völlig, wenn man die Schicht- und Kettengitter durch die Zeichen $\overset{2}{\infty}$ und $\overset{1}{\infty}$ kennzeichnet; das Zeichen $\overset{3}{\infty}$ wird daher nur in jenen Fällen angewendet, wo die Kationen und Anionen der ersten Art zu charakteristischen dreidimensionalen Trageverbänden der Struktur zusammengefügt sind (S. 154).

reiche andere Verbindungen: z. B. alle Halogenverbindungen von Li, Na, K und Rb, ferner CsF, weiter viele Oxyde, Sulfide und Telluride von zweiwertigen Metallen, wie CaO, MgO, BaO, FeO, MnO, CaS, CaSe, BaTe, MgS, PbS (Mineral Bleiglanz), und schließlich zahlreiche Karbide, Nitride und Phosphide, wie TiC, TaN und LaP. Aus den angeführten Beispielen läßt sich erkennen, daß für eine bestimmte Kristallstruktur keineswegs die chemische Art und Wertigkeit von ausschlaggebender Bedeutung ist; dieselbe Struktur tritt zwischen einwertigen, zweiwertigen, dreiwertigen und vierwertigen Ionen auf. Bei den Karbiden, Nitriden usw. mit Steinsalzstruktur machen sich stark homöopolare Bindungstendenzen bemerkbar; in anderen Fällen, z. B. bei den Mineralen Bleiglanz PbS und Clausthalit PbSe stark metallische.

Der Strukturtypus des *Caesiumchlorides* entspricht dem in Abb. 127 dargestellten körperzentrierten, kubischen Gitter mit der Koordinationszahl 8. Nur werden beim Caesiumchlorid CsCl alle Ecken der Elementarkörper (leere Kreise) von den Ionen der einen Art, alle Körpermitten (ausgefüllte Kreise) von den Ionen der anderen Art in regelmäßiger Verteilung besetzt. Die Strukturformel lautet somit: $[A^{[8]} B^{[8]}]k$. In dieser Struktur kristallisieren außer CsCl noch CsBr, CsJ und die entsprechenden Thallium- und Ammoniumverbindungen;[1] ferner gibt es auch metallische Verbindungen mit dieser Struktur, z. B. CuZn, AgZn und AuZn. An dieser Stelle möge erwähnt werden, daß bei metallischen Verbindungen das durch die Formel gegebene Atomverhältnis häufig keineswegs streng eingehalten wird; die Metallatome können sich in den Kristallgittern der verschiedenen zwischenmetallischen Verbindungen in größerem oder geringerem Umfange gegenseitig ersetzen; die Zusammensetzung solcher Verbindungen umfaßt dementsprechend einen größeren oder kleineren Bereich und ist nicht scharf an die theoretische Formel gebunden.

Die Struktur des kubisch (hexakistetraedrisch) kristallisierenden Minerals *Zinkblende* ZnS entspricht jener des Diamanten (Abb. 118). Es tritt hier also für beide Partner die Koordinationszahl 4 auf. Die Ecken und Flächenmitten des Elementarkörpers (ausgefüllte

---

[1] Das Ammoniumion $(NH_4)^+$ kann als geschlossene Gittereinheit betrachtet werden; die H-Atome sind eng an das zentrale N-Atom gebunden.

Kreise) werden von den Atomen der einen Art, die vier in den
abwechselnden Oktanten des Elementarkörpers liegenden Positionen (leere Kreise) von den Atomen der anderen Art eingenommen. Damit ergibt sich die Strukturformel $[A^{[4]} B^{[4]}]k$. Andere
Beispiele für diese Struktur sind: CuCl, AgJ, HgTe, SiC usw.
Die Zinkblendekristalle spalten ausgezeichnet nach den Flächen
des Rhombendodekaeders {110}. Die entsprechenden Netzebenen
sind sehr dicht mit positiven und negativen Ionen besetzt, also

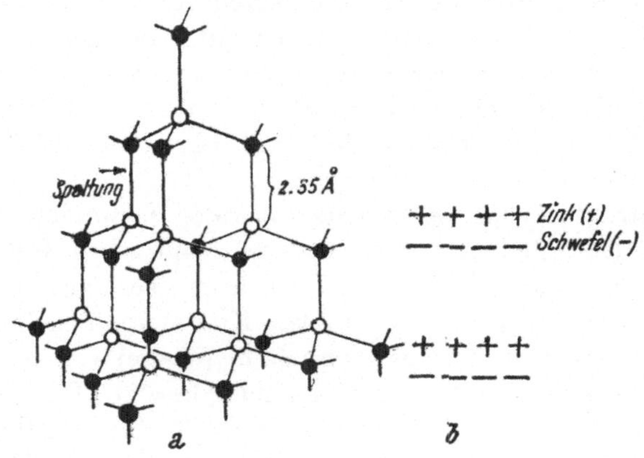

Abb. 128. Durch laufenden Wechsel von mit positiven und negativen Ionen besetzten
Netzebenen wird im Gegensatz zum Diamant bei der Zinkblende ZnS die Spaltbarkeit
nach den Oktaedernetzebenen unterbunden (vgl. Abb. 125).

in sich elektrostatisch ausgeglichen, und haben relativ große
Abstände voneinander. Eine Spaltbarkeit nach den Flächen
des Oktaeders {111}, wie sie beim ähnlich gebauten Diamant
auftritt, ist nach Abb. 128 nicht möglich, da parallel zu den
Oktaederflächen Netzebenen, die nur mit positiven Ionen besetzt
sind, stets mit Netzebenen abwechseln, die nur mit negativen
Ionen besetzt sind; das bedeutet eine große Bindefestigkeit in
der Richtung senkrecht zu diesen Netzebenen, ebenso verhält es
sich mit den aufeinanderfolgenden Würfelnetzebenen (Abb. 118).

Die *Wurtzit*struktur, benannt nach dem hexagonal kristallisierenden Mineral Wurtzit, ist von der Zinkblendestruktur nur
insofern verschieden, als bei der Zinkblende die beiden Atomarten A
und B jede für sich eine kubisch dichteste Kugelpackung bilden,
während beim Wurtzit die beiden Atomarten hexagonal dichteste

Kugelpackung aufweisen (Abb. 129). Der Wurtzit stellt eine zweite kristalline Form von ZnS dar, die bei gewöhnlicher Temperatur und gewöhnlichem Druck wenig beständig ist. Die Koordinationsverhältnisse sind beim Wurtzit wie bei der Zinkblende. Die Strukturformel lautet daher: $[A^{[4]} B^{[4]}]h$. Der Unterschied prägt sich in erster Linie in der durch die Verschiedenheit der Kugelpackung bedingten andersartigen Kristallsymmetrie aus.[1] Andere Beispiele für Verbindungen mit Wurtzitstruktur sind: MgTe, BeO, AgJ, CdSe, CdS (Mineral Greenockit); die

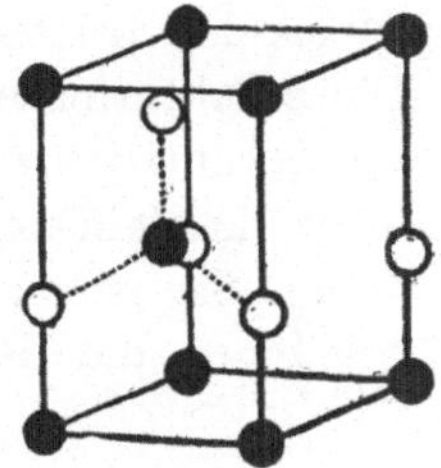

Abb. 129. Hexagonaler Elementarkörper von Wurtzit ZnS; volle Kreise Zn, leere Kreise S.

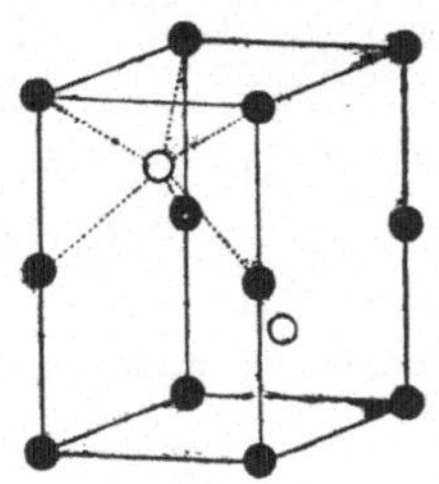

Abb. 130. Hexagonaler Elementarkörper von Nickelarsenid NiAs; volle Kreise Ni, leere Kreise S.

letzteren drei Verbindungen treten wie ZnS auch in der kubischen Zinkblendestruktur auf.

Ebenfalls hexagonal ist die Struktur des *Nickelarsenids* (Mineral Rotnickelkies). Hier sind die hexagonalen Teilgitter der Atome A und B so ineinander verschoben (Abb. 130), daß die Koordinationszahl 6 auftritt. Die Strukturformel ist daher: $[A^{[6]} B^{[6]}]h$. Bei diesen Strukturen handelt es sich nicht um typische Ionengitter, sondern die Kristalle haben stark metallische Eigenschaften. Andere Beispiele für diese Struktur sind: FeS (Mineral Magnetkies), FeSb, AuSn und viele andere Sulfide, Arsenide, Selenide, Telluride und Antimonide.

Bornitrid BN hat eine dem Graphit analoge Struktur mit ganz ähnlichen Dimensionen des hexagonalen Gitters. Die Kohlenstoffatome des Graphits (Abb. 124) sind in jeder Schicht gesetzmäßig abwechselnd durch Bor- und Stickstoffatome ersetzt.

---

[1] Es gibt auch zahlreiche Grundstoffe, die sowohl in Form der kubisch dichtesten Kugelpackung $(E[^{12}]k)$ als auch der hexagonal dichtesten Kugelpackung $(E[^{12}]h)$ auftreten, z. B. Co, Sc und Ce.

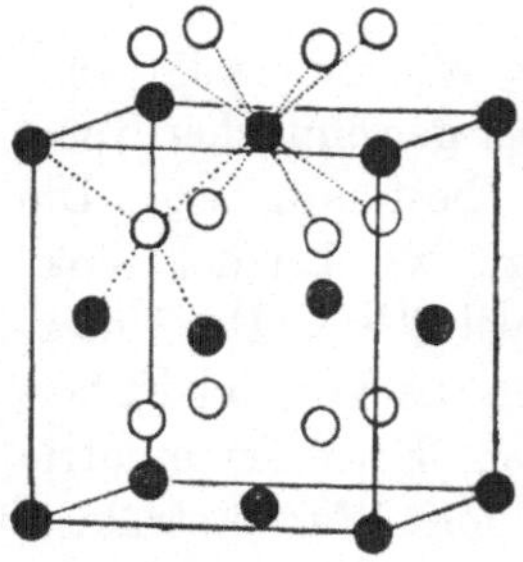

Abb. 131. Kubischer Elementarkörper von Flußspat CaF_2; volle Kreise Ca, leere Kreise F.

Der Schichtgittercharakter ist sehr betont. Die Strukturformel ist somit $\overset{2}{\infty}$ [B[3] N[3]h].

Kohlenmonoxyd CO hat im festen Zustand ein kubisches Molekülgitter, die Moleküle bestehen je aus einem C- und einem O-Atom. Die Schwerpunkte der zweiatomigen Moleküle bilden ein flächenzentriertes kubisches Gitter; es besteht dementsprechend eine bedeutende Ähnlichkeit mit dem Aufbau des ebenfalls aus zweiatomigen Molekülen bestehenden Stickstoffgitters. Die Strukturformel ist: [CO][12]k.M., also kubisches Molekülgitter mit Koordinationszahl 12.

β) *Formeltypus AB_2.* Die Struktur des kubisch kristallisierenden *Flußspates* CaF_2 ist in Abb. 131 dargestellt. Sie ist dadurch gekennzeichnet, daß jedes Ca-Ion von acht F-Ionen, die die Eck-

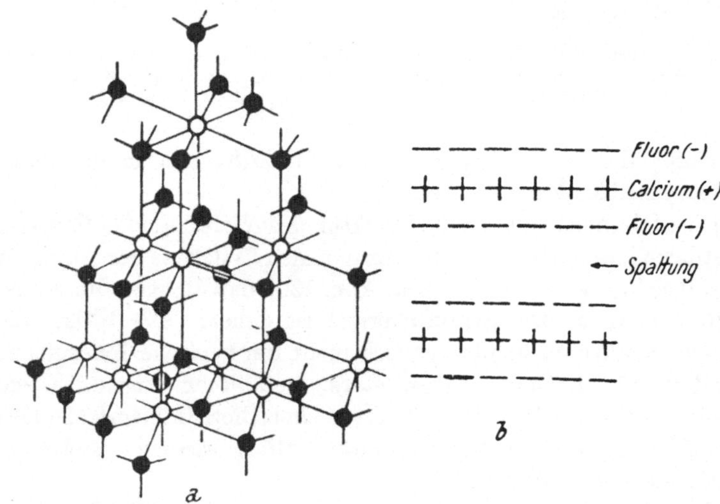

Abb. 132. Spaltbarkeit des Flußspates nach den Oktaederflächen. Leere Kreise Ca^+, ausgefüllte Kreise F^-. Oktaedernetzebenen horizontal gestellt.

punkte eines Würfels um das zentrale Ca-Ion bilden, umgeben ist und jedes F-Ion tetraedrisch von vier Ca-Ionen. Die Strukturformel ist somit: [$Ca^{[8]}$ $F_2^{[4]}$]k. Diese Struktur besitzen zahlreiche Difluoride und Dioxyde, z. B. CdF_2, ThO_2 (Mineral Thorianit), CeO_2, UO_2. Ferner besitzen dieselbe Struktur Oxyde und Sulfide, bei denen die Positionen der Kationen und Anionen im Vergleich zum Fluorit vertauscht sind, z. B. OLi_2, SNa_2, SCu_2 (bei höheren Temperaturen); schließlich eine Anzahl von zwischenmetallischen Verbindungen, wie $SiMg_2$, PIr_2, $PbMg_2$. — Die Kristalle mit Fluoritstruktur spalten sehr gut nach den Flächen des Oktaeders $\{111\}$, weil, wie Abb. 132 zeigt, aufeinanderfolgende Netzebenen parallel zu den Oktaederflächen gleich aufgeladen sind. Dies befördert die leichte Spaltbarkeit nach dieser Richtung.

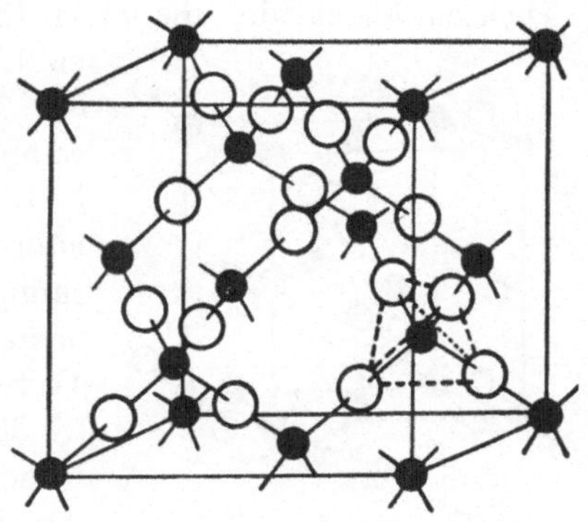

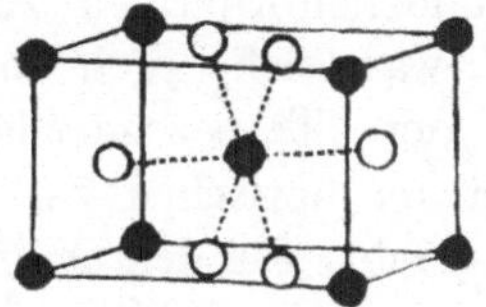

Abb. 133. Tetragonaler Elementarkörper von Rutil TiO_2; volle Kreise Ti, leere Kreise O.

Abb. 134. Kubischer Elementarkörper von Cristobalit SiO_2; kleine Kreise Si, große Kreise O.

Ein weiterer Strukturtypus im Rahmen des Formeltypus AB_2 ist der *Rutil*typus, benannt nach dem tetragonal kristallisierenden Mineral *Rutil* TiO_2. Der Elementarkörper des Gitters ist in Abb. 133 dargestellt: Jedes Ti-Ion ist oktaedrisch von sechs O-Ionen umgeben und jedem O-Ion sind in Form eines gleichseitigen Dreiecks drei Ti-Ionen zugeordnet; die Strukturformel ist somit: $[Ti^{[6]}O_2^{[3]}]t$. An weiteren Beispielen sind zu nennen: MgF_2 (Mineral Sellait), SnO_2 (Mineral Zinnstein), VO_2, MnO_2 (Mineral Polianit), PbO_2 (Mineral Plattnerit) usw.

Von besonderem Interesse ist die Struktur des *Siliziumdioxydes* SiO_2, weil sie einen Hinweis auf das Wesen des Aufbaues der als Gesteinsbestandteile verbreitetsten Mineralien, der Silikate, gibt. Von SiO_2 gibt es sechs verschiedene kristalline Formen. Ohne auf die Einzelheiten des Aufbaues der Kristallgitter einzugehen, muß hervorgehoben werden, daß allen sechs Formen gemeinsam ist, daß die Si-Ionen von vier O-Ionen tetraedrisch umgeben sind und daß jedem O-Ion zwei Si-Ionen zugeordnet sind. Dadurch entfallen auf jedes Si-Ion nur vier halbe O-Ionen und damit ist das formelmäßige Verhältnis SiO_2 gegeben. Es liegt also ein dreidimensional zusammenhängendes Gerüst von $[SiO_4]^{-4}$-Tetraedern vor. Die wechselnde gegenseitige Verdrehung der zusammenhängenden Tetraeder ergibt bei verschiedener Symmetrie ein mehr aufgelockertes oder ein gedrängteres Kristallgebäude; daraus ergeben sich für die verschiedenen Formen bedeutende Dichteunterschiede, die auch für die Technik von Bedeutung sind. Die häufigste Form von SiO_2 in der Natur stellt der wiederholt erwähnte Quarz dar. Hier sind die SiO_4-Tetraeder zu seitlich zusammenhängenden, rechtssinnig oder linkssinnig gewundenen Spiralen zusammengefügt, was sich auch in der Verteilung der Trapezoederflächen (S. 38) und im optischen Verhalten bemerkbar macht. Für den Quarz gilt die Strukturformel: $[Si^{[4]} O_2^{[2]}]rhd$, die höchstsymmetrische Form von SiO_2 stellt der kubische Hochcristobalit dar, dessen Struktur in Abb. 134 dargestellt ist. Eine analoge Struktur wie bei SiO_2 findet man bei BeF_2; die Be-Atome sind von vier F-Atomen tetraedrisch umgeben; die Zusammenfügung der BeF_4-Tetraeder zum dreidimensionalen Gerüst $[Be^{[4]}F_2^{[2]}]$ entspricht der Cristobalitstruktur.

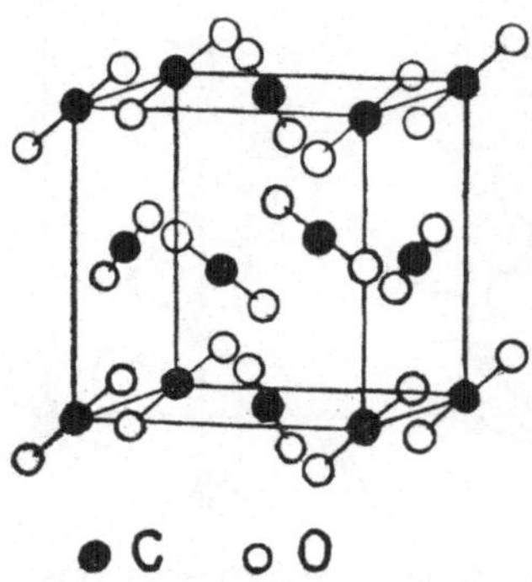

Abb. 135. Kubisches Molekülgitter von CO_2.

Das tief schmelzende *Kohlendioxyd* CO_2 hat wie das Kohlenmonoxyd ein Molekülgitter. Die Moleküle O-C-O sind geradlinig gebaut. Die Schwerpunkte der Moleküle, also die C-Atome, nehmen wiederum die Position eines kubisch flächenzentrierten Gitters (Abb. 135) ein. Es liegt somit eine kubisch dichteste Kugelpackung von CO_2-Molekülen mit 12-Koordination vor; die Strukturformel ist somit: $[O\text{-}C\text{-}O]^{[12]}k$. M.

Wenn die Anionen leicht polarisierbar sind, treten beim Formeltypus AB_2 hexagonale *Schichtgitter* auf, deren Schichten meist nach Abb. 114 ($MgBr_2$) gebaut sind. Die nach außen hin durch negative Ionen abgegrenzten, aus drei Atomlagen bestehenden Schichten sind im Kristall mit relativ großen Abständen gesetzmäßig übereinander gelagert. Ausgezeichnete Spaltbarkeit nach der Schichtebene (also nach 001) ist die Folge dieses Aufbaues. Man schreibt die Strukturformel dieser Verbindung ∞^2 [A[6] B[3]]h, wobei durch die Zwei über dem ∞-Zeichen der Schichtgittercharakter ausgedrückt ist. Zahlreiche Bromide, Jodide, Sulfide, Selenide, Hydroxyde[1] und Chloride haben eine derartige Struktur. An weiteren Beispielen sind zu nennen: $Mg(OH)_2$ (Mineral *Brucit*), CdJ_2, $PtSe_2$, SnS_2, MoS_2, $CdCl_2$. Je nach der Verbindung sind die Schichten verschiedenartig übereinander gelagert.

Eine Besonderheit innerhalb des Formeltypus AB_2 stellt der Strukturtypus des Minerals *Pyrit* FeS_2 dar. Nach Abb. 136 sind die Schwefelatome hier durch homöopolare Bindung zu Paaren vereinigt. Dementsprechend ist innerhalb eines solchen Paares der Abstand der beiden S-Atome so groß wie bei einem Schwefelmolekül (etwa 2,1 Å), während der Abstand zweier negativer Schwefelionen ungefähr 3,5 Å beträgt. Der Pyrit kristallisiert kubisch-dyakisdodekaedrisch. Die Eisenatome bilden ein flächenzentriertes kubisches Gitter, ebenso die Schwerpunkte der S_2-

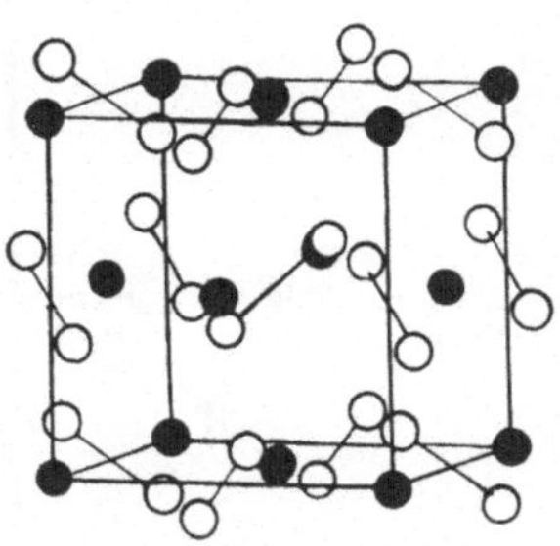

Abb. 136. Kubischer Elementarkörper von Pyrit FeS_2; volle Kreise Fe, leere Kreise S.

Gruppen. Man kann sich das Gitter als NaCl-Gitter vorstellen, in dem die Natriumionen durch Fe-Ionen, die Cl-Ionen durch schräg eingefügte S_2-Gruppen ersetzt sind. Die Strukturformel ist somit: $[A^{[6\,B_2]} (B_2)^{[6]}]$k. Die hierher gehörigen Kristalle haben meist stark metallische Eigenschaften. Dieser Strukturtypus umfaßt zahlreiche Sulfide, Selenide, Telluride, Arsenide und Antimonide, z. B. MnS_2 und $PtAs_2$.

γ) Komplizierter zusammengesetzte Verbindungen. Es sei hier nur die Struktur von $CaTiO_3$ (Mineral *Perowskit*) erwähnt. Die Verbindung gehört offenbar dem Formeltypus ABC_3 an. Wie bei TiO_2 sind auch hier die Ti-Ionen von sechs O-Ionen oktaedrisch umgeben; an jedes O-Ion sind zwei Ti-Ionen gebunden; die

---

[1] Das Hydroxylion $(OH)^{-1}$ ist zwar nicht größer als die weniger polarisierbaren O^{-2}- und F^{-1}-Ionen; infolge seines Aufbaues aus zwei Atomen (positives Proton H^+ am großen O^{--}-Ion) ist es aber ein von vornherein polar gebautes und damit leicht deformierbares Ion.

$[TiO_6]^{-8}$-Oktaeder bilden ein durch Verbindung von je zwei Oktaedern über ein gemeinsames O-Ion entstehendes dreidimensionales Gerüst von der Zusammensetzung $\infty^3[TiO_3]^{-2}$; in dieses Gerüst (Abb. 137) sind die zur Absättigung notwendigen großen Kationen mit 12-Koordination gegenüber den O-Ionen eingefügt; jedem O-Ion sind damit noch vier Ca-Ionen zugeordnet; die Strukturformel lautet somit: $\infty^3 Ca^{[12]}[Ti^{[6]}O_3^{[2Ti + 4Ca]}]k$. Andere Verbindungen mit derselben Struktur sind z. B. $LiNbO_3$, $LaAlO_3$ und $KMgF_3$. Als Kationen treten somit zwei- und vierwertige,

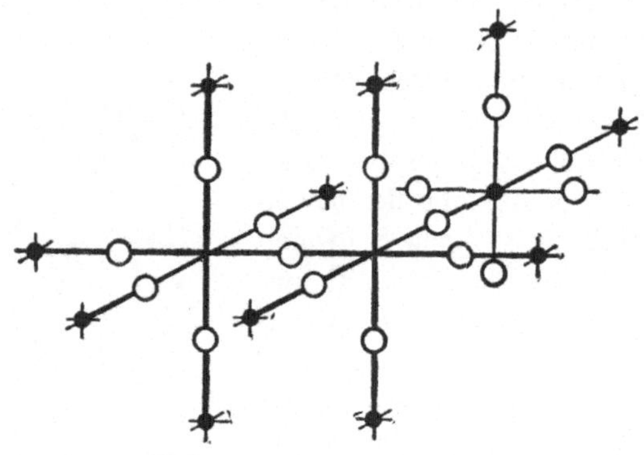

Abb. 137. Schema des dreidimensionalen Gerüstes von $[TiO_6]^{-8}$-Oktaedern im Kristallgitter des Perowskit $CaTiO_3$; volle Kreise Ti^{+4}, leere Kreise O^{-2}.

ein- und fünfwertige, drei- und dreiwertige auf, bei den entsprechenden Fluoriden ein- und zweiwertige; daraus ergibt sich wiederum die Unabhängigkeit einer bestimmten Aufbauform von der chemischen Art und Aufladung der Ionen.

Wir bezeichnen in derartigen Gittern, die kristallchemisch verschiedene Kationen enthalten, die kleineren, meist höherwertigen Kationen, die im Falle des Perowskit mit den Anionen zusammen ein durchlaufendes, dreidimensionales Strukturgerüst von der Zusammensetzung $\infty^3[TiO_3]^{-2}$ bilden, als die Kationen erster Art und die zugeordneten Anionen als Anionen erster Art. Die zur Absättigung derartiger elektronegativ aufgeladenen Gerüste eingestreuten Kationen und in einzelnen Fällen auch noch zusätzliche Anionen werden als Kationen und Anionen zweiter Art bezeichnet. Die Erfahrung lehrt, daß in derartigen Gittern die Positionen der Kationen und Anionen zweiter Art nicht vollständig besetzt zu sein brauchen, ohne daß es deswegen zu einer Änderung der Struktur kommen würde. Auch können solche Kationen oft weitgehend durch chemische Eingriffe aus dem Gitterverband herausgelöst werden (z. B. wenn bei einer Zersetzung durch Oxydation positive Überschußladungen entstehen würden), ohne daß damit das Kristallgebäude zusammenbrechen würde; dasselbe gilt von den Anionen zweiter Art, falls solche im Gitter vorhanden sind. Diese können gelegentlich auch durch H_2O-Moleküle ersetzt sein, die ungefähr gleich groß wie die O^{-2}- und F^{-1}-Ionen sind. Dieser Umstand, der zu bedeutenden Unregelmäßigkeiten in der Zusammensetzung einer nach einem bestimmten Strukturtypus aufgebauten Kristallart führen kann, muß bei der Deutung der Zusammensetzung von Mineralkristallen oft berücksichtigt werden, weil durch ihn das an sich einfache kristallchemische Formelbild mehr oder weniger stark gestört werden kann.

E. Ionen- und Atomabstände, Ionen- und Atomgrößen.

Tabelle 2 gibt eine Übersicht über die Gitterkonstanten a und die Kation-Anion-Abstände $D\left(=\dfrac{a}{2}\right)$ für die mit NaCl gleichgebauten Kristalle der Alkalihalogenide (Abb. 107); alle Zahlenangaben in Å.

Tabelle 2.

		Li	Na	K	Rb	Cs	
F	$a=$	4,02	4,62	5,32	5,64	6,00	
	$D=$	2,01	2,31	2,66	2,82	3,00	
Cl	$a=$	5,14	5,62	6,28	6,58	4,11	
	$D=$	2,57	2,81	3,14	3,29	3,56	
Br	$a=$	5,50	5,97	6,58	6,86	4,29	Strukturtyp A[8] B[8]k Abb. 127
	$D=$	2,75	2,98	3,29	3,43	3,71	
J	$a=$	6,00	6,46	7,06	7,32	4,56	
	$D=$	3,00	3,23	3,53	3,66	3,95	

156   Kristallchemie.

Tabelle 3. Periodisches System der Elemente
(mit Ordnungszahl [links vom Symbol] und Atomgewicht [unter dem Symbol]).

1 H 1,008									2 He 4,002
3 Li 6,94	4 Be 9,02	5 B 10,82	6 C 12,00	7 N 14,008	8 O 16,00	9 F 19,0			10 Ne 20,18
11 Na 23,00	12 Mg 24,32	13 Al 26,97	14 Si 28,06	15 P 31,02	16 S 32,06	17 Cl 35,46			18 Ar 39,94
19 K 39,10	20 Ca 40,07	21 Sc 45,10	22 Ti 47,90	23 V 50,95	24 Cr 52,01	25 Mn 54,93	26 Fe 55,84	27 Co 58,94	28 Ni 58,69
29 Cu 63,57	30 Zn 65,38	31 Ga 69,72	32 Ge 72,60	33 As 74,93	34 Se 79,2	35 Br 79,92			36 Kr 82,9
37 Rb 85,45	38 Sr 87,63	39 Y 88,93	40 Zr 91,22	41 Nb 93,5	42 Mo 96,0	43 Ma	44 Ru 101,7	45 Rh 102,9	46 Pd 106,7
47 Ag 107,88	48 Cd 112,41	49 In 114,8	50 Sn 118,70	51 Sb 121,76	52 Te 127,5	53 J 126,93			54 X 130,2
55 Cs 132,81	56 Ba 137,36	57—71 Seltene Erd.	72 Hf 178,6	73 Ta 181,36	74 W 184,0	75 Re 186,31	76 Os 190,9	77 Ir 193,1	78 Pt · 195,23
79 Au 197, 2	80 Hg 200,61	81 Tl 204,39	82 Pb 207,21	83 Bi 209,00	84 Po (210,0)	85			86 Em 222,0
87	88 Ra 225,97	89 Ac (226)	90 Th 232,12	91 Pa (230)	92 U 238,14				

Aus dieser Tabelle ist zu entnehmen, daß nach beiden Richtungen hin, also sowohl mit der Zunahme des Atomgewichtes der Alkalimetalle wie auch der Halogene, die Gitterkonstanten und damit auch die Ionendistanzen ansteigen. Dies zeigt, daß die Raumbeanspruchung der Ionen mit der Zunahme des Atomgewichtes in derselben Vertikalreihe des periodischen Systems (Tabelle 3) ansteigt. Das ist verständlich, weil mit dem Beginn jeder neuen Periode des periodischen Systems eine neue Elektronenschale angelegt wird, was eine Vergrößerung des Atomraumes bedingt. Der Vollständigkeit halber sind auch noch die Gitterdaten für die mit CsCl-Struktur (Abb. 127) kristallisierenden Caesiumverbindungen angegeben. Hier ist D gleich der halben Körperdiagonale des Elementarwürfels, also $\frac{a}{2}\sqrt{3}$.

In Tabelle 4 sind die Gitterdaten für eine Anzahl ebenfalls wie NaCl gebauter Oxyde, Sulfide, Selenide und Telluride angegeben:

Tabelle 4.

		Mg	Ca	Sr	Ba
O	$a =$	4,20	4,80	5,14	5,54
	$D =$	2,10	2,40	2,57	2,77
S	$a =$	5,20	5,68	6,00	6,36
	$D =$	2,60	2,84	3,00	3,18
Se	$a =$	5,46	5,92	6,24	6,58
	$D =$	2,73	2,96	3,12	3,29
Te	$a =$ } A[4]B[4]k		6,34	6,64	6,98
	} Abb. 118				
	$D =$ } mit $D = 2,76$		3,17	3,32	3,49

Aus den beiden Tabellen geht z. B. hervor, daß bei gleicher Struktur die Ionendistanz Na—F 2,31 Å, die Distanz Mg—O 2,10 Å beträgt. Nun folgt aber Mg dem Na in derselben Horizontalreihe des periodischen Systems. Trotz der damit in Verbindung stehenden Erhöhung des Atomgewichtes und der Elektronenzahl (um 1) findet beim Fortschreiten innerhalb derselben Horizontalreihe des periodischen Systems keine Vergrößerung des Kations statt, sondern es tritt das Gegenteil ein. Dies zeigt ebenfalls eine allgemein gültige Regel auf, die sich daraus erklärt, daß beim Fortschreiten in derselben Horizontalreihe des periodischen Systems (also ohne Neuanlage einer weiteren Elektronenschale) eine Verkleinerung des Atomraumes stattfindet; dies ist dadurch bedingt, daß mit der Zunahme der Kernladung der aufeinanderfolgenden Atome ein Heranziehen der Elektronenschalen an den Atomkern und damit eine Verkleinerung des Atomraumes verbunden ist.

Die beiden genannten Regeln haben zur Folge, daß zwei Ionen, die im periodischen System, wie z. B. Lithium $^{+1}$ (in der ersten Horizontalreihe mit Ordnungszahl 3) und Mg $^{+2}$ (in der zweiten Horizontalreihe mit Ordnungszahl 12), diagonal untereinander stehen, ungefähr dieselbe Raumbeanspruchung haben; dies ist ein Umstand, der für das Verständnis des Aufbaues der Kristallgitter (vor allem der Mineralien) von großer Bedeutung ist.

Aus den Gittern mit Steinsalzstruktur kann man schon für zahlreiche, kugelig gedachte Ionen die *Radien der Raumbeanspruchung* ermitteln. Dazu werden als Grundwerte die aus den Brechungsdaten ermittelten Radienwerte von O^{-2} (1,32 Å) und F^{-1} (1,33 Å) verwendet. Wenn man sich vorstellt, daß sich die Ionenkugeln auf den kürzesten Verbindungslinien gegenseitig berühren, muß diese Ionendistanz gleich der Summe der betreffenden Ionenradien sein. Unter Zugrundelegung obiger Grundwerte können somit die Radien der übrigen Ionen berechnet werden. Es ergibt sich z. B. aus dem Kristallgitter von CaO der Ionenradius von Ca^{+2} zu $2{,}40 - 1{,}32 = 1{,}08$ Å und in gleicher Weise für Mg^{+2} der Radius zu $2{,}10 - 1{,}32 = 0{,}78$ Å. Mit diesen Radiendaten für Kationen können nun wieder Anionenradien berechnet werden. Aus dem Gitter von CaS ergibt sich der Radius von S^{-2} zu $2{,}84 - 1{,}08 = 1{,}76$ Å.

In allen Fällen handelt es sich *nicht um den wahren Ionenradius, sondern um den sogenannten scheinbaren.* Denn wie auf S. 134 auseinandergesetzt ist, berühren sich in den Ionengittern die benachbarten Ionen nicht unmittelbar mit ihren äußeren Elektronenschalen. Man bezeichnet daher diesen scheinbaren Radius auch als den *Wirkungsradius.*

Der Radius der Atome in den Metallgittern ist ein anderer als der Ionenradius, ebenso der Radius bei Atombindung; im letzteren Fall kommt es ja zu einem unmittelbaren Kontakt der äußeren Elektronenschalen. Allgemein gilt folgende Gesetzmäßigkeit: Der Radius der Ionen ein und desselben Grundstoffes ist um so kleiner, je höher seine elektropositive Aufladung ist, und um so größer, je höher seine elektronegative Aufladung ist. Es beträgt z. B. der Radius von Mn^{+7} 0,35 Å, von Mn^{+4} 0,57 Å, von Mn^{+2} 0,81 Å; im metallischen Gitter des Mangans ergibt sich für Mn ein Radius von 1,3 Å. Oder es beträgt der Radius von S^{-2} 1,76 Å, der des Schwefelatoms im Gitter des elementaren Schwefels (homöopolare Bindung) 1,06 Å, jener von S^{+6} 0,35 Å. Der Radius der Atome ist also weitgehend von ihrem Ionisierungszustand abhängig.

Mit der Vergrößerung des Ions nimmt seine Polarisierbarkeit und mit seinem Kleinerwerden seine polarisierende Wirkung zu.

Wenn man diese Umstände berücksichtigt, sind die Wirkungsradien der einzelnen Gitterbestandteile sehr konstante Werte. Sie finden sich in allen Kristallgittern — gleicher Zustand vorausgesetzt — immer wieder bestätigt; einen gewissen Einfluß auf den Wirkungsradius und damit auf die Atomdistanzen hat noch die Koordinationszahl. Die Erfahrung lehrt, daß durch Erhöhung der Koordinationszahl der Wirkungsradius um wenige Prozent vergrößert, durch Verkleinerung der Koordinationszahl um wenige Prozent verkleinert wird. Zahlenangaben für Ionenradien bezieht man deshalb stets auf die Koordinationszahl 6; sonst muß dies besonders vermerkt werden. Im Sinne einer Verkleinerung der Atomdistanzen und damit der Wirkungsradien wirkt auch, wie schon auf S. 139 auseinandergesetzt wurde, der Übergang der Ionenbindung bei zunehmender Polarisation der Anionen zur homöopolaren Bindung; man ist somit in der Lage, aus den Ionen- bzw. Atomdistanzen Schlüsse auf den Bindungscharakter innerhalb des Kristallgitters zu ziehen.

Die Kenntnis der Ionenradien ist von großer Bedeutung. Durch die Größenverhältnisse der Radien werden vor allem in Ionengittern die Koordinationszahlen bestimmt und damit auch der Strukturtypus. Die Größe der Ionen ist dabei von viel einschneidenderer Bedeutung als etwa ihre chemische Art und als der Grad ihrer elektrischen Aufladung: Das ist für das Verständnis der oft außerordentlich bunten Zusammensetzung der Mineralkristalle von sehr großer Bedeutung.

In Tabelle 5 sind die empirischen Wirkungsradien von einigen in Mineralkristallen häufigen Ionenarten angegeben.[1]

Die Abhängigkeit der Struktur von den Wirkungsradien oder besser gesagt, vom Verhältnis zwischen Kationen- und Anionenradius läßt sich besonders bei den Verbindungen AB_2 sehr gut überblicken. Solange dieses Radienverhältnis den Wert 0,73 überschreitet, tritt bei Verbindungen AB_2 die Fluoritstruktur mit der Koordinationszahl 8 um die Kationen auf. Wenn der Radius des Kations kleiner wird und der Radienquotient zwischen 0,73 und 0,41 zu liegen kommt, haben wir Rutilstrukturen mit der Koordinationszahl 6 um die Kationen; bei Radienquotienten zwischen 0,41 und 0,22 treten die Strukturen mit tetraedrischer Koordination (Koordinationszahl 4) der Anionen um die Kationen auf; liegt schließlich der Radienquotient unter 0,22, so trifft man auf Strukturen mit 3- und 2-Koordination. Letzteres ist beim Molekülgitter von CO_2 der Fall, ersteres (Koordinationszahl 3) beim Radikalion $[CO_3]^{-2}$, das allerdings nicht in den Rahmen der Verbindungen AB_2 fällt, z. B. Kalkspatgitter, Abb. 117. Bei starker Polarisierbarkeit der Anionen treten Schichtgitter nach dem Schema des Gitters von $MgBr_2$ auf (Abb. 114), bedingt durch die einseitige Anlagerung der Kationen an die stark polarisierten Anionen. Bei Radienquotienten in der Nähe der Grenzwerte 0,73, 0,41 und 0,22 macht sich oft die Erscheinung bemerkbar, daß eine Verbindung mehrere Strukturformen verschiedener Symmetrie besitzt. Das ist z. B. der Fall beim Germaniumdioxyd GeO_2, von dem eine Form in einer dem SiO_2 entsprechenden Struktur mit Koordinationszahl 4 und die andere in einer dem Rutil TiO_2 entsprechenden Struktur mit der Koordinationszahl 6 kristallisiert. In anderen Fällen treten in der Nähe der genannten Grenzwerte für den Radienquotienten niedriger symmetrische Strukturen mit deformierten Koordinationspolyedern auf (z. B. ZrO_2).

In komplizierteren Strukturen sind die Koordinationsverhältnisse um die Kationen zweiter Art, die ja für den Bestand des Kristallgitters von geringerer Bedeutung sind, oft schwankend

---

[1] Wegen ihrer stark polarisierenden Wirkung und der damit verbundenen Verringerung der Kation-Anion-Abstände können die Wirkungsradien der kleinen, hochwertigen Kationen nicht scharf bestimmt werden (Si^{+4}, C^{+4} usw.).

Tabelle 5. Die Wirkungsradien einiger Ionen (in Å).

Cs^{+1}
1,65

Rb^{+1}
1,49

K^{+1}	Ba^{+2}	Pb^{+2}
1,33	1,43	1,32

Sr^{+2}
1,27

Na^{+1}	Ca^{+2}	Y^{+3}	Ce^{+3}	U^{+4}	Th^{+4}
0,98	1,08	1,06	1,18	1,05	1,10

Mn^{+2} Zr^{+4}
0,91 0,87

Li^{+1}	Mg^{+2}	Fe^{+2}	Cr^{+3}	Fe^{+3}	Sc^{+3}	Ti^{+4}	Sb^{+5}	Nb^{+5}
0,78	0,78	0,83	0,64	0,67	0,83	0,64	0,70	0,69

Al^{+3} Ge^{+4}
0,57 0,44

Be^{+2}	Si^{+4}	P^{+5}	As^{+5}	S^{+6}	Cr^{+6}	Mn^{+7}
0,34	0,38	0,36	0,40	0,35	0,35	0,35

B^{+3}
0,20

C^{+4}	N^{+5}
0,15	0,15

J^{-1}	S^{-2}	Cl^{-1}	F^{-1}	O^{-2}	(OH)$^{-1}$
2,20	1,74	1,81	1,33	1,32	1,33

und wenig symmetrisch. Für den Aufbau derartiger Kristallgitter sind die Kationen und Anionen erster Art in erster Linie maßgeblich.

F. Polymorphie, Isomorphie und Mischkristallbildung.

1. Polymorphie.

Schon wiederholt wurde darauf verwiesen, daß bestimmte Stoffe (z. B. C, Fe, SiO$_2$, ZnS) in mehreren, makrokristallographisch und dementsprechend auch feinbaulich verschiedenen Kristallarten auftreten. Man bezeichnet diese weit verbreitete Erscheinung als *Mehrgestaltigkeit* oder *Polymorphie* der betreffenden Stoffe. Sie wurde erstmalig im Jahre 1821 von E. MITSCHERLICH beobachtet. Die verschiedenen Kristallarten des Stoffes und die amorphen Zustände (amorph-fest, flüssig und gasförmig) werden als die verschiedenen Formen oder *Modifikationen* des Stoffes bezeichnet. Hier sollen vor allem die verschiedenen kristallinen Formen behandelt werden. Stoffe mit zwei kristallinen Modifikationen bezeichnet man als *dimorph*, mit drei Modifikationen *trimorph* usw.

Die Beobachtung lehrt, daß eine bestimmte kristalline Form bei gegebenen Temperatur- und Druckbedingungen die stabile Form darstellt. Die übrigen Modifikationen haben in diesem Temperatur- und Druckbereich eine größere oder geringere Tendenz, in die stabile Form überzugehen; sie sind die im betreffenden Bereich instabilen Formen. Die instabilen Formen haben stets einen höheren Dampfdruck als die stabilen Formen; ihre Löslichkeit in irgendeinem Lösungsmittel ist größer, ihr Schmelzpunkt liegt niedriger.

In zwei kristallinen Modifikationen ist z. B. der Grundstoff Schwefel bekannt. Seine aus acht Atomen bestehenden Moleküle (Abb. 112) ordnen sich im Kristall entweder so, daß das Gitter rhombisch ist, oder so, daß das Gitter monokline Symmetrie besitzt. Bei Atmosphärendruck geht der rhombische Schwefel bei 95,3° in den monoklinen Schwefel über. Letztere ist somit die bei höheren Temperaturen stabile Form (Hochtemperaturform), erstere die bei tieferen Temperaturen stabile Form (Tieftemperaturform). Den genannten Temperaturpunkt bezeichnet man als den *Umwandlungspunkt* bei Atmosphärendruck; bei einem Druck von 1300 Atmosphären liegt der Umwandlungspunkt bei 150°. Bei Atmosphärendruck schmilzt der rhombische Schwefel bei 112,8°, der monokline als die bei höheren Temperaturen stabile Form bei 119,25°. Die Umwandlungspunkte sind jene Punkte, bei denen zwei kristalline Formen nebeneinander beständig sind. Der Umwandlungspunkt entspricht ferner jenem Punkt, bei dem der Dampfdruck des rhombischen Schwefels größer wird als der des monoklinen Schwefels. Wird bei Atmosphärendruck die Temperatur von 95,3° überschritten, so geht der rhombische Schwefel in den monoklinen über, bei der Abkühlung geht der monokline bei dieser Temperatur in den rhombischen Schwefel über. Solche Umwandlungspunkte nennt man *enantiotrope* Umwandlungspunkte, die Umwandlung ist *umkehrbar* oder *reversibel*, sie ist z. B. im Falle des Schwefels nur schwer zu verzögern (durch sehr rasche Abkühlung des monoklinen Schwefels).

Bei steigendem Druck erweitert die Modifikation mit kleinerem Volumen (also größerer Dichte) ihr Stabilitätsgebiet nach der Richtung höherer Temperaturen hinaus. Im allgemeinen zeigt die bei höheren Temperaturen stabile Form höhere Kristallsymmetrie.

Wenn auch, von den Umwandlungspunkten abgesehen, bei gegebenem Druck und gegebener Temperatur immer nur eine Modifikation neben dem Dampf (Gasphase) stabil ist, so gibt es doch zahlreiche Fälle, wo neben der stabilen Form auch eine oder mehrere instabile Modifikationen anscheinend unbeschränkt stabil sind. Solche instabile Formen nennt man *haltbar (metastabil)*.

Der Übergang aus dem instabilen (metastabilen) in den stabilen Zustand erfolgt im allgemeinen um so rascher, je geringfügigere Umstellungen des Kristallgitters dazu notwendig sind. So vollzieht sich der Übergang aus der bis 906° beständigen, kubisch körperzentrierten Form des Eisens (α-Eisen) in die oberhalb 906° beständige, kubisch flächenzentrierte Form (γ-Eisen) beim Durchschreiten des Umwandlungspunktes sofort; sie kann nicht aufgehalten werden. Es braucht dabei keinerlei Platzwechsel der Atome im Kristallgitter stattzufinden, wie aus Abb. 138 hervorgeht. In vier benachbarte, kubisch körperzentrierte Zellen läßt sich eine flächenzentrierte tetragonale Zelle einschreiben. Beim Umwandlungspunkt kontrahieren sich die horizontalen Kanten der tetragonalen Zelle um ein Geringes (a' sinkt von 4,12 Å auf 3,62 Å). Die Vertikalkante a streckt sich dagegen von 2,91 Å auf 3,62 Å. Damit ist das tetragonal flächenzentrierte Gitter in das kubisch flächenzentrierte Gitter der Hochtemperaturform übergeführt, und zwar ohne grundsätzlichen Umbau des Gitters. Ein anderes derartiges Beispiel für sehr geringe Atomverschiebungen beim Übergang von einer Modifikation in die andere liefert der Quarz SiO_2. Dieser kristallisiert bei tieferen Temperaturen als rhomboedrischer Tiefquarz, bei Temperaturen oberhalb von 575° als hexagonal trapezoedrischer Hochquarz. Die Atomverschiebungen beim Übergang sind so geringfügig, daß sie sich beim Durchschreiten des Umwandlungspunktes nach oben oder nach unten unter allen Umständen vollziehen; wenn Tiefquarz einer allmählichen Temperaturerhöhung ausgesetzt wird, verlagern sich in seinem Gitter die Atome nach und nach in dem Sinne, der den höher symmetrischen Aufbau des Hochquarzes kennzeichnet. Trotzdem vollzieht sich der Übergang nicht völlig

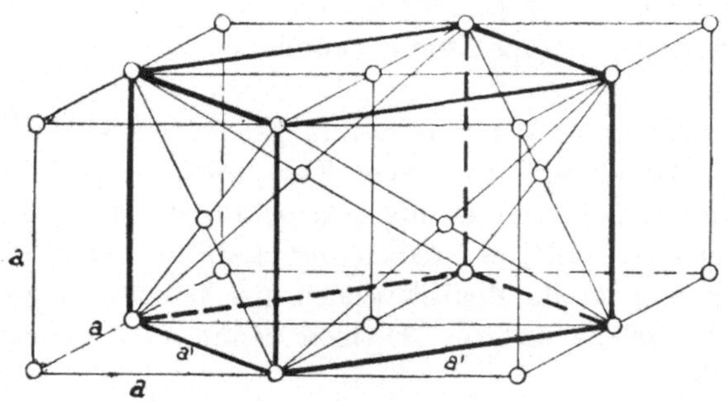

Abb. 138. Übergang von α-Eisen in γ-Eisen.

stetig, sondern erst bei 575° findet ein plötzlicher Umschlag in die hexagonale Symmetrie statt; dieser vollzieht sich sprunghaft, obwohl schon bei tieferen Temperaturen angebahnt.

Umwandlungen dieser Art bezeichnet man wohl auch als α—β-*Umwandlungen*; die Umwandlungspunkte sind in solchen Fällen stets enantiotrop. Vielfach wird die Hochtemperaturform als α-Form, die Tieftemperaturform als β-Form bezeichnet; da aber in dieser Bezeichnungsweise keine völlige Einheitlichkeit besteht, spricht man besser von Hoch- bzw. Tiefform.

Andere polymorphe Umwandlungen gehen unter grundsätzlichen Umordnungen des Kristallgebäudes vor sich. Bei diesen Umwandlungen kommt es meist zu einem vollständigen Zerfall des ursprünglichen Kristallgebäudes; dabei kann aber von der neuentstandenen Form, die meist in Gestalt von zahlreichen winzigen Kristallkörnern vorliegt, der Kristallraum der ursprünglichen instabilen Form wieder eingenommen werden. Solche Scheinkristalle, die aus einem Aggregat von winzigen Körnern der stabilen Form bestehen, sind physikalisch inhomogen; man nennt derartige Bildungen, bei denen die stabile Form die ursprüngliche Gestalt der instabilen Form übernommen hat, *Paramorphosen.* Umwandlungen dieser Art, die mit den Umwandlungen der ersten Art durch alle Übergänge verbunden sind, sind oft stark verzögert. Die Erhaltung des metastabilen Zustandes auf praktisch unabsehbare Zeit kann durch rasches Durchschreiten der Temperatur des Umwandlungspunktes gefördert werden; dadurch, daß man die Temperatur wieder in die Nähe der Temperatur des Umwandlungspunktes bringt, können die Umwandlungen in die stabile Form ausgelöst oder beschleunigt werden. Beispiele für diese zweite Gruppe sind: C: Graphit (hexagonal) — Diamant (kubisch); Abb. 124 und 118; $CaCO_3$: Calcit (rhomboedrisch) — Aragonit (rhombisch); ZnS: Zinkblende (kubisch) — Wurtzit (hexagonal); Abb. 118 und 129.

Von allen diesen Beispielen können beide Formen in der Natur als Mineralien beobachtet werden. Die erstgenannten Formen sind die bei gewöhnlichen Bedingungen stabilen Formen; als Mineralien sind sie wesentlich häufiger als die metastabilen Formen.

In dieser Gruppe sind die Umwandlungen häufig *monotrop*, sie vollziehen sich nur in einer Richtung; z. B. kann Aragonit durch Temperaturerhöhung in Calcit umgewandelt werden; das Umgekehrte ist nicht möglich. Die Umwandlungen der zweiten Gruppe kann man sehr gut als *Umbau—Umwandlungen* bezeichnen; die an sich instabile, aber haltbare (metastabile) Form kann sich in diesem Falle auch häufig bei entsprechenden Entstehungsbedingungen außerhalb ihres Stabilitätsbereiches bilden.

Es gibt eine Reihe von Fällen, bei denen die Umwandlung der bei höheren Temperaturen stabilen, höher symmetrischen Form beim Durchschreiten der Umwandlungstemperatur in die bei tieferen Temperaturen stabile Form sich derartig ohne wesentliche Strukturänderungen vollzieht, daß an Stelle der homogenen Hochtemperaturkristalle ein mehr oder weniger kompliziertes System von polysynthetischen Zwillingen tritt, deren einzelne Kristalle die niedrigere Symmetrie der Tieftemperaturform besitzen. Das ist z. B. bei dem in Gesteinen verbreiteten Mineral Leuzit $K[AlSi_2O_6]$ der Fall. Bei der Kristallisation der natürlichen Silikatschmelze bildet sich der Leuzit in einer kubischen Form aus; die Kristalle haben stets die Gestalt von Deltoidikositetraedern (Abb. 38 b), die deshalb häufig auch als *Leuzitoeder* bezeichnet werden. Diese kubische Form ist naturgemäß optisch isotrop. Bei Durchschreitung der Temperatur von 600° zerfällt der Kristall ohne Veränderung seiner äußeren Gesamtform in ein Aggregat von polysynthetisch verzwillingten, tetragonalen, also doppelbrechenden Kristallen (Abb. 139). Nach außen hin erwecken die Kristalle noch den Eindruck von homogenen, kubischen Einkristallen; erst die Untersuchung im polarisierten Licht zeigt, daß es sich nun um ein aus polysynthetischen Zwillingen aufgebautes Kristallaggregat von der in der Abb. 139 angedeuteten

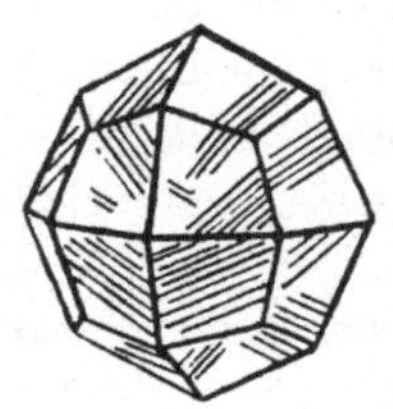

Abb. 139. Leuzitkristall (Deltoidikositetraeder) mit Andeutung des polysynthetischen Zwillingsaufbaues.

Orientierung handelt. Die verschiedene Orientierung der abwechselnden Lamellen gibt sich im polarisierten Licht durch verschiedene Auslöschungslagen zu erkennen.

Allgemein sei noch bemerkt, daß besonders bei der zweiten Gruppe der polymorphen Umwandlungen der Übergang aus einer Modifikation in die andere mit oft sehr bedeutenden Änderungen im physikalischen Verhalten verbunden ist; in vielen Fällen treten bedeutende Dichteveränderungen auf.

Nun muß noch eine besondere Form, in der uns viele feste Stoffe entgegentreten, erwähnt werden, nämlich die *amorph-feste* Form. Der typische Vertreter dieser Form ist das isotrope Glas in seiner mannigfaltigen Zusammensetzung. Der *glasige* Zustand (z. B. von SiO_2) ist ein metastabiler Zustand; die Haltbarkeit der Gläser ist je nach der Zusammensetzung verschieden; der Glaszustand wird am leichtesten erreicht, wenn eine Schmelze rasch abgekühlt wird, wenn also der Umwandlungspunkt Schmelze—Kristall rasch durchschritten wird. In diesem Falle findet keine kristalline Ordnung der Bestandteile der Schmelze statt; man bezeichnet deshalb auch vielfach ein Glas als unterkühlte Schmelze; es handelt sich um keinen echten festen Zustand. Die Instabilität des Glases macht sich dadurch bemerkbar, daß die Gläser eine gewisse Tendenz zur *Entglasung* aufweisen; darunter versteht man die im Laufe der Zeit zu beobachtende Bildung von winzigen Kristallen in der Glasmasse, die immer weiter fortschreitet. Dieser Entglasungsprozeß kann durch Temperaturerhöhung (Annäherung an den Umwandlungspunkt) stark gefördert werden; auch wiederholter Temperaturwechsel befördert den Entglasungsvorgang. Der isotrope Zustand ist der oberhalb des Schmelzpunktes stabile. Die Neigung zur Glasbildung bei rascher Abkühlung ist bei den einzelnen zur Glasbildung befähigten Substanzen verschieden groß; sie hängt weitgehend damit zusammen, ob die Gesamtbedingungen in der Schmelze, also die stoffliche Zusammensetzung und alle ihre Eigenschaften, dem für die kristalline Erstarrung notwendigen Ordnungsprozeß günstig sind oder nicht.

2. Isomorphie.

Im Jahre 1819 entdeckte ebenfalls E. MITSCHERLICH, daß verschiedene, aber analog zusammengesetzte Salze wie H_2KAsO_4 und H_2KPO_4 gleiche Kristallgestalt besitzen. Er nannte diese Erscheinung *Gleichgestaltigkeit* oder *Isomorphie*. Später erkannte man, daß es sich bei den nicht kubischen Kristallen streng genommen um keine vollständige Gleichheit der Kristallgestalten hinsichtlich der Flächenwinkel und damit der kristallographischen Konstanten handelt, sondern nur um eine sehr bedeutende Ähnlichkeit. Man ersetzte daher die Bezeichnung „Isomorphie“ gelegentlich auch durch die Bezeichnung *Homöomorphie (= Gestaltsähnlichkeit)*; jedoch hat sich diese letztere Bezeichnung nicht durchgesetzt.

Die Isomorphie ist eine sehr weit verbreitete Erscheinung, die in der Kristallchemie eine bedeutende Rolle spielt. Äußerlich prägt sich die Isomorphie durch die sehr ähnlichen kristallographischen Konstanten innerhalb derselben Symmetrieklasse aus; dies allein kann aber noch zu Täuschungen führen. Es muß bei einer solchen Ähnlichkeit der makrokristallographischen Verhältnisse noch nicht Gleichheit des Kristallbaues bestehen; gerade auf diese feinbauliche Verwandtschaft kommt es in erster Linie an. Wenn man aber auch noch die Ähnlichkeit im physikalischen Verhalten mitberücksichtigt, wie z. B. die Spaltbarkeit, so kann schon durch makroskopische Beobachtung mit großer Sicherheit darauf geschlossen werden, ob Isomorphie vorliegt oder nicht. Dies ist besonders wichtig bei den kubischen Kristallen, für die ja infolge der dort herrschenden Gleichwertigkeit der drei Kristallachsen die kristallographischen Konstanten gleich groß sind, obwohl eine feinbauliche Isomorphie nicht zu bestehen braucht.

Bei der Isomorphie kommt es vor allem darauf an, daß das Aufbauprinzip dasselbe ist. Steinsalz (Abb. 107) und Flußspat (Abb. 131) sind, obwohl beide meist in Würfeln kristallisieren, nicht miteinander isomorph;[1] dies ergibt sich schon aus der Verschiedenheit des Formeltypus, ferner aus den Verschiedenheiten hinsichtlich der Spaltbarkeit. Isomorphie verlangt auch, von gewissen Einschränkungen abgesehen, grundsätzliche Gleichheit der Summenformel.[2]

Isomorph im weiteren Sinne sind z. B. alle in den Tabellen 2 und 4 zusammengestellten Verbindungen mit Steinsalzstruktur und alle zahlreichen weiteren Verbindungen, die dieselbe Struktur besitzen. Weitere Beispiele wurden bei der Aufzählung von Vertretern der verschiedenen einfachen Strukturtypen genannt. Es sollen hier noch einige Reihen von isomorphen Stoffen angeführt werden *(isomorphe Reihen)*:

Es gibt eine große Anzahl von Verbindungen von analoger Formel, die mit dem rhomboedrischen Kalkspat, dessen Struktur in Abb. 117 dargestellt wurde, isomorph sind.

Tabelle 6. Isomorphe Reihe des Kalkspates $CaCO_3$ (Formeltypus ABC_3) mit den für das Spaltrhomboeder geltenden Gitterkonstanten (r und ϱ), dem hexagonalen Achsenverhältnis ($a:c$) und dem Radius des Kations A (R_A).

Verbindung	Mineral	r	ϱ	$a:c$	R_A
$CaCO_3$	Kalkspat	6,41 Å	101° 55′	1:0,854	1,08 Å
$CdCO_3$	—	6,28 Å	102° 39′	1:0,827	1,03 Å
$MnCO_3$	Manganspat	6,01 Å	102° 50′	1:0,818	0,91 Å
$FeCO_3$	Eisenspat	6,02 Å	103° 05′	1:0,814	0,83 Å
$ZnCO_3$	Zinkspat	5,87 Å	103° 30′	1:0,806	0,83 Å
$MgCO_3$	Magnesit	5,84 Å	103° 20′	1:0,811	0,78 Å
$NaNO_3$	Natronsalpeter	6,48 Å	102° 40′	1:0,830	0,98 Å

[1] Solche Fälle von rein äußerlicher Gestaltverwandtschaft hat man gelegentlich mit dem Begriff „*Isotypie*" erfaßt.

[2] Die *Summenformel* gibt nur das Zahlenverhältnis der kristallchemisch verschiedenen Atome oder Ionen der betreffenden Verbindung an, über den Aufbau sagt sie im Gegensatz zur *Bauformel (Strukturformel)* nichts aus. Dabei ist zu beachten, daß Atome oder Ionen von ähnlicher Raumbeanspruchung, die sich in Mischkristallen gegenseitig ersetzen können (S. 170 ff.), wohl chemisch, aber nicht kristallchemisch voneinander verschieden sind. Siehe z. B. die

Andere mit Kalkspat isomorphe Verbindungen sind: $LiNO_3$ (R_{Li}^{+1} 0,78 Å), $ScBO_3$ (R_{Sc}^{+3} 0,83 Å), $InBO_3$ (R_{In}^{+3} 0,92 Å) und (bei höheren Temperaturen) KNO_3 (R_K^{+1} 1,33 Å).

Wie auf S. 165 erwähnt, ist $CaCO_3$ dimorph. Die zweite, bei gewöhnlicher Temperatur metastabile Form ist der rhombische Aragonit. Im Kalkspat ist jedes Ca-Ion von sechs O-Ionen umgeben, im Aragonit von neun. Bei allen übrigen genannten Karbonaten haben die Kationen A einen kleineren Radius als das Ca-Ion. Die beim $CaCO_3$ auftretende Dimorphie zeigt, daß hier der Radius des Kations A eine solche Größe erreicht hat, daß sich gegenüber den O-Ionen ein Umschlag von der 6-Koordination zur 9-Koordination anbahnt. Ähnliche Grenzwerte für den Radius des Kations A findet man auch bei den Nitraten und Boraten; auch KNO_3 ist dimorph. Die bei gewöhnlicher Temperatur stabile Form hat aber hier Aragonitstruktur, die Verhältnisse liegen somit umgekehrt wie bei $CaCO_3$. Die übrigen Vertreter der Aragonitstruktur haben Kationen A, deren Raumbeanspruchung größer ist als die des Ca-Ions. Dies geht aus der isomorphen Reihe des Aragonits hervor (Tabelle 7).

Tabelle 7.

Verbindung	Mineral	R_A
$CaCO_3$	Aragonit (metastabile Form) ...	1,08 Å
$SrCO_3$	Strontianit	1,27 Å
$BaCO_3$	Witherit	1,43 Å
$PbCO_3$	Cerussit	1,32 Å
$LaBO_3$	—	1,22 Å
KNO_3	Kalisalpeter (stabile Form)	1,33 Å

Aus den Beobachtungen über die Ausdehnung isomorpher Reihen innerhalb eines bestimmten Formeltypus ergibt sich, daß bei einem gewissen Größenverhältnis der Gitterbestandteile andere Koordinationszahlen und damit andere Strukturtypen auftreten; neben der Größe spielen auch noch die polarisierenden Eigenschaften und die Polarisierbarkeit der Ionen eine Rolle, durch die im äußersten Falle auch der Bindungscharakter verändert werden kann. Auf

---

Formel (Li, Mg, Ti)O auf S. 173; die kristallchemisch gleichwertigen Kationen bilden hier einen einzigen, einheitlichen Bestandteil der Summenformel.

die Bedeutung aller dieser Faktoren für das Auftreten bestimmter Koordinationszahlen und Strukturen wurde schon bei der Besprechung der wichtigsten Kristallarten des Formeltypus AB_2 auf S. 150 ff. verwiesen.

Beim Ersatz eines Bestandteiles einer Verbindung durch einen anderen spricht man auch häufig von der dadurch hervorgerufenen *morphotropischen (gestaltändernden)* Wirkung. Die morphotropische Wirkung äußert sich zunächst noch innerhalb der isomorphen Reihen durch Änderung der kristallographischen und Gitterkonstanten, beim Überschreiten gewisser Wirkungsgrößengrenzen aber in einem Umschlag der Struktur in einen anderen Typus. — Ähnliche morphotropische Wirkungen üben Temperatur und Druck ohne Änderung der Zusammensetzung aus (S. 58 und 162).

3. Mischkristallbildung.

Mit der Isomorphie steht eine andere Erscheinung in engster Beziehung, nämlich die *Mischkristallbildung*, die vor allem bei den Mineralkristallen eine außerordentlich große Rolle spielt.

Im Gitter von $FeCO_3$, welche Verbindung mit Kalkspat isomorph ist (Abb. 117), können z. B. nach und nach alle Fe-Ionen in statistischer Verteilung durch Mg-Ionen ersetzt werden, ohne daß eine Änderung der Struktur eintreten würde; mit zunehmendem Ersatz der Fe-Ionen durch Mg-Ionen gleichen sich nun nach und nach die kristallographischen und Gitterkonstanten jenen von $MgCO_3$ an. Man nennt derartige Bildungen *Mischkristalle*. Die Isomorphie der beiden Verbindungen ist also in diesem Falle mit der Befähigung zur Bildung einer vollständigen Reihe von Mischkristallen verbunden. Man spricht in einem solchen Fall wohl auch von *Isomorphie im engeren Sinne*. Jedoch ist eine scharfe Abgrenzung gegenüber der Isomorphie im weiteren Sinne aus verschiedenen Gründen nicht möglich. Dagegen können im Kristallgitter des Calcites die Ca-Ionen nur in sehr beschränktem Umfange durch Mg-Ionen ersetzt sein, obwohl diese beiden Verbindungen ja auch isomorph im weiteren Sinne sind. Ebenso bilden z. B. NaCl und KCl, die ebenfalls als isomorph zu bezeichnen sind, wenigstens bei gewöhnlicher Temperatur keine Mischkristalle untereinander. Für die Befähigung zur Mischkristallbildung ist somit gleicher Gitteraufbau allein nicht ausreichend, sondern es dürfen auch die Ionen- oder Atomabstände und damit die Wirkungsradien der sich ersetzenden Gitterbestandteile nicht zu stark voneinander verschieden sein. Die Wirkungsradien sind somit von ausschlaggebender Bedeutung für die Befähigung zur Mischkristallbildung. Die Erfahrung lehrt, daß bei gewöhnlicher Temperatur Mischkristalle in jedem Verhältnis so lange beständig sind, als die Wirkungsradien der sich ersetzenden Bestandteile nicht um mehr als 10 bis 15% voneinander abweichen. Die Atome und Ionen des Kristallgitters liegen im Kristallgitter nicht fest, sondern sie führen um die in den Strukturbildern durch Kreise angedeuteten Lagen Schwingungen aus, deren Amplituden mit zunehmender Temperatur ansteigen, bis sie bei einer bestimmten Temperatur so groß werden, daß sie die Bindungskräfte überwinden und es damit zu einer Auflösung des Kristallgebäudes, also zum Schmelzen oder Verdampfen, kommt. Bei gewöhnlicher Temperatur ist die Schwingungsamplitude größenordnungsmäßig etwa gleich der obigen, für die Bildung von vollständigen Mischkristallreihen zulässigen Differenz der Wirkungsradien der einander ersetzenden Ionen. Da die Schwingungsamplituden der Gitterbestandteile mit der Temperatur stark ansteigen, was teilweise in der thermischen Ausdehnung des Gitters zum Ausdruck kommt, ist zu erwarten, daß die Befähigung zur Mischkristallbildung bei höheren Temperaturen eine größere ist. So können z. B. aus der Schmelze oberhalb 500° trotz der Größenverschiedenheit der Kationenradien Mischkristalle zwischen NaCl und KCl erhalten werden; mit sinkender Temperatur werden aber diese Mischkristalle instabil; die ursprünglich homogenen Kristalle werden trüb und zerfallen in Aggregate von kleineren NaCl- und KCl-Kristallen: es tritt *Entmischung* ein. Entmischungen von bei höheren Temperaturen beständigen Mischkristallen spielen in der Technik und auch in der Natur eine große Rolle. In letzterer Hinsicht ist ja zu bedenken, daß sich die große Masse der Mineralkristalle aus einem Schmelzfluß bei sehr hohen Temperaturen gebildet hat, bei welchen die Grenzen der Mischkristallbildung sehr viel weiter gezogen waren.

In Tabelle 5 auf S. 161 sind die Ionen zu Reihen ohne Rücksicht auf ihre Wertigkeit nach ihren Größen zusammengestellt. Jede Reihe enthält solche Ionen, die sich in den Kristallgittern auch bei gewöhnlicher Temperatur wegen der Ähnlichkeit ihrer Wirkungsradien weitestgehend gegenseitig ersetzen können. Ionen aus verschiedenen Reihen können sich bei gewöhnlicher Temperatur in den Kristallgittern höchstens in sehr beschränktem Ausmaß gegenseitig vertreten. Die Hauptreihen sind dort durch kurze Zwischenreihen getrennt; diese enthalten solche Ionenarten, die wegen ihrer intermediären Raumbeanspruchung erfahrungsgemäß sowohl die Ionen der vorausgehenden als auch jene der nachfolgenden Reihe weitgehend in den Kristallgittern ersetzen können. So kann Mn^{+2} in den Kristallarten sowohl als Vertreter von Fe^{+2} als auch von Ca^{+2} angetroffen werden und Al^{+3} sowohl als Vertreter von Mg^{+2} als auch von Si^{+4}. Es können sich nämlich, und das erschwert die Deutung der chemischen Zusammensetzung von Mineralkristallen, in den Gittern von Mischkristallen gegenseitig auch Ionen von verschiedener Wertigkeit ersetzen. Notwendig ist nur, daß bei ähnlicher Größe irgendwie innerhalb des Gitters durch einen anderweitigen Ersatz ein Valenzausgleich geschaffen wird: Wenn z. B. in einem Gitter ein Teil der Mg^{+2}-Ionen durch Al^{+3}-Ionen ersetzt wird, so muß zum Zweck des Valenzausgleiches z. B. ein entsprechender Teil von Si^{+4}-Ionen durch Al^{+3}-Ionen ersetzt werden; die Wertigkeitssumme der positiven Ionen muß im ganzen immer auf die Wertigkeitssumme der negativen Ionen abgestimmt bleiben. In vielen Fällen wird das Gesamtbild noch dadurch verschleiert, daß, wie auf S. 154 erwähnt, die Positionen der Kationen zweiter Art (allenfalls auch der Anionen zweiter Art) nicht vollbesetzt zu sein brauchen; dies ist z. B. der Fall, wenn ohne anderwärtigen Valenzausgleich *zwei* Na^{+1}-Ionen eines Kristallgitters durch nur *ein* Ca-Ion ersetzt werden; in diesem Falle bleibt eine der Na-Positionen unbesetzt. Auch das Umgekehrte kann eintreten; es können in einem Gitter noch für die Aufnahme von weiteren Ionen geeignete Positionen zur Verfügung stehen; diese können im Wege der Mischkristallbildung ausgefüllt werden. In einem solchen Fall können z. B. für *ein* Ca^{+2}-Ion *zwei* Na^{+1}-Ionen in das Kristallgitter eintreten, von denen das eine die Position des Ca-Ions einnimmt, das andere eine weitere im Gitter noch verfügbare, seiner Wirkungsgröße angepaßte Position. Aus den letztgenannten Beispielen ergibt sich, daß Mischkristalle nicht immer durch Zerlegung in Verbindungen von vollständig gleichem Formeltypus gedeutet werden können.

Die Ersatzmöglichkeiten können in einem Kristallgitter außerordentlich mannigfaltig sein. Man pflegt die einander in Mischkristallen ersetzenden Ionen in den Formeln in ( ), durch Kommas voneinander getrennt, zu setzen; z. B. bedeutet die Formel (Li, Mg, Ti)O, daß es sich hier um Mischkristalle handelt, in welchen sich die drei Kationenarten gegenseitig in wechselndem Verhältnis ersetzen. Diese Kristallart hat wie das reine MgO Steinsalzstruktur. Wenn man den Wunsch hat, eine solche Kristallverbindung formelmäßig in MgO, Li_2O und TiO_2 aufzulösen, so läßt sich die Steinsalzstruktur nach dem Formeltypus AB schwer verstehen. Aber schon bei der Verbindung Li_2TiO_3 handelt es sich um keine echte Verbindung im kristallchemischen Sinne mehr, sondern um Mischkristalle mit Steinsalzstruktur, in welchen sich über die gleichwertigen Kationenpositionen die Li- und Ti-Ionen im Verhältnis 2 : 1 ungeregelt verteilen; diese „Verbindung" bildet dann weiter in jedem Verhältnis mit dem gleichgebauten MgO Mischkristalle. Bei zahlreichen Mineralien sind die Mischkristallbildungen noch viel mannigfaltiger; ihre chemische Zusammensetzung ist dann nur mehr vom kristallchemischen Standpunkt aus verständlich und deutbar.

Die Mischkristallreihen sind keineswegs immer vollständig. Es gibt zahlreiche Fälle, in denen ein Gitterbestandteil durch einen anderen nur bis zu einem bestimmten Ausmaß ersetzt werden kann. Man spricht in solchen Fällen von Mischkristallreihen mit größeren oder kleineren *Mischungslücken*. So ist z. B. die Mischungslücke zwischen $CaCO_3$ und $MgCO_3$ sehr groß. Im Gitter von $CaCO_3$ können nur in geringem Umfange die Ca-Ionen durch Mg-Ionen ersetzt werden und umgekehrt ebenso. Mit Rücksicht auf die stärkere Mischbarkeit bei höheren Temperaturen ist dort die Mischungslücke kleiner als bei tieferen Temperaturen. Bei Nichtmischbarkeit zweier Verbindungen oder bei größerer Mischungslücke treten häufig eine oder mehrere Zwischenverbindungen von ganz fester Zusammensetzung auf, die vielfach eine ähnliche Struktur wie die beiden Komponenten haben. So gibt es zwischen $CaCO_3$ und $MgCO_3$ eine Zwischenverbindung von fester Zusammensetzung, nämlich den Dolomit $MgCa[CO_3]_2$. Das Verhältnis Mg : Ca ist hier 1 : 1; die Struktur ist sehr ähnlich jener der beiden Komponenten, nur ist die Verteilung der Mg- und Ca-Ionen keine statistisch ungeregelte, wie dies bei Mischkristallen der Fall sein müßte, sondern eine gesetzmäßige. Dies hat eine Erniedrigung der Symmetrie zur Folge: die Kristalle des Dolomits gehören nicht der rhomboedrisch-holoedrischen Klasse an (Kl. 15 in Tabelle 1), sondern der rhomboedrisch-paramorphen Klasse ohne Symmetrieebenen (Klasse 14 in Tabelle 1). Im Dolomit können dann aber wieder mischkristallmäßig die Mg-Ionen in beliebigem Ausmaß z. B. durch die größenähnlichen Fe-Ionen ersetzt sein; solche Mischkristalle haben die Formel $Ca(Mg, Fe)[CO_3]_2$ (Mineral Ankerit).

Mit der Mischkristallbildung im engsten Zusammenhang steht eine für die Verteilung der seltenen Grundstoffe in der Natur wichtige Erscheinung. Es kommt häufig vor, daß seltene Grundstoffe in geringem Ausmaß in Kristallarten auftreten, wo man sie nach deren hauptsächlichen Zusammensetzung zunächst gar nicht erwarten würde. So trifft man den seltenen Grundstoff Scandium in den Magnesiummineralien; der Ionenradius von Sc^{+3} ist sehr ähnlich dem von Mg^{+2} (Tabelle 5). Wenn z. B. in einem Magnesiumsilikat die Si^{+4}-Ionen in geringem Umfange durch Al^{+3}-Ionen ersetzt sind, kann Sc^{+3} an Stelle von Mg^{+2} im Kristallgitter vorhanden sein. Auch das ziemlich seltene Element Beryllium tritt in Silikaten für das sehr häufige Si^{+4}-Ion wegen der großen Ähnlichkeit der Ionenradien ein. Die dreiwertigen Ionen der Seltenen Erden (z. B. Ce^{+3}, Y^{+3}) oder Th^{+4} treten sehr häufig in wechselnden Mengen als Vertreter von Ca^{+2} in den verschiedensten Ca-Mineralien auf; Hf-Ionen vertreten in den Kristallgittern der Zirkonmineralien das Zr-Ion. Das seltene Rubidium ist in der Natur ausschließlich in Kalium- und Caesium-Mineralien vorhanden, das Strontium wegen seines intermediären Ionenradius teilweise in den Kalium- und Baryum-Mineralien, teilweise in den Calcium-Mineralien. In solchen Fällen, wo ein seltenes Element in geringer Menge in Kristallgittern die sonst häufigen Grundstoffe vertritt, spricht man von einer „Tarnung" des betreffenden seltenen Grundstoffes.

In isomorphen Reihen ändern sich die Eigenschaften der Kristalle in quantitativer Beziehung oft sehr stark mit der Zusammensetzung. Es gilt in der Regel, daß in isomorphen Reihen der Ersatz von kleineren Ionen durch größere eine Herabsetzung der Bindungsstärke mit sich bringt, die sich in verschiedener Hinsicht äußert. Dagegen nimmt die Bindungsfestigkeit innerhalb der isomorphen Reihen stark zu, wenn z. B. an Stelle von einwertigen Kationen und Anionen zwei- oder höherwertige Kationen und Anionen treten. An einigen Beispielen ist dies in den folgenden Tabellen erläutert:

Tabelle 8. Die Härte sinkt mit Zunahme der Größe des Anions.

Verbindung	Ionendistanz	Härte
CaO	2,40 Å	4,5
CaS	2,84 Å	4,0
CaSe	2,96 Å	3,2
CaTe	3,17 Å	2,9

Tabelle 9. Die Härte steigt in isomorphen Reihen bei ähnlicher Ionendistanz mit der Zunahme der Ionenladung.

Verbindung	Ionenladung	Ionendistanz	Härte
LiF	1	2,01 Å	4,0
MgO	2	2,10 Å	6,5
ScN	3	2,22 Å	7,5
TiC	4	2,15 Å	8,5

Man kann in diesem Sinne das MgO wegen seiner Strukturgleichheit als verstärktes Modell von LiF bezeichnen.

Tabelle 10. Abhängigkeit der Eigenschaften bei isomorphen Verbindungen von der Aufladung der Ionen.

Verbindung	Härte	Schmelzpunkt	In Wasser
Zn_2SiO_4	5,5	1500°	schwerst löslich
Li_2BeF_4	3,8	470°	leicht löslich

Li_2BeF_4 mit seinen ein- und zweiwertigen Kationen und einwertigen Anionen ist wegen der Strukturgleichheit als ein abgeschwächtes Modell von Zn_2SiO_4 mit seinen zwei- und vierwertigen Kationen und zweiwertigen Anionen zu bezeichnen. Schon bei den Grundstoffen kann man analoge Beobachtungen machen. So sinkt z. B. in der isomorphen Reihe der Alkalimetalle der Schmelzpunkt mit zunehmendem Abstand der Metallatome im Gitter (Tabelle 11).

Tabelle 11.

Alkalimetall	Atomdistanz	Schmelzpunkt
Li	3,00 Å	180°
Na	3,70 Å	98°
K	4,62 Å	62°
Rb	4,87 Å	38°
Cs	5,24 Å	26°

Über die Verhältnisse in der Reihe der isomorphen Natrium-
halogenide orientiert Tabelle 12.

Tabelle 12.

Verbindung	Ionendistanz	Schmelzpunkt	Härte
NaF	2,31 Å	988°	3,2
NaCl	2,79 Å	801°	2,0
NaBr	2,94 Å	740°	
NaJ	3,18 Å	660°	

Die Abhängigkeit der optischen Daten von der Zusammen-
setzung bei isomorphen Kristallen und Mischkristallen sei am
Beispiel der Olivingruppe in Tabelle 13 erläutert. Die Olivine
(S. 179) sind Mischkristalle von $Mg_2[SiO_4]$, $Fe_2[SiO_4]$ und
$Mn_2[SiO_4]$.

Tabelle 13. Brechungsexponenten von einfachen und
Mischkristallen der Olivingruppe.

	α	β	γ	$\gamma-\alpha$
Mg_2SiO_4	1,635	1,651	1,670	0,035
$(Mg, Fe)_2SiO_4$ mit				
15% Fe_2SiO_4	1,665	1,683	1,702	0,037
Fe_2SiO_4	1,835	1,877	1,886	0,051
Mn_2SiO_4..........	1,759	1,786	1,797	0,038

Mit diesen die Gestalt der Indikatrix bestimmenden Daten
ändern sich in Mischkristallreihen entsprechend auch sonstige
wichtige optische Daten (optischer Achsenwinkel, Charakter der
Doppelbrechung, Auslöschungsschiefen auf den einzelnen Flächen
usw.). So läßt sich die Änderung der Auslöschungsschiefen auf

bestimmten Flächen für die optische Bestimmung der Zusammensetzung der in den Gesteinen außerordentlich verbreiteten Plagioklase $(Na[AlSi_3O_8] \times Ca[Al_2Si_2O_8]$; vgl. auch S. 95) im Dünnschliff ausgezeichnet verwenden. Sie erübrigt die zeitraubende quantitative chemische Analyse vollkommen.

Isomorphe Substanzen, die zur Mischkristallbildung befähigt sind, verwachsen ohne weiteres nach Art der Kristallstöcke vollkommen parallel miteinander. Dadurch können zonargebaute oder aus Schichten aufgebaute Kristalle entstehen (*Schichten-* und *Zonenbau*). Die Zonen und Schichten können je nach der Zusammensetzung und dem Gehalt an färbenden Ionen verschiedenfarbig erscheinen (z. B. Alaune, Turmaline). Wenn färbende Ionen fehlen, so kann der Aufbau aus stofflich verschiedenen isomorphen Teilen oft erst durch die polarisationsmikroskopische Untersuchung wegen der Verschiedenheit der optischen Daten von Mischkristallen wechselnder Zusammensetzung erkannt werden (z. B. Zonenbau der obengenannten Plagioklase).

Neben den Parallelverwachsungen isomorpher Substanzen gibt es noch viele andere, mehr oder weniger vollkommen parallele oder sonst gesetzmäßige Verwachsungen von stofflich verschieden zusammengesetzten Kristallen. Für solche gesetzmäßigen Verwachsungen ist eine vollständige Gleichheit des Gitterbaues nicht erforderlich, die Substanzen können sogar verschiedenen Kristallsystemen angehören; es genügt, daß sich gewisse Aufbaumotive mit verwandten Zentrenabständen in den verschiedenen Kristallarten wiederholen, z. B. Atomgruppierungen in einer bestimmten Richtung oder an bestimmten Netzebenen. Wenn dies der Fall ist, verwachsen die Kristalle unter Parallelstellung solcher Richtungen und Ebenen gesetzmäßig miteinander. So gibt es z. B. gesetzmäßige Verwachsungen von Rutil TiO_2 (tetragonal) nebst Eisenglanz Fe_2O_3 (rhomboedrisch) unter Parallelorientierung der Fe-O (1,99 Å) und Ti-O (1,96 Å)-Gitterrichtungen.

G. Der Aufbau der gesteinsbildenden Silikate.

Neben Quarz und Kalkspat treten als verbreitetste Mineralien in der festen Erdkruste die Verbindungen des Sauerstoffes und des häufigsten Leichtmetalls Silizium mit anderen Grundstoffen, die *Silikate*, auf. Ihnen muß deshalb auch im kristallchemischen

Teil der allgemeinen Mineralogie besondere Aufmerksamkeit gewidmet werden.

Am Aufbau der uns zugänglichen Teile des Erdballes sind folgende Grundstoffe am stärksten beteiligt (in Klammern ist ihr Anteil in Gewichtsprozenten angegeben): O (49,4%), Si (25,7%), Al (7,5%), Fe (4,7%), Ca (3,4%), Na (2,6%), K (2,4%), Mg (1,9%), H (0,9%), Ti (0,6%), Cl (0,2%), Mn (0,1%), P (0,1%), C (0,1%). Diese Grundstoffe liefern auch die wichtigsten in den Silikatkristallen auftretenden Ionen. Mit Rücksicht darauf, daß das Aluminium der dritthäufigste Grundstoff ist, spielt es auch in den Silikaten eine besonders ausgezeichnete Rolle, die durch sein eigenartiges kristallchemisches Verhalten noch bedeutungsvoller wird.

Der Aufbau der Silikate ist von dem Prinzip geleitet, daß ohne Rücksicht auf das in der Summenformel zum Ausdruck kommende Verhältnis Si : O die Si-Ionen stets tetraedrisch von je 4 O-Ionen umgeben sind. Die Bindung zwischen den Si- und O-Ionen innerhalb der Tetraeder ist nicht mehr rein heteropolar, sondern wegen der polarisierenden Wirkung der kleinen, hochwertigen Si-Ionen stark nach Richtung der homöopolaren Bindung hin verlagert. Damit treten innerhalb der SiO_4-Tetraeder die stärksten Bindungen des Kristallgitters auf. Das zweite, für die Silikate wichtige kristallchemische Prinzip liegt darin, daß in ihren Kristallen das dreiwertige Aluminium wegen seines Ionenradius, der gegenüber Sauerstoff sowohl 6-Koordination als auch 4-Koordination zuläßt (Tabelle 5, S. 161), entweder als Vertreter des vierwertigen Siliziums mit tetraedrischer Koordination oder als Vertreter z. B. des zweiwertigen Magnesiums mit oktaedrischer Koordination auftritt. Ja, in einer und derselben Kristallart können beide kristallchemisch verschiedenen Arten von Al^{+3} in bedeutendem Umfang festgestellt werden. Die Si^{+4}-Ionen können in den gesteinsbildenden Silikaten bis zum Verhältnis 1 : 1 durch Al^{+3}-Ionen ersetzt sein. Diese Doppelrolle des Aluminiums war es, die bis vor etwa 20 Jahren oft selbst eine chemische Formulierung vieler Silikate nicht gestattete, geschweige denn, daß man einen sicheren Einblick in ihre Konstitution hätte gewinnen können. Die Kristallstrukturermittlung und die Anwendung der damals eben aufgedeckten kristallchemischen Grundgesetze auf die Fragen des Aufbaues der Silikate ermöglichten es erst in vielen Fällen, ihnen feste kristallchemische Formeln zuzuschreiben. Über die genannten Umstände hinaus wurde die Sachlage hinsichtlich der Möglichkeit der Formelaufstellung noch dadurch vielfach erschwert, daß die natürlichen Silikatkristallarten auch sonst in wechselnden und bunt zusammengesetzten Mischkristallen auftreten.

Das Verhältnis Si : O in den Silikaten ist ein sehr wechselndes; man trifft häufig auf folgende Verhältnisse: SiO_4, SiO_5, SiO_3, Si_2O_5, Si_2O_7, Si_3O_8. Heute wissen wir, daß sich diese verschiedenen Verhältnisse unter Einhaltung des Grundprinzips der tetraedrischen Koordination um die Si^{+4}-Ionen und durch die eben genannten Vorstellungen über die zweifache Rolle der Al^{+3}-Ionen, die durch die röntgenographische Kristallstrukturuntersuchung in sehr vielen Fällen schon bestätigt wurden, im kristallchemischen Sinne in der nachfolgenden Weise deuten lassen.

Die Silikate können in fünf Hauptgruppen eingeteilt werden, deren häufigste Vertreter nun genannt werden sollen:

1. Silikate mit selbständigen [SiO$_4$]$^{-4}$-Tetraedern.

Das einfachste Beispiel dafür stellt das rhombische Silikat *Olivin* (Abb. 140) dar;[1] es handelt sich dabei um Mischkristalle, die im wesentlichen aus den beiden Komponenten Mg_2SiO_4 und Fe_2SiO_4 bestehen. Die Formel der Olivine ist unter Berücksichtigung der Ko-

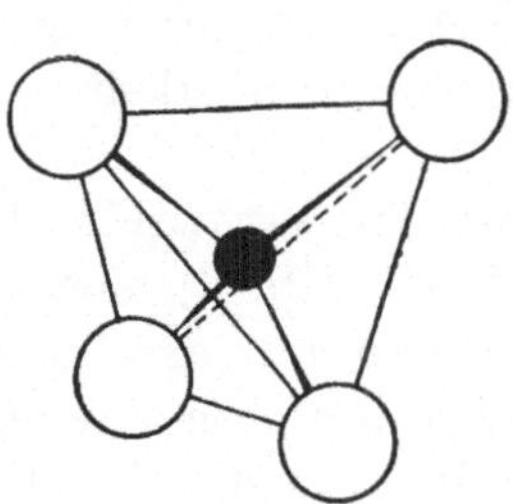

Abb. 140. [SiO$_4$]$^{-4}$-Tetraeder.

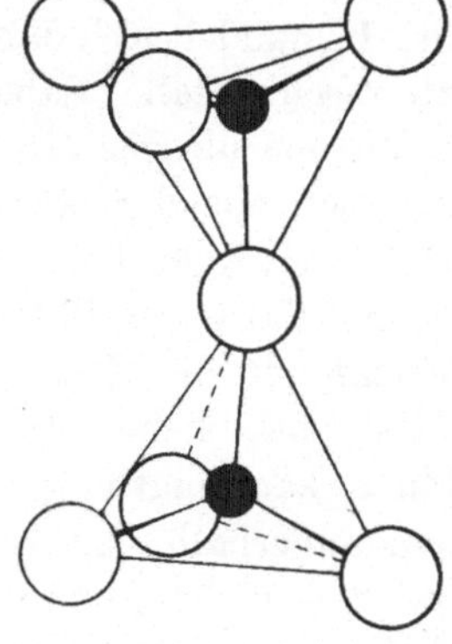

Abb. 141. Aus zwei Tetraedern bestehende Gruppe [Si$_2$O$_7$]$^{-6}$.

---

[1] In den Abb. 140—147 stellen die kleineren ausgefüllten Kreise die Si^{+4}-Ionen dar, die teilweise durch Al^{+3}-Ionen ersetzt sein können, die größeren leeren Kreise die O^{-2}-Ionen.

ordinationszahl dementsprechend zu schreiben: $(Mg, Fe)_2^{[6]}[SiO_4]$. Die selbständigen $[SiO_4]$-Tetraeder sind durch die zweiwertigen Ionen mit oktaedrischer 6-Koordination zu dreidimensionalen Koordinationsgittern verknüpft. Bei der Angabe der Formeln der Silikate erübrigt sich der Koordinationsvermerk bei den Si^{+4}-Ionen, da diese stets von vier O-Ionen tetraedrisch umgeben sind. Man kann die Struktur des Olivins auch, sowie die mancher anderer Silikate, als dichteste Anionenpackung beschreiben, in deren tetraedrischen Lücken Si-Ionen und in deren oktaedrischen Lücken Mg- und Fe-Ionen gesetzmäßig eingelagert sind. Denn eine dichteste Kugelpackung enthält stets kleine Lückenräume, an die sechs Kugeln grenzen, und solche, an die vier Kugeln grenzen. Je nach der Größe der eintretenden Kationen wird die dichteste Anionenpackung, bei welcher der O-O-Abstand auf Grund des Ionenradius von O^{-2} 2,64 Å nach jeder Richtung hin betragen sollte, mehr oder weniger stark aufgelockert. Im allgemeinen kann man sagen, daß Silikate, an deren Aufbau außer den Si-Ionen nur Ionen von der Größengruppe der Mg-Ionen beteiligt sind, dichteste Anionenpackung aufweisen; das kennzeichnet sich auch darin, daß diese Silikate unter sonst vergleichbaren Umständen die höchsten Dichtewerte zeigen. — Andere, in den Gesteinen weit verbreitete Silikate dieser Gruppe werden durch die *Granate* $(Ca, Mg, Fe, Mn)_3^{[8]} (Al, Fe, Ti)_2^{[6]}[SiO_4]_3$ dargestellt. Es handelt sich dabei um meist sehr komplex zusammengesetzte Mischkristalle; dabei ist zu beachten, daß das Ca-Granatsilikat mit den übrigen Granatsilikaten nur beschränkt mischbar ist, was sich aus der starken Verschiedenheit der Ionenradien erklärt (man vergleiche die fast fehlende Mischbarkeit zwischen $MgCO_3$ und $CaCO_3$, S. 173).

Überschreitet die Zahl der Anionen das Verhältnis SiO_4, so sind diese zusätzlichen Anionen $(O^{-2}, F^{-1}, OH^{-1})$ nicht an die Si^{+4}-Ionen koordinativ gebunden, sondern nur an die in den Formeln außerhalb von [ ] stehenden Kationen zweiter Art; es handelt sich demgemäß im Sinne der Darstellung auf S. 154 um Anionen zweiter Art. Verbreitete Silikatmineralien, die gegenüber den Si-Ionen derartige Anionenüberschüsse aufweisen, sind der *Titanit* $Ca^{[7]}Ti^{[6]}O[SiO_4]$ und der *Topas* $Al_2^{[6]}(OH, F)_2 [SiO_4]$.

2. Silikate mit größeren selbständigen Tetraedergruppen.

In gewissen Silikaten sind je zwei SiO_4-Tetraeder über eine Tetraederecke miteinander gekoppelt; es treten also Gruppen von der Zusammensetzung $[Si_2O_7]^{-6}$ auf (Abb. 141). Verbreitete Beispiele dafür liefern die *Melilithe*; das sind tetragonal kristallisierende Mischkristalle von der Zusammensetzung: $(Ca, Na)_2^{[8]}$ $(Mg, Fe, Al, Zn)^{[4]}[(Si, Al)_2O_7]$; in diesen Silikaten können dementsprechend die Si^{+4}-Ionen teilweise durch Al^{+3}-Ionen ersetzt sein.

Die SiO_4-Tetraeder treten stets nur über Ecken miteinander in

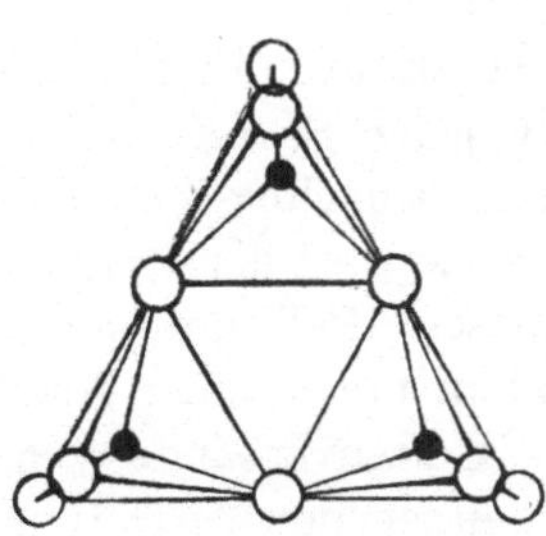

Abb. 142. Aus drei Tetraedern bestehende Ringe $[Si_3O_9]^{-6}$.

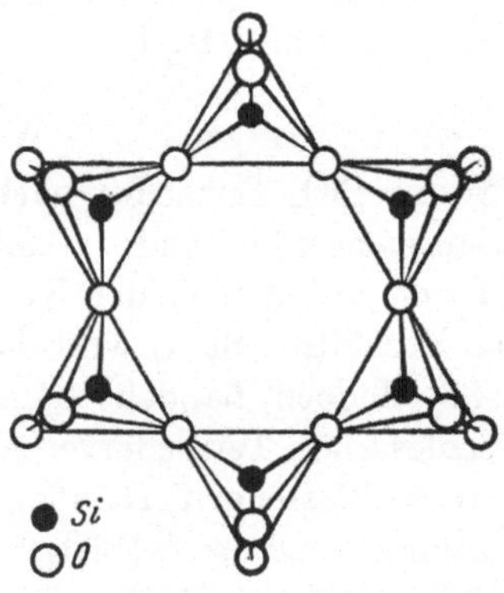

Abb. 143. Aus sechs Tetraedern bestehende Ringe $[Si_6O_{18}]^{-12}$.

Verbindung, niemals über Kanten und noch weniger über Flächen. Es gibt daher keine selbständigen Gruppen von zwei Tetraedern, die die Zusammensetzung $[Si_2O_6]^{-4}$ oder $[Si_2O_5]^{-2}$ besitzen würden; das erstere müßte man erwarten, wenn die Tetraeder über Kanten miteinander verbunden wären, das letztere, wenn eine Verbindung über Flächen einträte. Diese Erscheinung beruht darauf, daß in den Kristallgittern die hochwertigen Kationen sich unter Einhaltung der Bindung an die Anionen möglichst weit voneinander abzusetzen suchen, und dies wird allein durch die Verbindung der Tetraeder über Ecken erzielt.

Andere selbständige Tetraedergruppen werden durch Ringe, die aus drei, über Ecken miteinander verbundenen SiO_4-Tetraedern bestehen, gebildet (Abb. 142). Da in einem solchen Tetraederring jedes Si-Ion zwei seiner koordinierten O-Ionen mit zwei benachbarten Tetraedern teilt, hat eine solche Gruppe die Zusammensetzung $[Si_3O_9]^{-6}$. Solche Gruppen treten in den Silikaten

Wollastonit $Ca_3[Si_3O_9]$ und *Benitoid* $Ba^{[6+6]}Ti^{[6]}[Si_3O_9]$ auf. In wieder anderen Fällen sind die SiO_4-Tetraeder in der gleichen Weise zu Sechserringen miteinander verbunden (Abb. 143); die Formel einer solchen Gruppe ist $[Si_6O_{18}]^{-12}$. Verbreitete Silikate dieser Art sind der hexagonal kristallisierende *Beryll* $Al_2^{[6]}Be_3^{[4]}$ $[Si_6O_{18}]$ und der rhombisch pseudohexagonal kristallisierende *Cordierit* $Mg_2^{[6]}Al_3^{[4]}[Si_5AlO_{18}]$; im letzteren Fall ist im Tetraederring ein Sechstel der Si^{+4}-Ionen durch Al^{+3}-Ionen ersetzt; die beiden analog aufgebauten Silikate enthalten pro Tetraederung noch ungefähr 1 H_2O.

3. Kettensilikate.

Wenn SiO_4-Tetraeder nach Abb. 144 zu unendlichen Ketten zusammengefügt sind, so teilt wieder jedes Si-Ion zwei seiner O-Ionen mit den in der Kettenrichtung benachbarten Si-Ionen. Das Verhältnis Si : O wird damit ebenso wie bei der Ringbildung 1 : 3. Jedoch handelt es sich in diesem Fall um keine abgeschlossenen Tetraederverbände, sondern um in einer Richtung unabgeschlossene Verbände, also um Kettenverbände von der Zusammensetzung $\overset{1}{\infty}[SiO_3]^{-2}$. Eine weitgehende Vertretung der Si^{+4}-Ionen durch Al^{+3}-Ionen, in geringem Umfang gelegentlich auch durch P^{+5}-Ionen in diesen Tetraederketten ist häufig. Diese Art der eindimensionalen Tetraederverknüpfung trifft man bei der weit verbreiteten Silikatgruppe der *Pyroxene* an. Die einfachsten Verbindungen dieser Art sind der *Enstatit* $\overset{1}{\infty}(Mg, Fe)_2^{[6]}$ $[Si_2O_6]$ und der *Diopsid* $\overset{1}{\infty}Ca^{[8]}Mg^{[6]}[Si_2O_6]$. Da sich aber in den Pyroxen-Mineralien sehr viele Ionenersatzmöglichkeiten auswirken, ist ihr Zusammensetzungsbild sehr wechselnd und kann allgemein unter Berücksichtigung der wichtigsten, in der Natur vorkommenden Vertretungen durch folgende Formel dargestellt werden: $\overset{1}{\infty}(Ca, Na, Mn^{+2})^{[8]}(Mg, Al, Fe^{+2}, Fe^{+3}, Mn^{+2}, Ti^{+4})^{[6]}$ $[(Si, Al)_2O_6]$.

Die Pyroxene sind durch eine gute Spaltbarkeit nach zwei Richtungen hin gekennzeichnet. Diese Spaltrichtungen stehen zueinander fast senkrecht und liegen der Richtung der Tetraederketten parallel.

Bei einer anderen großen Gruppe von Silikaten sind die Tetraederketten zu zweien seitlich miteinander verbunden. Damit hat nun nach Abb. 145 jedes zweite Tetraeder ein weiteres O-Ion

mit einem Tetraeder in der Nachbarkette gemeinsam; dadurch
ergibt sich für die Doppelkette die Formel: $\frac{1}{\infty}$ [Si$_4$O$_{11}$]$^{-6}$. So
wie die einfachen Tetraederketten der Pyroxene laufen auch diese
Doppelketten in den entsprechenden Kristallen einer bestimmten
Richtung, nämlich der Richtung der kristallographischen Z-Achse,
parallel. Die nach diesem Prinzip aufgebauten Silikate enthalten

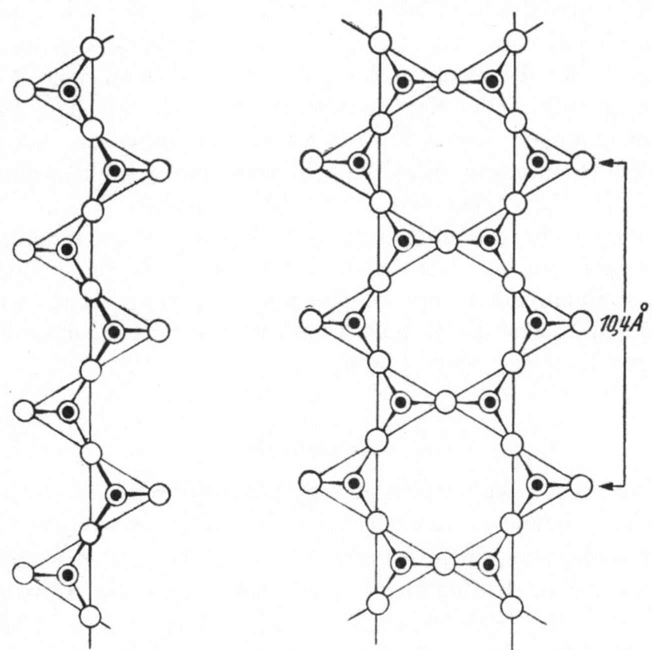

Abb. 144. Tetraederkette $\frac{1}{\infty}$ [SiO$_3$]$^{-2}$.

Abb. 145. Doppeltetraederkette $\frac{1}{\infty}$ [Si$_4$O$_{11}$]$^{-6}$.

in ihrem Gitter nach der Absättigung des Kettenverbandes
durch die Kationen zweiter Art noch freie Hohlräume, die von
(OH)$^{-1}$- und F^{-1}-Ionen eingenommen werden; letztere Anionen
sind selbstverständlich nicht an die Si-Ionen gebunden, stellen
also Anionen zweiter Art dar. Die hierher gehörigen Mineralien
gehören zum großen Teil zur großen Mineralgattung der *Amphibole*. Die einfachsten Typen der Amphibole sind: *Anthophyllit*
$\frac{1}{\infty}$ (Mg, Fe)$_7$[6](OH, F)$_2$[Si$_8$O$_{22}$] und *Tremolit* $\frac{1}{\infty}$ Ca$_2$[8] Mg$_5$[6]
(OH, F)$_2$[Si$_8$O$_{22}$]. Meist sind aber die Amphibole viel kompli-
zierter zusammengesetzt und ihre allgemeine Strukturformel

muß daher unter Berücksichtigung der hauptsächlichsten Ionen-vertretungen wie folgt geschrieben werden: $\frac{1}{\infty}(Ca, Na, Mn^{+2})_{2-3}^{[8]}$ $(Mg, Al, Fe^{+2}, Fe^{+3}, Ti^{+4})_5^{[6]} (OH, F)_2[(Si, Al)_8O_{22}]$. Gemäß dem Kettenaufbau zeigen diese Silikate eine ausgesprochene Tendenz zur stengeligen bis ausgesprochenen dünnfaserigen Ausbildung. Wie die Pyroxene spalten sie sehr gut nach zwei zu der Ketten-richtung parallelen Richtungen, die sich aber hier unter einem Winkel von etwa 120° schneiden. Mit Rücksicht auf das Auftreten der Doppeltetraederketten sind nämlich jene Netz-ebenen parallel zur Kettenerstreckung, nach welchen keine Si—O-Bindungen durchschnitten zu werden brauchen, bei den Amphibolen unter stumpfen Winkeln zueinander gestellt, während sie bei den Pyronen fast senkrecht zueinander stehen. Die nach diesem Prinzip aufgebauten, faserigen und verspinnbaren Silikate gehören im wesentlichen der Amphibolgruppe an; wegen ihrer Verspinnbarkeit spielen sie als temperatur- und säure-beständige Faserstoffe technisch eine wichtige Rolle; diese fein-faserigen Formen heißen *Asbeste*.

4. Schichtsilikate.

In anderen Fällen treten die SiO_4-Tetraederketten in unbe-schränkter Anzahl zu zweidimensionalen Netzen zusammen. Das Zusammenlegungsprinzip ist dasselbe wie bei der Zusammen-legung von zwei Ketten zur Doppelkette. In solchen Tetraeder-netzen teilt nun jedes Si-Ion nach Abb. 146 drei seiner O-Nach-barn mit benachbarten Si-Ionen. Das Si—O-Verhältnis ergibt sich damit zu $2:5$ oder $\frac{2}{\infty}[Si_2O_5]^{-2}$. Diese Tetraedernetze sind die Träger von aus einer verschiedenen Anzahl von Ionenlagen bestehenden Schichten, die durch den Einbau der absättigenden Kationen und von zusätzlichen Anionen zweiter Art (OH und F) ausgebaut und in verschiedenem Maße erweitert sind. Die hierher-gehörigen Silikate sind durch ausgesprochen blättrige bis schuppige Ausbildung gekennzeichnet. Sie spalten ausgezeichnet nach der Schichtebene; vielfach sind die Kristalle nach den Schichtebenen leicht plastisch deformierbar, da zwischen den aufeinander-folgenden Schichten nur geringe Bindungskräfte wirksam sind und dadurch ein aneinander Vorbeigleiten der einzelnen Schichten unter der Wirkung einseitigen Druckes leicht möglich ist; anderseits sind die einzelnen Spaltblätter mit Rücksicht auf die in ihrer Ebene liegenden starken Bindungskräfte innerhalb der Tetraedernetze meist elastisch biegsam. Hierher gehören die Glimmer- und Tonmineralien, der Talk, die Chlorite usw. Nur für einige von diesen seien die Gattungsformeln, die die wichtigsten Ionenvertretungen erkennen lassen, angeführt:

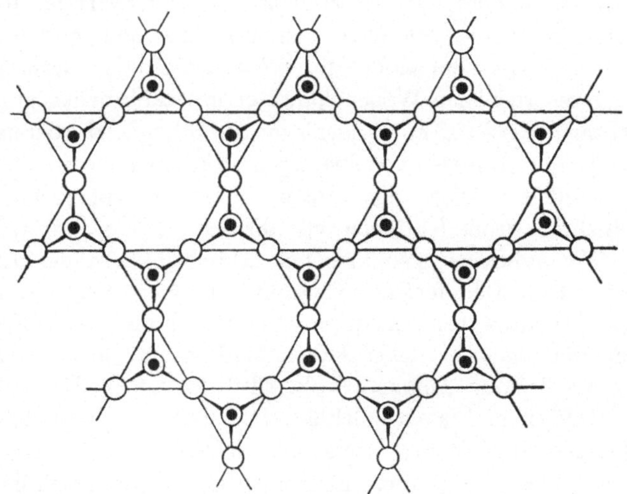

Abb. 146. Tetraedernetz $\frac{2}{\infty}$ [Si$_2$O$_5$]$^{-2}$.

Glimmer $\frac{2}{\infty}$ K$^{[12]}$ (Al^{+3}, Mg^{+2}, Fe^{+2}, Fe^{+3}, Cr^{+3}, Li^{+1}, Mn^{+2}, Ti^{+4})$_{2-3}$$^{[6]}$ (OH, F)$_2$[(Si, Al)$_4$O$_{10}$],

Talk $\frac{2}{\infty}$ Mg$_3$$^{[6]}$ (OH)$_2$[Si$_4$O$_{10}$],

Kaolin (ein häufiges Tonmineral) $\frac{2}{\infty}$ Al$_2$$^{[6]}$ (OH)$_4$[Si$_2$O$_5$],

Pyrophyllit (ebenfalls ein Tonmineral) $\frac{2}{\infty}$ Al$_2$$^{[6]}$ (OH)$_2$[Si$_4$O$_{10}$],

Chlorit $\frac{2}{\infty}$ (Mg, Al, Fe, Cr, Mn)$_3$$^{[6]}$ (OH, F)$_4$[(Si, Al)$_2$O$_5$].

Obgleich vom gleichen Aufbauprinzip getragen, können Struktur und Zusammensetzung außerordentlich wechselnd sein. Die Natur schöpft in diesen und anderen Fällen alle im Rahmen der kristallchemischen Gesetze liegenden Möglichkeiten aus.

5. Gerüstsilikate.

Für eine letzte Gruppe von Silikaten geben die SiO$_2$-Strukturen Vorbilder ab. In diesen Silikaten sind die SiO$_4$-Tetraeder über sämtliche Ecken mit benachbarten Tetraedern verknüpft; jedem Si-Ion sind damit nur vier halbe O-Ionen zugeordnet, woraus sich für das dreidimensionale Gerüst die Formel $_\infty^3[SiO_2]$ ergibt (Abb. 134). Dies gilt zunächst für die verschiedenen SiO_2-Strukturen, z. B. den Quarz. Silikate dieser Art sind nur denkbar, wenn ein Teil der Si^{+4}-Ionen durch Al^{+3}-Ionen ersetzt ist (allenfalls durch andere, größenähnliche, niedrigerwertige Ionen); dann bekommt das schon in den verschiedenen Formen von SiO_2 sehr stark aufgelockerte dreidimensionale Gerüst, das einen ausgesprochenen Wabencharakter mit zahlreichen größeren Hohlräumen besitzt, eine negative Aufladung, zu deren Absättigung der Einbau von weiteren Kationen notwendig ist. Dabei handelt es sich, den großen Lücken entsprechend, ausschließlich um große Kationen, vor allem K^{+1}, Na^{+1}, Ca^{+2}, Ba^{+2}, Sr^{+2}. Wir haben es also hier mit Alumosilikaten der Leichtmetalle zu tun. Dem lockeren Charakter des Gerüstes entsprechen niedrige Dichtewerte, niedrige Lichtbrechung und niedrige Doppelbrechung. In vielen Fällen sind in das lockere Gerüst noch große fremde Anionen (z. B. Cl^{-1}, $[SO_4]^{-2}$ oder $[CO_3]^{-2}$) oder selbständige Wassermoleküle eingebaut, die im Gitter der betreffenden Silikate verhältnismäßig locker gebunden sind und leicht ausgetauscht werden können. Die Wassermoleküle entweichen bei Temperaturerhöhung leicht aus dem betreffenden Gitter, ohne daß dabei die Gitterzusammenhänge gestört würden; in mit Wasserdampf gesättigter Atmosphäre wird das Wasser auch wieder aufgenommen. Das Wasser läßt sich auch künstlich z. B. durch Ammoniak ersetzen. Ebenso sind in vielen Fällen von wasserreichen Silikaten dieser Art, die unter dem Namen *Zeolithe* zusammengefaßt werden, die großen Kationen ohne Störung des sonstigen Gitterverbandes austauschbar. Die Zahl der in diese Gruppe gehörigen Silikate ist sehr groß. Sie bilden die Hauptmasse der sogenannten hellen Gesteinsgemengteile; es sind ja Verbindungen, die keine färbenden Kationen wie Fe oder Mn enthalten. Es sind in dieser Gruppe in erster Linie die verbreitetsten Silikatmineralien, die sogenannten *Feldspäte*, zu nennen, die zwei bei gewöhnlichen Temperaturen beständigen Mischkristallreihen angehören, nämlich der Reihe der Natronkalkfeldspäte und jener der Kaliumbaryumfeldspäte.

$$\begin{cases} \overset{3}{\infty} \ \text{Na [AlSi}_3\text{O}_8] \quad Albit \\ \overset{3}{\infty} \ \text{Ca[Al}_2\text{Si}_2\text{O}_8] \ Anorthit \end{cases} \qquad \begin{cases} \overset{3}{\infty} \ \text{K[AlSi}_3\text{O}_8] \quad Orthoklas \\ \overset{3}{\infty} \ \text{Ba[Al}_2\text{Si}_2\text{O}_8] \ Celsian \end{cases}$$

Die Mischkristalle wechselnder Zusammensetzung von der Formel $\overset{3}{\infty}$ (Na, Ca)[(Al, Si)$_4$O$_8$] führen den Namen *Plagioklase*. Bei gewöhnlicher Temperatur ist das Kaliumfeldspatsilikat mit

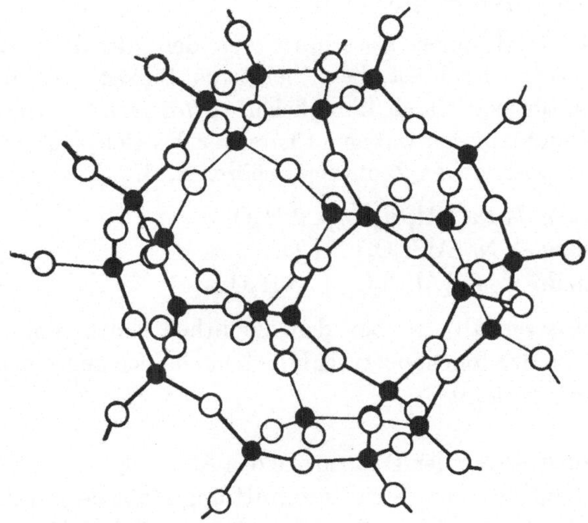

Abb. 147. Dreidimensionales Gerüst von SiO$_4$- und AlO$_4$-Tetraedern im Kristallgitter der Ultramarine: $\overset{3}{\infty}$ [SiAlO$_4$]$^{-1}$.

dem Natriumfeldspatsilikat nicht mischbar; es führt den Namen *Orthoklas*; seine Formel entspricht der des Albits: $\overset{3}{\infty}$ K[AlSi$_3$O$_8$]. Zwischen dem Na- und dem K-Feldspatsilikat aus der Schmelze bei höheren Temperaturen entstandene Mischkristalle trifft man in den erkalteten Gesteinen meist (wenn nicht eine rasche Abkühlung stattgefunden hatte) in entmischter Form an (*Perthit* = = Kalifeldspat mit gesetzmäßig eingewachsenen, durch Entmischung aus dem ursprünglich homogenen Mischkristall ausgeschiedenen Albitkriställchen). Mit dem Kalifeldspat auch bei gewöhnlicher Temperatur mischbar ist der Baryumfeldspat (*Celsian*) $\overset{3}{\infty}$ Ba[Al$_2$Si$_2$O$_8$].

Andere Beispiele für Silikate dieser Gruppe sind der *Leuzit* $\overset{3}{\infty}$ K[AlSi$_2$O$_6$] und der *Nephelin* $\overset{3}{\infty}$ Na[AlSiO$_4$]. Die Ersatzmöglichkeit der Si^{+4}-Ionen durch Al^{+3}-Ionen ist also in diesen dreidimensionalen Gerüsten sehr weitgehend und reicht bis zum Verhältnis 1 : 1. Die Si-ärmeren Silikate dieser Gruppe, wie z. B. Leuzit und Nephelin, bilden die sogenannten *Feldspatvertreter*.

Silikate dieser Gruppe mit fremden Anionen sind z. B.:

Sodalith $\overset{3}{\infty}$ $Na_4[Al_3Si_3O_{12}]Cl$ und
Hauyn $\overset{3}{\infty}$ $Na_3Ca[Al_3Si_3O_{12}] (SO_4)$;

Abb. 147 zeigt einen Ausschnitt aus dem dreidimensionalen $(Si, Al) O_4$-Tetraedergerüst dieser letzteren Silikate, an die sich eng die natürlichen und künstlichen *Ultramarine* anschließen. Die Abbildung läßt den wabigen Charakter des Gerüstes erkennen.

Zu den wasserreichen Zeolithen gehören z. B.:

Natrolith $\overset{3}{\infty}$ $Na_2[Al_2Si_3O_{10}] . 2 H_2O$,
Analcim $\overset{3}{\infty}$ $Na[AlSi_2O_6] . H_2O$,
Heulandit $\overset{3}{\infty}$ $Ca[Al_2Si_6O_{18}] . 5 H_2O$.

Der Wassergehalt ist bei den Zeolithen stark temperaturabhängig. In der Ionenaustauschfähigkeit sind sie den künstlichen *Permutiten* verwandt.

Wenn auch wegen der Doppelrolle des Aluminiums ohne genaue Strukturkenntnis — die Strukturermittlung stößt bei den kompliziert aufgebauten Silikaten häufig auf große Schwierigkeiten — oft eine Zuteilung eines Silikates unbekannter Struktur zu der einen oder anderen Gruppe schwierig erscheint, so geben doch schon die Eigenschaften der Kristalle wichtige Hinweise für die Zuordnung. Wenn wir z. B. das Na- und das K-Feldspatsilikat miteinander vergleichen, so können wir feststellen, daß die Eigenschaften einander so ähnlich sind, daß die Zugehörigkeit zur selben Strukturgruppe gar nicht zweifelhaft ist.

		n_β	$n_\gamma - n_\alpha$	Dichte
Orthoklas	$\overset{3}{\infty}$ K $[AlSi_3O_8]$	1,52	0,006	2,55
Albit	$\overset{3}{\infty}$ Na $[AlSi_3O_8]$	1,53	0,008	2,60

Vergleichen wir aber das Leuzitsilikat mit dem analogen natürlichen Na-Silikat (Mineral *Jadeit*), so zeigt die Verschiedenheit der Eigenschaften sofort die Zugehörigkeit zu verschiedenen Strukturgruppen.

	n_β	$n_\gamma - n_\alpha$	Dichte
Leuzit $\overset{3}{\infty}$ K $[Al^{[4]} Si_2O_6]$	1,51	0,001	2,5
Jadeit $\overset{1}{\infty}$ Na$^{[8]}$Al$^{[6]}$ $[Si_2O_6]$	1,65	0,018	3,3

Der Jadeit mit seiner weitaus größeren Dichte und höheren Licht- und Doppelbrechung gehört tatsächlich in die isomorphe Reihe des Diopsids (S. 182), also zu den Pyroxenen; hier ist das Aluminium keineswegs Vertreter von Si^{+4}, sondern mit seiner 6-Koordination Vertreter des Mg^{+2}.

Die kristallchemische Erforschung der Silikate hat auch ein Licht auf die Kristallisationsfolge aus dem kompliziert zusammengesetzten, natürlichen Silikatschmelzfluß geworfen. Eine von seiten der Gesteinskunde immer wieder gemachte Beobachtung zeigt, daß die Ausscheidung der Silikate aus dem Schmelzfluß im großen und ganzen in der Reihenfolge der von uns behandelten Gruppen vor sich geht *(Ausscheidungsfolge)*. Dadurch ist auch die mineralogische Zusammensetzung der *Schmelzflußgesteine* (*Eruptivgesteine*) weitestgehend bestimmt. Es bilden sich aus der Schmelze zuerst die relativ kieselsäurearmen, spezifisch schweren Mg, Fe-Silikate der Olivingruppe (Si : O = 1 : 4), dann folgen die Pyroxene und Amphibole (Si : O = 1 : 3 bis 4 : 11), dann die Glimmer (Si : O = 2 : 5), weiter die Feldspatvertreter und Feldspäte mit (Si + Al) : O = 1 : 2; in der letzten Phase der Kristallisationsfolge erscheint schließlich der Quarz mit Si : O = 1 : 2. Man hat anzunehmen, daß sich in der Schmelze zwar keine Silikatmoleküle bilden, wohl aber mit sinkender Temperatur immer stabiler werdende SiO_4-Tetraeder aus den kleinen hochwertigen Si^{+4}-Ionen und den O^{-2}-Ionen; da die O-Ionen der Schmelze zur Bildung von lauter selbständigen SiO_4-Tetraedern keineswegs ausreichen, müssen sich auch in der Schmelze schon mehr oder weniger komplizierte, Anionen sparende Verbände von solchen Tetraedern vorbilden. Von diesen negativ aufgeladenen Koordinationsverbänden haben die einfachsten die höchste negative Überschußladung auf ein Si bezogen, die dreidimensionalen die niedrigste. Es erscheint daher verständlich, daß sich die einfachen Verbände mit der höchsten Aufladung zunächst absättigen, und dies erfolgt im Wege der Kristallbildung unter Eingliederung der kleineren Kationen der Mg-Gruppe; denn die höherwertigen und kleineren Kationen haben die größere

Bindefähigkeit. Später folgen dann im Laufe der weiteren Erstarrung des Schmelzflusses mit sinkender Temperatur nach und nach die Tetraederverbände höherer Ordnung; an deren Absättigung beteiligen sich dann zunehmend auch die größeren Kationen, und zwar zuerst die zweiwertigen (Ca^{+2}) und dann die einwertigen (Na^{+1} und K^{+1}). Denn auch innerhalb der Feldspatgruppe selbst kristallisieren aus der Schmelze zuerst die Ca-reichen Plagioklase, dann erst folgen die Na-reichen Plagioklase und schließlich die Orthoklase mit ihrem Bestand an den besonders großen einwertigen K-Ionen.

V. Das Werden und Vergehen der Kristalle.

Mit dem Begriff des Minerals verbindet man im allgemeinen die Vorstellung von etwas Unveränderlichem. Das hängt damit zusammen, daß man verhältnismäßig selten an den Mineralien und den aus ihnen bestehenden Gesteinen unmittelbare Veränderungen beobachten kann. Es ist dies jedoch ein Irrtum; denn die Mineralien entstehen und vergehen, wenn sich auch meistens diese Vorgänge in Zeiträumen abwickeln, die nicht mehr unmittelbar überblickt werden können, oder sich weit entrückt in den Tiefen der Erdkruste, also in Gebieten, die dem unmittelbaren Einblick entzogen sind, abspielen. Kleinere Veränderungen an Mineralien und Gesteinen werden aber dem sorgfältigen Naturbeobachter auch an der Erdoberfläche nicht entgehen. Denn viele von solchen Veränderungs- und Entstehungsprozessen spielen sich auch im Bereiche der Erdoberfläche ohne Zutun des Menschen, vor allem unter Mitwirkung des zirkulierenden Wassers und der Organismen ab. — Unsere Betrachtungen über das Werden und Vergehen der Mineralien können wir wieder auf ihren hauptsächlichsten Zustand, den kristallinen, beschränken.

1. Entstehung der Kristalle.

Die Kristalle entstehen in der Natur aus den verschiedensten Ausgangsprodukten: Entweder aus hochtemperierten Schmelzflüssen, die heute noch unter der festen Erdkruste und innerhalb derselben vorhanden sind (*pyrogene* Entstehung); oder sie entstehen aus Lösungen; in der Natur handelt es sich fast ausschließ-

lich um wässerige Lösungen (*hydatogene* Entstehung); die Mineralien können sich auch unmittelbar unter Übergehung des schmelz-
flüssigen Zustandes aus Gasen bilden (*pneumatogene* Entstehung);
schließlich darf auch nicht vergessen werden, daß Kristalle in
längeren Zeiträumen sich auch aus dem amorph-festen Zustand
bilden können, z. B. durch Entglasung von vulkanischen Gläsern
oder durch allmähliche Kristallisationsvorgänge innerhalb anderer,
meist aus wässerigen Lösungen amorph abgeschiedenen Substanzen.

Die Kristallisationsvorgänge aus zusammengesetzten Schmelzen
und wässerigen Lösungen sind einander sehr verwandt. Auch
eine zusammengesetzte Schmelze erstarrt beim Abkühlen nicht
gleichzeitig zu einer homogenen kristallinen Masse, sondern es
scheiden sich aus ihr zunächst bestimmte Kristallarten aus, die
bei sinkender Temperatur je nach der Zusammensetzung der
Schmelze von anderen Kristallarten abgelöst werden können; man
vergleiche in dieser Hinsicht die auf S. 189 gegebenen Hinweise
auf die Kristallisation des natürlichen Silikatschmelzflusses. Die
Kristallisation aus wässerigen Lösungen unterscheidet sich von
den Vorgängen in den erkaltenden Schmelzen im wesentlichen
dadurch, daß der eine Hauptbestandteil der Lösung, in diesem
Falle das Wasser, relativ leicht flüchtig ist und daher durch Verdunstung nach und nach verschwinden kann. Dadurch ist der
Kristallisationsakt nicht unbedingt an ein Sinken der Temperatur
gebunden, sondern er vollzieht sich bei Verdunstung des Lösungsmittels auch bei gleichbleibender Temperatur (*isothermische*
Kristallisation).

Die Kristallisation aus zusammengesetzten Schmelzen vollzieht
sich nach ganz bestimmten Gesetzen, die sinngemäß auf die
Kristallisation aus Lösungen übertragen werden können. Je
nachdem, ob die Komponenten einer Schmelze dazu befähigt
sind, miteinander Mischkristalle oder Zwischenverbindungen zu
bilden, oder ob beides möglich ist oder keines von beiden, gelten
für den Kristallisationsakt Gesetze, die besonders dann, wenn an
der Zusammensetzung der Schmelze mehr als zwei oder drei
Komponenten beteiligt sind, schwierig zu überblicken sind. Den
einfachsten Fall stellt ein Schmelzsystem aus zwei Komponenten
dar, in welchem es weder zur Mischkristallbildung, noch zur
Bildung von Zwischenverbindungen kommt. An Hand eines
„*Schmelzdiagramms*" (Abb. 148) lassen sich hier die Verhältnisse,

die auch z. B. auf eine einfache Salzlösung übertragen werden können, leicht überblicken. Ein solches System ist durch das Auftreten eines *eutektischen* Punktes E gekennzeichnet. E entspricht jenem Verhältnis der Komponenten A und B, welchem im betreffenden System der niedrigste Schmelzpunkt t_E zukommt. Die Zusammensetzung der Schmelze beträgt an diesem Punkt in unserem schematischen Beispiel 60% B und 40% A. Wenn die Schmelze diese Zusammensetzung hat, so erstarrt sie beim Erreichen der eutektischen Temperatur t_E gleichzeitig in Form eines inhomogenen Gemenges von Kristallen A und B. Liegt die Zusammensetzung der Schmelze aber mehr nach A hin (x_1), so scheiden sich, wenn die Temperatur die doppelarmige Ausscheidungskurve $t_A - E - t_B$ erreicht, bei der diesem Punkte entsprechenden Temperatur nur Kristalle A aus; dadurch verschiebt sich die Konzentration der verbleibenden Rest-

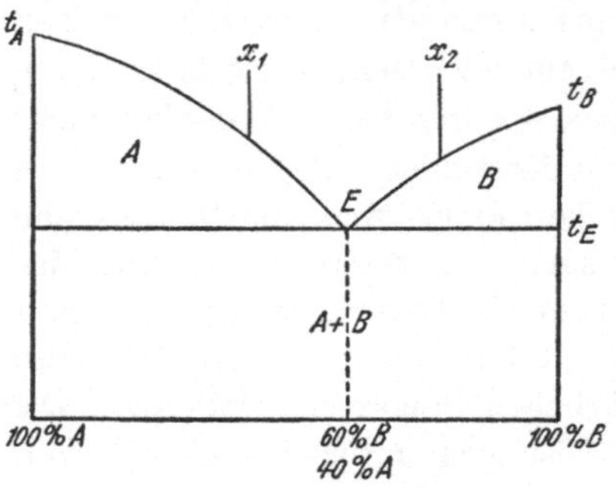

Abb. 148.   Binäres Schmelzdiagramm ohne Verbindungs- und Mischkristallbildung. Vertikalkoordinate: Temperatur; Horizontalkoordinate: Zusammensetzung. t_A und t_B Schmelzpunkte der Komponenten A und B.

schmelze in Richtung auf B hin. Die Ausscheidung von Kristallen A, bzw. deren Weiterwachsen in der Schmelze, geht so lange vor sich, bis die eutektische Zusammensetzung erreicht ist Dann kommt es zur einheitlichen Erstarrung der Restschmelze in der Form eines feinkörnigen Aggregates von Kristallen A und B. Die sich früher ausscheidenden Kristalle A haben in solchen Fällen die Möglichkeit zu starkem Wachstum. Es ergibt sich somit für die erstarrte Schmelze das Bild, das größere Kristalle von A in ein feinkörniges eutektisches Gemenge von A und B eingebettet erscheinen. Hat dagegen die Schmelze die Zusammensetzung x_2, so scheiden sich im Sinne der Kristallisationskurve bei sinkender Temperatur zunächst Kristalle B aus, wodurch sich die Konzentration der Restschmelze immer mehr in Richtung auf A hin verändert. Bei Erreichen der eutektischen Zusammensetzung erfolgt wieder die gleichzeitige Erstarrung von A und B; in diesem Falle liegen dann größere Kristalle B in einem feinkörnigen eutektischen

Gemenge von A und B. Es kristallisiert also aus einer zusammengesetzten Schmelze in einem solchen Falle nicht etwa immer zuerst die Komponente mit dem höheren Schmelzpunkt aus, sondern stets jene Komponente, die gegenüber dem eutektischen Verhältnis im Überschuß vorhanden ist.

Mischkristallbildung mit und ohne Mischungslücke, Verbindungsbildung zwischen den Komponenten, Polymorphie der Komponenten usw. ergeben andersartige Schmelzdiagramme.

Lösungen oder Schmelzen, die zur Kristallbildung noch nicht befähigt sind, nennt man *ungesättigt*. Eine Lösung, die mit einer Kristallart im Gleichgewicht steht, nennt man *gesättigt*; die zugehörige Konzentration ist die *Sättigungskonzentration* oder *Löslichkeit* der betreffenden Kristallart unter den gegebenen Temperatur- und Druckbedingungen im betreffenden Lösungsmittel. Schon in der ungesättigten Phase bilden sich aus deren Ionen oder Molekülen Koppelungen; derartige Bildungen sind aber unbeständig, sie zerfallen immer wieder und bauen sich immer wieder neu auf. Erst wenn die Sättigungskonzentration erreicht ist, werden derartige Aggregatbildungen beständig und gehen damit in die stabilen Kristallkeime über, die zum weiteren Wachstum befähigt sind. Das nichtkristalline, glasige Erstarren einer Schmelze mit sinkender Temperatur kann teilweise durch rasche Abkühlung der Schmelze bedingt sein, die einen Ordnungsvorgang zu den Kristallbildungen nicht zuläßt; oder sie kann auch durch die besonderen Verhältnisse der Schmelze verursacht sein; so neigen z. B. SiO_2-reiche Silikatschmelzen leicht zur glasigen Erstarrung, weil die in ihnen vorherrschenden und schon vorgebildeten dreidimensionalen SiO_4-Tetraederverbände eine große Zähigkeit der Schmelze bedingen und sich nur sehr träge zu kristallinen Gebilden zusammenfügen. Silikatschmelzen mit geringem SiO_2-Gehalt kristallisieren dagegen auch bei rascher Abkühlung viel leichter, weil sich die hier vorherrschenden, selbständigen, beweglichen SiO_4-Tetraeder relativ leicht mit den übrigen Kationen zu Kristallgebäuden zusammenfügen. Es ist aber schon auf S. 166 erwähnt worden, daß der Glaszustand einen instabilen Zustand mit mehr oder weniger ausgeprägter Tendenz zum nachträglichen Übergang in den kristallinen Zustand darstellt.

In allen Fällen sind die ersten Anlagen der Kristalle kleinste

Kristallkerne (Kristallkeime), die, wenn sie die Sichtbarkeitsgrenze der optischen Instrumente überschreiten, häufig rundliche (kugelige oder stäbchenförmige) Gestalt besitzen *(Mikrolite)*. Wenn viele Kristallkeime gleichzeitig gebildet werden, entsteht ein feinkörniges Aggregat von Kristallen; wenn wenige Keime angelegt sind, können große Kristalle entstehen, die sich nicht nur durch molekulare Substanzanlagerung vergrößern, sondern unter Umständen auch durch parallele Anlagerung von kleineren Kriställchen. Der wachsende Kristall strebt, da die Wachstumsgeschwindigkeiten für die kristallographisch ungleichwertigen Richtungen verschieden sind, einem sogenannten *Wachstumsendkörper* von meist einfacher Formbegrenzung zu; von den oft vielen, ursprünglich angelegten Flächen verschwinden nämlich im Verlaufe des Wachstums eine Anzahl, und schließlich bleiben nur Flächen mit besonders kleinen relativen Wachstumsgeschwindigkeiten in Richtung ihrer Flächennormalen übrig. Dies ist in Abb. 149 schematisch angedeutet; es sind dort sechs Stadien

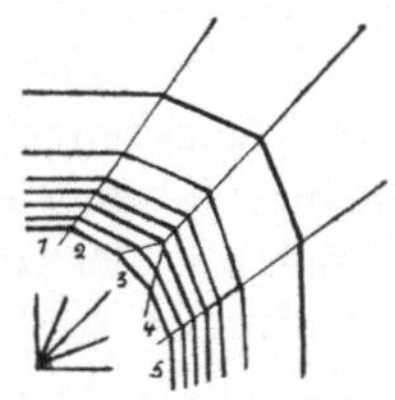

Abb. 149. Schnitt durch einen wachsenden Kristall.

des wachsenden Kristalles festgehalten, die Wachstumsgeschwindigkeiten für die fünf ursprünglich vorhandenen Flächen sind in der linken Ecke durch Pfeilstrecken angegeben. Man erkennt, daß die Verbindungslinien der Kantenschnitte für jede Fläche mit der Zeichenebene (man bezeichnet diese Linien als die *Gratbahnen* der betreffenden Fläche) entweder zusammenlaufen oder auseinanderlaufen; jene Flächen, für die die Gratbahnen zusammenlaufen, verschwinden, wie Abb. 149 zeigt, mit dem fortschreitenden Wachstum. Das gilt für die Fläche 3, die übrigen Flächen werden mit fortschreitendem Wachstum erhalten bleiben, da ihre Gratbahnen auseinanderlaufen.

Bei gleichmäßiger Stoffzufuhr von allen Seiten her an den wachsenden Kristall müssen die kristallographisch gleichwertigen Flächen (also jene Flächen, die zu einer bestimmten Form gehören) gleiche Zentraldistanz haben; in diesem Fall entsteht ein modellartiger Kristall, jedoch ist diese Bedingung nur sehr selten erfüllt.

Der Wachstumsendkörper, dessen Flächen bei fortschreitendem Wachstum nicht mehr unterdrückt werden, kennzeichnet die Tracht und den Habitus der Kristalle (S. 51). Da die relative

Wachstumsgeschwindigkeit der Flächen von äußeren Umständen beeinflußt wird, also durch die Kristallisationstemperatur und durch den herrschenden Druck, aber auch durch die Zusammensetzung des Mediums, aus dem heraus die Kristallisation erfolgt, ist auch die endgültige Form des Wachstumsendkörpers und damit die Tracht der Kristalle von diesen Faktoren abhängig. Sehr mannigfaltige Trachtbilder können so bei ein und derselben Kristallart entstehen; so tritt uns z. B. der Kalkspat in der Natur in den verschiedensten Ausbildungsformen, selbstverständlich im Rahmen der Symmetrie der Kristallklasse, entgegen. Wir treffen Rhomboeder, Skalenoeder, hexagonale und dihexagonale Prismen, hexagonale Doppelpyramiden und das basische Pinakoid in den verschiedensten Kombinationen und mit den verschiedensten Indizes an. Die Folge dieser Abhängigkeit der Wachstumsendform von den äußeren Umständen ist, daß bestimmte Trachtbilder bei natürlichen Kristallarten für bestimmte Fundorte, d. h. für bestimmte Entstehungsbedingungen, charakteristisch sind. Unter den drei genannten, die Tracht beeinflussenden Faktoren spielen die Zusammensetzung der Lösung und damit die darin enthaltenen fremden Substanzen, die man als *Lösungsgenossen* bezeichnet, eine sehr große Rolle. Die Wirkung dieser Lösungsgenossen beruht darauf, daß sie sich in molekularer Verteilung an bestimmte Flächen infolge gewisser Gitterähnlichkeiten zeitweilig anzulegen vermögen (Adsorption); dadurch versperren sie die Substanzzufuhr zur betreffenden Fläche und hemmen damit ihre Vorschiebegeschwindigkeit, wodurch wieder die relative Wachstumsgeschwindigkeit senkrecht zur betreffenden Fläche stark herabgesetzt wird. So kristallisiert z. B. Steinsalz aus reinen, wässerigen Lösungen ausschließlich in Würfeln aus. Wird der Lösung in geringer Menge Harnstoff zugesetzt, so bilden sich an den Kristallen wegen Herabsetzung der Wachstumsgeschwindigkeit für die Richtungen senkrecht zu den Oktaederflächen auch letztere aus, und zwar treten die Oktaederflächen um so mehr in den Vordergrund, je größer der Harnstoffzusatz ist. Die Abhängigkeit der Wachstumsform von der Temperatur zeigt sich z. B. beim Kaliumjodat KJO_3 sehr deutlich. Dieses kristallisiert bei 10° in Würfeln aus, bei 20° in Kombinationen von Würfeln mit Rhombendodekaedern und bei 75° in reinen Rhombendodekaedern; mit der Temperaturerhöhung sinkt somit die relative Wachstumsgeschwindigkeit in der Richtung senkrecht zu den Rhombendodekaederflächen unter jene in der Richtung senkrecht zu den Würfelflächen. Bei natürlichen Silikatkristallen ist die Tracht auch häufig ein Kennzeichen dafür, ob die Kristallisation aus einer Schmelze oder einer wässerigen Lösung erfolgte.

Aus der Tracht können somit auch Schlüsse auf die Bildungsbedingungen gezogen werden. Die Wirkung der Lösungsgenossen kann in gewissen Fällen so weit gehen, daß sie die Entstehung einer bei den betreffenden Temperatur- und Druckbedingungen an sich instabilen Modifikationen fördern; dies ist z. B. bei FeS_2 (kubischer Pyrit oder rhombischer Markasit), ZnS (kubische Zinkblende oder hexagonaler Wurtzit) und bei $CaCO_3$ (Kalkspat oder Aragonit) der Fall.

Die Kristallisation aus Gasen erfolgt auf zweierlei Art:

1. Durch unmittelbaren Übergang des Gases in den festen Zustand bei sinkender Temperatur. Das tritt bei solchen Stoffen ein, die im festen Zustand einen hohen Dampfdruck besitzen, der mit steigender Temperatur so groß wird, daß er vor Erreichen des Schmelzpunktes den Außendruck überschreitet. Man spricht in diesen Fällen von *sublimierenden* Stoffen. Hierher gehört der gelegentlich auch in der Natur an Vulkanen auftretende Salmiak $(NH_4)Cl$.

2. Durch die Reaktion von zusammentreffenden verschiedenen Gasen, wenn diese Reaktion zur Bildung eines Körpers von niedrigem Dampfdruck und höherem Schmelz- und Siedepunkt führt. Das ist z. B. der Fall beim Zusammentreffen von Wasserdampf und Eisenchloriddampf; nach der Gleichung $3\,H_2O +$ $+\,2\,FeCl_3 \rightarrow Fe_2O_3 + 6\,HCl$ bildet sich festes kristallisiertes Fe_2O_3 (Mineral Eisenglanz) neben Chlorwasserstoffgas, das entweicht. Eine derartige Bildung von Eisenglanz ist ebenfalls an Vulkanen als Folge der Wechselwirkung der dort austretenden Gase zu beobachten.

2. Zerstörung der Kristalle.

Dem Wachstum der Kristalle, das solange anhält, als die entsprechende Substanzzufuhr stattfindet, steht der Abbau, die Auflösung der Kristalle gegenüber. Die Auflösung tritt ein, wenn ein Kristall mit der daran untersättigten Lösung oder Schmelze in Berührung kommt oder wenn durch chemische Eingriffe die betreffende Kristallverbindung zerstört wird; im letzteren Falle spricht man besser von einer Zersetzung der Kristalle. Auch die Auflösungsvorgänge an den Kristallen vollziehen sich richtungsabhängig. Die Flächen, die vom Lösungsmittel rasch angegriffen werden, werden rascher nach rückwärts verlegt und nehmen damit mit der sich verkürzenden Zentraldistanz einen immer größeren Anteil an der Begrenzung des sich auflösenden Kristalles ein. Den Angriffen des Lösungsmittels besonders ausgesetzte Stellen sind die Ecken und die Kanten der Kristalle; dort treten daher Rundungen auf und es können sich an deren Stelle am sich auflösenden Kristall schließlich Flächen ausbilden. Die Form, welcher der sich auflösende Kristall zustrebt, der *Lösungsendkörper*, ist auch von der Art des Lösungsmittels abhängig.

Mit der beginnenden Kanten- und Eckenrundung setzt beim Lösungsvorgang auf den Kristallflächen eine andere Erscheinung ein, die zunächst dazu Anlaß gibt, daß die Kristallflächen auch schon bei oberflächlicher Betrachtung nicht mehr glatt und spiegelnd erscheinen, sondern ein mattes und schließlich rauhes Aussehen bekommen. Diese Erscheinung beruht darauf, daß an winzigen Störungsstellen, die auch eine vollständig glatt erscheinende Kristallfläche aufweist, der Lösungsvorgang zuerst nachdrücklich einsetzt. Hier setzt sich das Lösungsmittel hinein und vergrößert die Wunde. Auf Flächen, die an sich eine geringe Lösungstendenz haben, macht sich diese Erscheinung am stärksten bemerkbar. Das Lösungsmittel greift zunächst ebenfalls die Ecken der Störungsstellen an und bildet an diesen Stellen Flächen größerer Lösungsgeschwindigkeit aus, die in ihrer Anlage Kristallflächen entsprechen und damit den Symmetriebedingungen des betreffenden Kristalles unterworfen sind. Dieser Prozeß setzt sich immer weiter in die Tiefe fort und verbreitert die entstehende Grube immer mehr. Man spricht vom Auftreten von *Ätzgrübchen*. Mit ihrer Vergrößerung vereinigen sich dann benachbarte Ätzgrübchen und zwischen ihnen verbleiben die sogenannten *Ätzhügel*. Diese *Ätzfiguren* sind stets durch Flächen allgemeiner Lage abgegrenzt. Sie spiegeln damit die Symmetrie der betreffenden Kristallfläche wider. Daher können die Ätzfiguren zur Bestimmung der Kristallklasse benutzt werden, wenn die auftretenden Kristallformen wegen des Fehlens von Formen, die für die Kristallklasse charakteristisch sind, eine solche Bestimmung nicht gestatten. So steht z. B. auf den Flächen des Spaltrhomboeders von Calcit (rhomboedrisch-holoedrische Klasse) je eine Symmetrieebene senkrecht; auf den Flächen des Spaltrhomboeders des sehr ähnlich gebauten Dolomits (S. 173), der der rhomboedrisch-paramorphen Klasse angehört, dagegen nicht. Die Ätzfiguren auf den Spaltflächen des Calcits zeigen eine entlang der kürzeren Flächendiagonale laufende Symmetrieebene, die auf den Spaltflächen des Dolomits sind asymmetrisch (Abb. 150), jedoch auf den benachbarten Spaltrhomboederflächen so gelagert, daß das Vorhandensein einer sechszähligen Drehspiegelungsachse zum Ausdruck kommt. Auch asymmetrische Ätzfiguren müssen auf

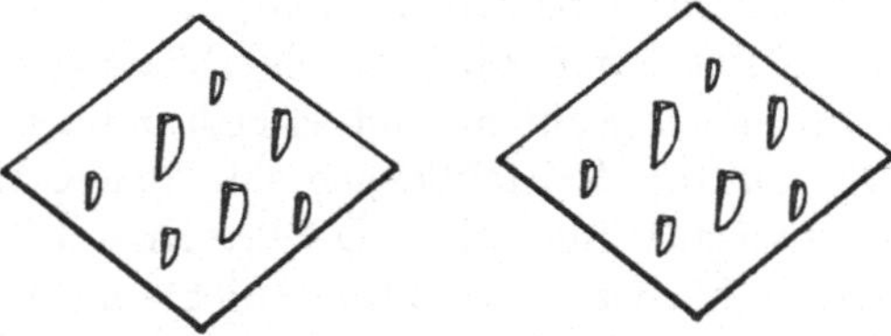

Abb. 150. Ätzfiguren und Kristallsymmetrie. a Symmetrische Ätzfiguren auf der Spaltfläche von Kalkspat; b asymmetrische Ätzfiguren auf der Spaltfläche von Dolomit.

gleichwertigen Flächen solche Lage haben, daß durch die Symmetrieoperationen der Kristallklasse die Figuren auf der einen Fläche der Stellung nach mit den Figuren auf den gleichwertigen Flächen zur Deckung gebracht werden. Wäre, wie dies auch sonst häufig der Fall ist, z. B. der in Abb. 10 auf S. 13 dargestellte Kristall infolge Aufwachsung auf eine Unterlage nur am oberen Ende entwickelt, so könnte morphologisch der polare Charakter der vierzähligen Hauptachse nicht erkannt werden. Die in der Abbildung als Dreiecke schematisch angedeuteten Ätzfiguren lassen aber das Fehlen einer auf der Hauptachse senkrecht stehenden Hauptsymmetrieebene sofort erkennen und geben damit auch einen Hinweis auf die Polarität der Hauptachse. — Ein weiteres Beispiel ist in Abb. 151 dargestellt: Nach den an den Nephelinkristallen auftretenden Kristallflächen würde man dieses Silikat der dihexagonal-bipyramidalen Kristallklasse zuordnen können. Jedoch sind die Ätzfiguren auf den Prismenflächen asymmetrisch, wohl aber der sechszähligen Hauptachse entsprechend angeordnet; auf den Prismenflächen stehen somit keinerlei Symmetrieebenen senkrecht, ebenso fehlen nach Symmetrie und Verteilung der Ätzfiguren auf der Hauptachse senkrecht stehende zweizählige Symmetrieachsen; der Nephelin besitzt daher nur die erniedrigte Symmetrie der hexagonal-pyramidalen Kristallklasse.

Der Zersetzungsvorgang an Kristallen muß nicht zu einer vollständigen Beseitigung des Stoffbestandes des Kristalles führen. Zersetzungsvorgänge sind oft unmittelbar von Ausscheidungsvorgängen begleitet; dies hat zur Folge, daß der Kristallraum des ursprünglichen Kristalles von der während des Zersetzungsprozesses neu ausgeschiedenen Substanz in kolloidal-amorpher oder feinkristalliner Form eingenommen wird. Solche Bildungen nennt man *Aftergestalten* oder *Pseudomorphosen*, und zwar genauer *Umwandlungspseudomorphosen*. Die Nachfolgesubstanz ahmt damit nur die Gestalt des ursprünglichen Kristalles nach, aufbaumäßig hat sie mit dieser Gestalt nichts zu tun. So ist in der Natur oft zu bemerken, daß unter dem Einfluß der im Erdkrustenbereich zirkulierenden Wässer und des Luftsauerstoffes Kristalle von Schwefelkies FeS_2 von außen nach innen fortschreitend und von Sprüngen aus allmählich in Eisenoxydhydrat (Mineral Limonit oder Brauneisenstein) umgewandelt werden. Dieser Prozeß kann solange fortschreiten,

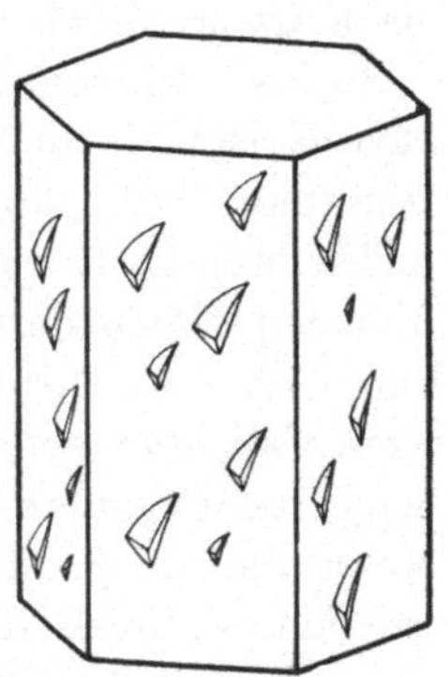

Abb. 151. Nephelinkristall $NaAlSiO_4$ mit hexagonalem Prisma und basischem Pinakoid; der Asymmetrie und Verteilung der Ätzfiguren nach gehört er aber der hexagonal-pyramidalen Kristallklasse an. (Nach Raaz-Tertsch.)

bis der ganze Kristall davon erfaßt ist. Nun tritt uns der Brauneisenstein in Form der ursprünglichen kubischen Kristalle des Schwefelkieses entgegen. Es liegt aber keineswegs ein homogenes Kristallgebäude vor, sondern amorphes Eisenoxydhydrat, mehr oder weniger stark durchsetzt von feinkristallinem Material derselben Art. Wir haben es mit einer Pseudomorphose von Brauneisenstein nach Schwefelkies zu tun.

In solchen Fällen ist noch ein großer Teil des Stoffbestandes der ursprünglichen Kristalle an Ort und Stelle verblieben und für den Aufbau der neuen Verbindungen mitverwendet worden. In anderen Fällen führen die zirkulierenden Lösungen in der

Natur den Stoffbestand des erstgebildeten Kristalles vollständig mit sich fort, bringen aber gleichzeitig fremdes Stoffmaterial zur Ausscheidung. Dann zeigt die Pseudomorphose keine stoffliche Beziehung zum Ausgangskristall mehr, man spricht von einer *Verdrängungspseudomorphose.* So kann man in der Natur Drusen von würfligen Kristallen antreffen, die aus SiO_2 bestehen. Es handelt sich dabei aber nicht etwa um eine kubische Modifikation des SiO_2, sondern um Verdrängungspseudomorphosen von feinkristallinem, faserigem, rhomboedrischem SiO_2 (Chalzedon) nach ursprünglich vorhandenem, kubischem Flußspat CaF_2.

In noch anderen Fällen scheidet sich die fremde Substanz über den Kristallen einer anderen Art in feinkristalliner oder auch amorpher Form ab, ohne daß dabei der ursprüngliche Kristall selbst beeinflußt würde. Die so entstehenden, gleichmäßig dicken Krusten bilden damit ebenfalls eine Kristallform nach, die mit ihrem Aufbau nichts zu tun hat; man spricht in diesem Falle von *Umhüllungspseudomorphosen.* In solchen Fällen kann dann nachträglich durch das Eindringen von anderen Lösungen der ursprüngliche Kristall mehr oder weniger vollständig weggelöst werden, während die umhüllende Substanz wegen ihrer Widerstandsfähigkeit in der betreffenden Lösung erhalten bleibt; nun umschließt die umhüllende Substanz Hohlräume von charakteristischer Gestalt *(Hohlpseudomorphosen).*

Wenn bei polymorphen Substanzen der ursprüngliche Kristall unter Beibehaltung seiner Form ohne stoffliche Veränderung eine Umwandlung in die unter den neuen Bedingungen stabile Form erfahren hat, spricht man nicht von Pseudomorphosen, sondern von *Paramorphosen* (S. 165).

Namen- und Sachverzeichnis.

Achsen, kristallographische 11.

—, optische 76, 107.

—, polare 33.

Achsenabschnitte, Rationalität der 10.

Achsenbild optisch einachsiger Kristalle 98.

—— zweiachsiger Kristalle 109.

Achsenebene, optische 107.

Achsenfarben 69.

Achsenkreuz, kristallographisches 10, 22ff.

Achsenverhältnis, kristallographisches 11.

Achsenwinkel, kristallographische 11.

—, optischer 107.

Achsenwinkeldispersion 114.

Ätzfiguren 13, 31, 198.

Ätzgrübchen 198.

Ätzhügel 198.

Aftergestalt 199.

Aktivität, optische 105.

Alaun, Schichtenbau 177.

Albit, Brechungsexponent und Dichte 188.

—, Struktur und Formel 187.

Alkalimetalle, Kristallstruktur 145.

Aluminium in Silikaten 178.

Amphibol, Struktur und Formel 183.

Anthophyllit, Struktur und Formel 183.

Amorph 5, 53, 162.

Amorph-fest 162.

Analeim, Struktur und Formel 188.

Analoger Pol 62.

Analysator 84.

Anisotrop 6.

Anlauffarben 65.

Anlegegoniometer 8.

Anorthit, Struktur und Formel 187.

Antiloger Pol 62.

Apatit, Härte 54.

Aragonit, Zwillinge 49.

—, Struktur 169.

Arsenolith, Kristallstruktur 131.

Asbest 134, 184.

Asymmetrisches Pentagondodetraeder 44.

Auflichtmikroskopie 116.

Auflösung 197.

Ausdehnungskoeffizienten, thermische 58.

Auslöschung, gerade, schiefe, symmetrische 87, 93ff.

Auslöschungsrichtung 94.

Auslöschungsschiefe 95.

Ausscheidungsfolge 189.

Außerordentlicher Strahl 76.

Atomabstände 155ff.

Atomgitter 137.

Atomgrößen 158ff.

Atomkoordinationsgitter 137.

Avanturinfeldspat 65.

Avanturinquarz 65.

Avanturisieren 65.

BARTHOLINUS, ERASMUS 75.

Bauformel 168.

Benitoid, Struktur und Formel 182.

Bergkristall 2.

Bergmann, Torb. 117.
Berthelsen = Bartholinus.
Berührungszwilling 49.
Beryll, Struktur und Formel 182.
Berylliumdifluorid, Struktur 152.
Bezugsfläche, optische 79.
Bindungsarten 134.
Bipyramide 37.
Bisektrix 108.
Bisphenoid 39.
Bleiglanz, Kristallstruktur 147.
Bornitrid, Kristallstruktur 149.
Bragg, W. und W. L. 125.
Brauneisenstein, Strich 66.
Brechung des Lichtes 69.
Brechungsexponent 69.
Brechungsgesetz (Snellius) 69.
Brechungsindex 69.
Brechungskoeffizient, Brechungsquotient 69.
Bruch 57.
Brucit, Kristallstruktur 153.

Caesiumchlorid, Kristallstruktur 147.
Calcit, s. Kalkspat.
Calciumcarbonat, Polymorphie 165.
Calciumfluorid, s. Flußspat.
Calciumtitanat, s. Perowskit.
Celsian, Struktur und Formel 187.
Charakter der Doppelbrechung 77, 100.
Chemilumineszenz 67.
Chlorit, Struktur und Formel 185.
Cordierit, Pleochroismus 68.
—, Struktur und Formel 182.
Cristobalit, Kristallstruktur 152.

Deckachse 16.
Deformationen, bruchfreie 57.
—, elastische 59.
—, homogene 57.
—, inhomogene 59.
—, plastische 59.
Deformation der Ionen 139.
Deltoiddodekaeder 44.
Deltoidikositetraeder 44.

Derb 52.
Diagonalstellung 110.
Diamant, Ausdehnungskoeffizient 58.
—, Dispersion 70.
—, Härte 54.
—, Kristallstruktur 137.
—, Lichtbrechung 72.
—, Spaltbarkeit 143.
Diamantglanz 65.
Dichroismus 69.
Dicht 52.
Dihexagonale(s) Prisma, Pyramide, Doppelpyramide 32, 34, 35.
Dimorph 162.
Diopsid, Struktur und Formel 182.
Diskontinuierlich 4.
Dispersion, geneigte 115.
—, horizontale 115.
— der Achsenebene 115.
— der Brechung 70.
— des optischen Achsenwinkels 114.
Disthen, Härteanisotropie 55.
Ditetragonale(s) Prisma, Pyramide, Bipyramide 32, 34, 35.
Ditrigonale(s) Prisma, Pyramide, Bipyramide 32, 34, 35.
Dolomit, Ätzfiguren 198.
Doma 32.
Doppelbrechung 75.
—, Charakter der 77, 100.
Doppelpyramide 37.
Doppelspat (Isländischer) 76.
Drehachse 16 ff.
Drehspiegelungsachse 18 ff.
Druckfigur 61.
Druckzwilling 60.
Durchscheinend 64.
Durchsichtig 64.
Durchwachsungszwilling 49.
Dyakisdodekaeder 44.

Eigenfarbig 64.
Einfachbrechend 69.
Einfaches Raumgitter 118.

Einheitsfläche 11.
Einheitszelle 7.
Eis, Translation 60.
Eisen, Kristallstruktur 144, 145.
—, Polymorphie 163.
Eisendisulfid, s. Pyrit.
Eisenglanz, Verwachsung mit Rutil 177.
Elastische Deformation 59.
Elastizitätsachsen 107.
Elastizitätsgrenze 59.
Elementarkörper, Elementarzelle, Elementarparallelepiped 7.
Enantiomorph 38.
Enantiotroper Umwandlungspunkt 163.
Endfläche 13.
Enstatit, Struktur u. Formel 182.
Entglasung 166.
Entmischung 171.
Erdkruste, Zusammensetzung 178.
Eruptivgestein 189.
Erz 2.
Erzmikroskopie 116.
Eutektische Temperatur 192.
Eutektischer Punkt 192.
Eutektisches Gemenge 192.

Farbig 64.
Fasergips 65.
Fedorow, E. v. 118.
Feldspat, avanturisieren 65.
—, labradorisieren 65.
—, Struktur und Formel 186.
Feldspatvertreter, Kristallstruktur 188.
Festigkeitseigenschaften der Kristalle 54.
Fettglanz 65.
Flächenwinkel, Konstanz der 7.
Flächenzentriertes Gitter 144.
Fluoreszenz 67.
Fluorit, s. Flußspat.
Flußspat, Farbe 66.
—, Fluoreszenz 67.
—, Härte 54.
—, Kristallgitter 150.
—, Kristalltracht 51.

Flußspat, Spaltbarkeit 150.
—, Spaltform 56.
—, Zwilling 48.
Flüssigkeiten, kristalline 61.
Form, allgemeine 31.
—, einfache 31.
—, geschlossene 31.
—, negative 37.
—, offene 31.
—, polare 33.
—, positive 37.
Fortpflanzungsrichtung 74.
Fremdfarbig 64.
Fünfeckszwölfflächner 43.

Gangunterschied der Lichtstrahlen 89.
— der Röntgenstrahlen 126.
Gefärbt 64.
Gekreuzte Nicols 85.
Gemenge, eutektisches 192.
Geode 44.
Gerade Auslöschung 95.
Germanium, Kristallstruktur 143.
Germaniumdioxyd, Polymorphie 160.
Gerüstsilikate 185.
Gesättigte Lösung 193.
Gestein, Definition 2.
Gips, Härte 54.
—, Spaltbarkeit 57.
—, Translation 60.
—, Zwilling 47.
Gipsplatte, Rot I als optische Hilfsplatte 100.
Gitterkonstanten 121.
Glanz 65.
Glanzwinkel 126.
Glas 5, 166, 193.
Glasglanz 65.
Glasig 166, 193.
Glaskopf 52.
Glaukisieren 65.
Gleitspiegelebene 119.
Glimmer, Struktur und Formel 185.
Goldschmidt, V. M. 129.
Granat, Struktur und Formel 180.

Graphit, Kristallstruktur 142.
Gratbahn 194.
Grau höherer Ordnung 91.
— niedriger Ordnung 91.
GROTH, P. v. 31.
Grundfläche 11.
Grundzelle 7.

Habitus 51.
Härte 54.
Härteabhängigkeit vom Kristall-
    bau 175.
Härtekurven 55.
Härteskala, Mohssche 54.
Halbflächig 30.
Halbflächner 31.
Haltbar, s. metastabil.
Hauptachse, kristallographische
    17, 26, 27.
Hauptisogyren 98.
Hauptschnitt, optischer 79.
Hauptsymmetrieebene 17, 26, 27.
HAUY, R. J. 117.
Hauyn, Struktur und Formel
    188.
Hemiedrisch 30.
Hemimorph 35.
HESSEL, JOHANN CHRISTIAN
    FRIEDRICH 27.
Heteropolare Bindung 135.
Heulandit, Struktur und Formel
    188.
Hexaeder 40.
Hexagonal 25.
Hexakisoktaeder 44.
Hexakistetraeder 44.
Hexamethylentetramin, Kristall-
    struktur 131.
Hilfsplatte (Gips Rot I) 100.
Hochcristobalit, Kristallstruktur
    152.
Hochquarz 164.
Hohlpseudomorphosen 200.
Holoedrisch 30.
Homogen 4.
Homöomorphie 167.
Homöopolare Bindung 129.
Hydatogen 191.

Identitätsabstand 7, 121.
Indikatrix 79.
Indizes der Kristallflächen 12.
— der Kristallkanten 48.
— der Netzebenen 14.
— der Punktreihen 14.
Interferenzbild, s. Achsenbild.
Interferenzfarben 89.
Inversionszentrum 20.
Ionenabstand 155ff.
Ionengitter 134.
Ionengröße 158ff.
Ionenkoordinationsgitter 134.
Ionenradius 158.
Irisieren 65.
Isländischer Doppelspat 76.
Isochromatische Kurven 98–110.
Isometrisch 25.
Isomorphe Reihen 168.
Isomorphie 167.
Isotherme Kristallisation 191.
Isotrop 4.
Isotypie 168.

Jadeit, Brechungsexponent und
    Dichte 189.

Kalkspat, Ätzfiguren 198.
—, Ausdehnungskoeffizienten 58.
—, Brechungsexponenten 77.
—, Doppelbrechung 75.
—, Doppelspat (isländischer) 76.
—, Druckzwilling 61.
—, Fluoreszenz 67.
—, Härte 54.
—, Kristallstruktur 136, 168.
—, Spaltform 56.
—, Zwillinge 48.
Kantendurchscheinend 64.
Kaolin, Struktur und Formel 185.
Kennziffern, s. Indizes.
Kettengitter 133.
Kettensilikate 182.
Körperzentriertes Gitter 145.
Kohlendioxyd, Kristallstruktur
    152.
Kohlenmonoxyd, Kristallstruktur
    150.

Kohlenstoff, Polymorphie 141, 165.
Kombination 31.
Kombinationsriefung, Kombinationsstreifung 46.
Kompensator 93.
Komplexionengitter 136.
Komplikationsregel für Indizesbestimmung 21.
Konoskopisch 96.
Konstanten, kristallographische 11.
Konstanz der Flächenwinkel 7.
Kontaktzwilling 49.
Konvergentes Licht 95.
Koordinationsgitter 131.
—, dreidimensionales 132.
Koordinationspolyeder 136.
Koordinationszahl 135.
Korund, Härte 54.
Kreisförmige Polarisation 103.
Kristall, Definition 2, 7.
—, Entstehung 190.
—, idealer, modellartiger 50.
—, verzerrter 50.
—, Zerstörung 196.
Kristalle, flüssige und fließende 61.
Kristallachsen 11.
Kristallchemie 3, 117ff.
Kristalldruse 44.
Kristallfläche 14.
Kristallform 30.
Kristallgitter 122.
Kristallgruppe 44.
Kristallin 2.
Kristallkante 14.
Kristallkeim, Kristallkern 194.
Kristallklasse 30.
Kristallographie 3ff.
Kristallolumineszenz 67.
Kristalloptik 64ff.
Kristallphysik 3, 53ff.
Kristallstock 44.
Kristallsystem 22.
Kristalltracht 51.
Kristallverwachsungen 44.

Kubisch 24.
Kugelpackung, dichteste 140ff., 144.
Kupfer, Kristallstruktur 144.
Kupferkies, Strick 66.
Kurven gleichen Gangunterschiedes 98.

Labradorisieren 65.
LAUE, M. v. 123.
Lauediagramm 124.
Leitvermögen, elektrisches 63.
—, thermisches 63.
Leuzit, Brechungsexponent und Dichte 189.
—, Polymorphie 166.
—, Struktur und Formel 187.
Leuzitoeder 165.
Licht, natürliches 75.
—, polarisiertes 75.
Lineare Polarisation 75.
Linksdrehung 104.
Linksform 37.
Linksquarz 38.
Löslichkeit 193.
Lösungen, optisch aktive 105.
Lösungsendkörper 197.
Lösungsgenossen 195.
Lumineszenz 67.

Magnesiumbromid, Kristallstruktur 133.
Melilith, Struktur und Formel 181.
Meroedrisch 30.
Metallgitter 139.
Metallglanz 64.
Metallische Bindung 64, 139.
Metallmikroskopie 116.
Metastabile Modifikation 163.
Mikrolit 194.
Millersche Indizes, s. Indizes.
Mimetisch 50.
Mineral, Definition 1.
Mischkristalle 170.
Mischungslücke 173.
MITSCHERLICH, E. 162, 167.
Mittellinie 108.

Modellartiger Kristall 50.
Modifikation 162.
Mohs, Fr. 54.
Molekülgitter 129.
Monochromate Röntgenstrahlung 127.
Monoklin 23.
Monotrope Umwandlung 165.
Morphotropisch 170.

Natriumchlorat, Zirkularpolarisation 104.
Natriumchlorid, s. Steinsalz.
Nebenachse 17, 26, 27.
Nebensymmetrieebene 17, 26, 27.
Negative Form 37.
Nephelin, Ätzfiguren 199.
—, Struktur und Formel 187.
Netzebene 5.
Netzebenenabstand 126.
Nickelarsenid, Kristallstruktur 149.
Nicolsches Prisma 84.
Normalstellung 110.

Oktaeder 40.
Olivin, Abhängigkeit der Brechungsexponenten von der Zusammensetzung 176.
—, Struktur und Formel 179.
Opak 64.
Opakilluminator 116.
Opal 5, 53.
Opalisieren 65.
Optisch aktiv 105.
— einachsig 76.
— isotrop 69.
— negativ 77, 108.
— positiv 77, 108.
— zweiachsig 106.
Optische Achsen 76, 107.
— Achsenebene 107.
— Bezugsfläche 79.
— Normale 107.
Optischer Achsenwinkel 107.
— Hauptschnitt 79.
Ordentlicher Strahl 75.

Orthoklas, Brechungsexponenten und Dichte 188.
—, Härte 54.
—, Struktur und Formel 187.
Orthoskopisch 95.

Parallele Nicols 85.
Paralleles Licht 95.
Parametergesetz 11.
Paramorphose 165, 200.
Pedion 32.
Penetrationszwilling 49.
Pentagondodekaeder, asymmetrischer 44.
—, regelmäßiger 43.
—, tetraedrischer 44.
Pentagonikositetraeder 44.
Perlmutterglanz 65.
Permutit, Kristallstruktur 188.
Perowskit, Kristallstruktur 153.
Perthit 187.
Phosphore 68.
Phosphoreszenz 67.
Photolumineszenz 67.
Piezoelektrizität 62.
Pinakoid 32.
Plagioklas, Druckzwilling 61.
—, optische Bestimmung 177.
—, Struktur und Formel 8.
—, Zonenbau 177.
Pleochroismus 68.
Pneumatogen 191.
Polarisation der Ionen 139.
—, kreisförmige 103.
—, lineare 75.
Polarisationsfarben 89.
Polarisator 84.
Polarisatoren 81.
Polarität von Symmetrieachsen 33.
Polymorphie 161.
Polysynthetische Zwillinge 49.
Positive Formen 37.
Primärfleck 123.
Prisma 32.
—, Nicolsches 84.
Pseudomorphose 199.
Pseudosymmetrie 50.

Punktreihe 5.
Pyramide 32.
Pyramidenoktaeder 44.
Pyramidenwürfel 41.
Pyrit, Kombinationsstreifung 46.
—, Kristallstruktur 153.
—, Strich 66.
Pyroelektrizität 62.
Pyrogen 191.
Pyrophyllit, Struktur und Formel 185.
Pyroxen, Struktur und Formel 182.

Quadratisch 24.
Quarz, Ausdehnungskoeffizienten 58.
—, avanturisieren 63.
—, Doppelbrechung 77.
—, gestreifte Kristalle 46.
—, Härte 54.
—, Kristallstruktur 152.
—, Polymorphie 163.
—, verzerrte Kristalle 45, 50.
—, Zirkularpolarisation 104.
—, Zwillinge 48.
Quecksilber, als Mineral 1.

Radienquotient 160.
Radikalionengitter 136.
Radiolumineszenz 67.
Rationalität der Indizes 12.
Rationalitätsgesetz 11.
Raumgitter, Definition 6.
—, einfaches 118.
—, zusammengesetztes 118, 121.
Raumgruppe 119.
Raumsystem 119.
Rautenzwölfflächner 41.
Rechtsdrehung 104.
Rechtsform 37.
Rechtsquarz 38.
Reflexgoniometer 8.
Reflexionsgesetz (Bragg) 126.
Refraktion 70.
Refraktometer 73.
Regulär 25.
Repetitionszwilling 49.

Reversibler Umwandlungspunkt 163.
Rhombendodekaeder 41.
Rhombisch 23.
Rhomboeder 18, 37.
Rhomboedrisch 26.
Ritzhärte 54.
Roentgen, W. 63, 122.
Rotnickelkies, s. Nickelarsenid.
Rotzinkerz, Strich 66.
Rutil, Ausdehnungskoeffizienten 58.
—, Kristallstruktur 151.
—, Verwachsung mit Eisenglanz 177.

Sättigungskonzentration 193.
Scheinkontinuum 3.
Schichtenbau 177.
Schichtgitter 133.
Schichtsilikate 184.
Schiebungen 60.
Schiefe Auslöschung 95.
Schlagfigur 61.
Schleifhärte 55.
Schmelzdiagramm 191.
Schmelzflußgesteine 189.
Schönflies, A. 118.
Schraubenachse 119.
Schwefel, Molekülbau 130.
—, Polymorphie 162.
Schwefelkies, s. Pyrit.
Schwingungsebene 75.
Schwingungsphase 73.
Schwingungsrichtung 75.
Seeber, L. A. 118.
Seidenglanz 65.
Sekundärflecke 123.
Selen, Kristallstruktur 134.
Senarmontit, Kristallstruktur 131.
Silikate, Ausscheidungsfolge 189.
—, Kristallstruktur 177 ff.
Silizium, Kristallstruktur 143.
Siliziumdioxyd, Kristallstruktur 151.
Siliziumtetrafluorid, Kristallstruktur 130.

Skalenoeder 40.
SNELLIUS, Brechungsgesetz 69.
Sodalith, Fluoreszenz 68.
—, Struktur und Formel 188.
Sonnenstein 65.
Spaltbarkeit 56.
Spaltform 56.
Spaltstück 56.
Sphenoid 32.
Spiegelebene 17.
Steinsalz, Ausdehnungskoeffizient 58.
—, blaues, gelbes 65.
—, Härte 54.
—, Kristallstruktur 121.
—, Schlagfigur 61.
—, Spaltbarkeit 56, 146.
—, Translation 60.
STENO, NIKOLAUS 7.
STENSEN, s. STENO.
Strahlenfläche 77.
Strahlenformel 168.
Strahlengeschwindigkeitsfläche 77.
Strich 66.
Strichplatte 66.
Strukturformel 168.
Sublimation 196.
Summenformel 168.
Symmetrie der Kristalle 15.
Symmetrieachse 16.
Symmetrieebene 17.
Symmetrieelemente, einfache und zusammengesetzte 16, 18.
Symmetrieklasse 30.
Symmetriezentrum 20.
Symmetrische Auslöschung 95.

Talk, Härte 54.
—, Struktur und Formel 185.
Tarnung 174.
Teilflächig 30.
Tellur, Kristallstruktur 134.
Temperatur, eutektische 192.
Tesseral 25.
Tetartoedrisch 30.
Tetraeder 19, 40.
Tetraederketten der Silikate 182.

Tetraederringe der Silikate 181.
Tetraedrisches Pentagondodekaeder 44.
Tetragonal 24.
Tetrakishexaeder 41.
Tiefquarz 164.
Titandioxyd, s. Rutil.
Titanit, Struktur und Formel 180.
Topas, Ausdehnungskoeffizienten 58.
—, Härte 54.
—, Struktur und Formel 180.
Totalreflektometer 73.
Totalreflexion 71.
Tracht der Kristalle 51, 194.
Translation 59.
Translationsebene 59.
Translationsrichtung 59.
Translationsriefung, Translationsstreifung 60.
Trapezoeder 37.
Tremolit, Struktur und Formel 183.
Triakisoktaeder 44.
Tribolumineszenz 67.
Trichroismus 69.
Trigonale(s) Prisma, Pyramide, Bipyramide, Trapezoeder 32, 34, 35, 37.
Trigondodekaeder 44.
Triklin 23.
Trimorph 162.
Turmalin, Pleochroismus 81.
—, Pyroelektrizität 62.
—, Zonen- und Schichtenbau 177.
Turmalinzange 83.

Ultramarin, Kristallstruktur 188.
Umbauumwandlung 165.
Umhüllungspseudomorphose 200.
Umkehrbar, s. reversibel.
Umwandlungspseudomorphose 199.
Umwandlungspunkt 162.
Undurchsichtig 64.
Ungesättigte Lösung 193.

Urotropin, Kristallstruktur 131.

Van der Waalssche Kräfte 129.
Vektorielle Eigenschaften der Kristalle 53.
Verdrängungpseudomorphosen 200.
Verwachsung, gesetzmäßige, von chemisch verschiedenen Kristallarten 177.
Verwachsungsebene 49.
Verzerrter Kristall 50.
Vielling 49.
Vierling 49.
Viertelflächig 30.
Viertelflächner 31.
Vollflächig 30.
Vollflächner 31.

Wachsglanz 65.
Wachstum der Kristalle 6, 194.
Wachstumsendkörper 194.
Wärmeleitfigur 63.
Wärmeleitung 63.
Wiederholungszwilling 49.
Willemit, Fluoreszenz 68.
Wirkungsradius der Ionen 158.
WOLLASTON, W. H. 9.
Wollastonit, Struktur und Formel 182.

Würfel 40.
Wurtzit, Kristallstruktur 149.

Zähligkeit der Drehachsen 16.
— der Drehspiegelungsachsen 18.
Zeolithe, Struktur und Formel 186, 188.
Zinkblende, Kristallstruktur 148.
—, Lumineszenz 67.
—, Spaltbarkeit 56, 148.
Zinksulfid, Polymorphie, s. Zinkblende und Wurtzit.
Zinn, Kristallstruktur 143.
Zinnober, Zirkularpolarisation 105.
Zirkularpolarisation 103.
Zone 20.
Zonenachse 20.
Zonenbau 177.
Zonengesetz 20.
Zwilling 47.
—, polysynthetischer 49.
Zwillingsachse 47.
Zwillingsebene 48.
Zwillingsstreifung 50.
Zucker, Lumineszenz 67.
Zusammengesetztes Raumgitter 118, 121.
Zusammengesetzte Symmetrie 18.